인류세,
엑소더스

인류세,

기후격변이 몰고 올 전 지구적 생존 르포르타주

Gaia
Vince

엑소더스

가이아 빈스

김명주
옮김

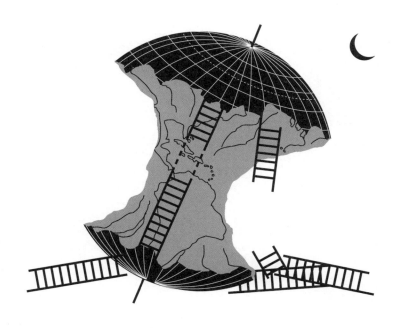

Nomad Century

How to Survive the Climate Upheaval

곰
출
판

아버지를 위해,
그리고 북반구의 잿빛 하늘 아래서
꽃나무를 키우는 모두를 위해

차례

한국어판 서문

올해야말로 전 세계가 기후 위기의 심각성에 눈 뜨게 될까?

내가 이 글을 쓰는 지금, 홍콩의 거리는 성난 강이 되어버렸다. 지하철이 잠기고 다리는 끊겼으며 고속도로마저 산사태로 막혔다. 그리스와 튀르키예, 불가리아에서는 마을 전체가 침수되고 주택이 쓸려 내려갔으며 곡창지대가 물에 잠겼다. 불과 몇 주 전까지 유럽 최대의 산불이 그리스를 덮쳐 도시와 마을을 초토화시켰는데 말이다. 불길은 대서양 건너 캐나다에서도 일 년 내내 꺼지지 않았다. 미국 일부 지역들과 마찬가지로 하와이 라하이나는 마을 전체가 잿더미로 변해버렸다.

올해 인류는 역사상 유례없는 폭염도 겪었다. 카리브해는 거대한 목욕탕이 되어버려 산호초 생태계가 파괴되었고, 미주와 유럽, 아시아 대륙에서도 기온이 50도까지 치솟아 수천 명이 온열 질환으로 목숨을 잃었다. 가뭄으로 농작물이 피해를 입어 식료품 가격이 치솟았다. 중국 등의 국가에서는 수력발전량이 심각하게 감소한 탓에 화력발전에 대한 의존도를 높일 수밖에 없었다.

인간 때문에 더 흉포해진 날씨는 괴물 같은 힘으로 집과 학교, 사무실, 도로, 다리, 농경지 같은 시설들을 형체도 알아볼 수 없을 만큼 처참하게 파괴한다. 그리고 그 모습이 방송을 통해 생생하게 전달된다. 이런 장면들 뒤에는 어김없이, 망연자실한 사람들의 모습이 비친다. 이들은 말 그대로 집을 잃고 피난민이 될 뿐만 아니라 이제껏 안전하게 지내던 세계로부터 정서적으로도 쫓겨나게 된다.

현재 지구상에서 피해를 입지 않은 곳은 어디에도 없다. 당신이 어디에 살든 기후 조건이 바뀌고 있으며, 모두가 물리적·재정적·사회적으로 기상이변의 영향을 느끼고 있다.

올봄 한국의 전라남도에서는 오랜 기간 이어진 극심한 가뭄으로 많은 사람들이 식수를 공급받지 못할 위기에 처해 세계 최초로 해수담수화 선박을 도입했다고 한다. 4월에는 강릉에서 산불로 수백 명이 대피해야 했다. 7월에는 충청북도와 경상북도에 치명적인 홍수와 산사태가 발생했으며, 8월에는 부안에서 열린 세계 스카우트 잼버리 대회에서 기온이 38도를 넘어 수만 명의 대원들이 현장을 떠나야 했다.

다른 곳들과 마찬가지로 한국도 지금 당장, 신속하게 변화에 적응해야 한다. 다른 많은 국가들과 마찬가지로 한국도 인구 위기를 맞고 있는데, 이로 인한 경제적 여파는 심각할 것이다. 현재 한국의 출산율은 세계 최저 수준으로, 여성 한 명이 평생 동안 평균 0.78명을 낳는다. 이는 인구 안정성을 유지하기 위한 평균 출산율 2.1명에 한참 못 미치는 수준이다. 전 세계가 이 같은 추세를 따르고 있어서, 이르면 이번 세기 중반에 전 세계 인구가 정점을 찍고 2100년에는 60억 명(현재 약 80억 명)까지 감소할 것으로 예상된다.

이 사람들을 어디로, 어떻게 보내야 할지 이제 우리 모두가 머리를 맞대고 고민해야 한다. 기후 조건이 극단적으로 변해서 살기 힘들어지면 사람들은 이주할 수밖에 없다. 가족 단위로 이동하고 끝날 일이 아니다. 자본과 산업, 투자와 자원도 함께 이동해야 한다. 바야흐로 대격변이 다가오고 있다. 우리는 이 위기를 이해하고 대비해야 한다. 이 세계적 규모의 도전에 대응하기 위해서는 우리가 만든 정치적 국경 대신, 지리적으로 그어진 진정한 국경의 맥락에서 생각할 필요가 있다.

당신이 선 곳이 정치적으로 한반도 북쪽이든, 남쪽이든 폭풍은 전혀 신경 쓰지 않는다. 중요한 건 폭풍에 얼마나 잘 대처하느냐다. 모두의 안전을 도모하려면 장벽을 세울 것이 아니라 폭력적인 태풍, 파괴적인 가뭄, 치명적인 산불과 같은 공동의 위협에 맞설 방어막을 구축해야 한다. 인류가 종 단위의 위기에 직면해 있음을 인식하고 함께 행동하기 위해 우리가 가진 언어와 문화, 인류애와 같은 도구를 모두 활용해야 한다.

지구는 하나뿐이고, 인류 역시 하나뿐이니까.

2023년 가을 런던에서
가이아 빈스

거대한 격변이 시작되고 있다. 이 격변은 우리 행성을 바꿔놓을 것이다. 지구 남반구에서는 극심한 기후변화로 인해 수많은 사람들이 삶의 터전을 떠나야 할 것이고, 많은 지역들이 살 수 없는 곳으로 변할 것이다. 더 살기 좋은 북반구에서는 인구구조 변화로 노동력이 부족해지고 가난한 노인 인구가 늘어남에 따라 경제적 어려움을 겪을 것이다.

앞으로 50년 동안 기온 상승과 높은 습도가 결합해 전 세계 35억 인구가 사는 넓은 지역을 살인적인 환경으로 바꿔놓을 것이다. 많은 사람들이 열대 지방과 해안 지역, 그리고 과거 경작지였던 땅을 떠나 새로운 삶의 터전을 찾아야 할 것이다. 당신도 그중 한 사람이 되거나 그들을 받아들이는 입장이 될 것이다.

이주는 이미 시작되었다. 벌써 라틴아메리카, 아프리카, 아시아에서 가뭄으로 농사를 비롯한 생계가 불가능해진 지역을 탈출하는 사람들의 행렬이 이어지고 있다. 이미 진행 중이던 대도시로의 대규모 이주에 기후로 인한 이주가 더해지고 있다. 지난 10년 동안 이민자 수는 전 세계적으로 두 배나 늘었다. 지구가 더워짐에 따라 급증하는 난민을 어떻게 처리할 것인가가 점점 더 시급한 문제로 떠오를 것이다. 우리가 종 수준의 위기에 직면해 있다는 데는 의문의 여지가 없다. 하지만 우리는 헤쳐나갈 수 있다. 우리는 살아남을 수 있다. 하지만 그러기 위해서는 인류가 한 번도 해보지 않은 종류의 계획적이고 의도적인 이주가 필요하다.

마침내 사람들이 기후 비상사태를 직시하기 시작했다. 하지만 세계 각국이 탄소배출량을 줄이고 위험에 처한 지역을 더운 환경에 맞게 적응시키려고 노력하는 동안, 모두가 알면서도 외면한 사실이 있다. 이미 세계 많은 지역의 기후 조건이 극단으로 치닫고 있어서 적응할 방법이 없다는 것이다. 50도를 넘어서는 날이 30년 전보다 두 배나 많아졌다. 이런 수준의 더위는 인간에게 치명적일 뿐만 아니라 건물, 도로, 발전소에도 큰 문제가 되고 있다. 요컨대 한 지역 전체가 살 수 없는 곳이 된다는 뜻이다.

지구에서 펼쳐지고 있는 이 강렬한 드라마는 인간의 역동적인 대응을 요구한다. 해법 역시 우리 손안에 있다. 우리는 사람들이 위험하고 가난한 곳에서 안전하고 안락한 곳으로 이동할 수 있도록 돕고, 모두를 위해 더 회복력 있는 글로벌 사회를 구축해야 한다. 전례 없는 규모의 인류 대이동이 이번 세기를 지배하고 우리가 사는 세상을 재편할 것이다. 대재앙이 될 수도 있지만, 잘만 관리하면 인류를 구원할 수도 있다.

사람들은 살아남기 위해 이동해야 할 것이다. 대규모 인구가 이주해야 할 것이며, 가장 가까운 도시가 아니라 대륙을 가로질러 이주해야 할지도 모른다. 특히 북위도에 위치한 국가와 같이, 환경 조건이 견딜 만한 지역에 사는 사람들은 수백만 명의 이주민을 점점 더 혼잡해지는 도시에 수용하는 한편, 자체적으로도 기후변화의 요구에 적응해야 할 것이다. 우리는 얼음이 빠르게 사라지고 있는 서늘한 극지방 근처에 완전히 새로운 도시를 건설해야 할 것이다. 예를 들어 시베리아의 일부 지역은 이미 몇 달 동안 기온이 30도에 계속 머물고 있다.

지금 당신이 어디에 살고 있든, 전 지구적 이주가 당신과 자녀들의 삶에 영향을 미칠 것이다. 인구의 3분의 1이 가라앉고 있는 저지대 해안을 따라 살고 있는 방글라데시는 확실히 거주할 수 없는 곳이 되어가고 있다(인구의 10퍼센트에 해당하는 1,300만 명 이상이 2050년 무렵에는 방글라데시를 떠날 것으로 예상된다). 수단 같은 사막 국가들도 점점 사람이 살 수 없는 곳이 되어가고 있다. 하지만 앞으로 수십 년 안에 부유한 국가들도 심각한 영향을 받을 것이다. 더위와 가뭄에 시달리는 호주가 대표적으로 어려움을 겪을 국가다. 미국의 일부 지역도 마찬가지인데, 마이애미와 뉴올리언스 같은 도시에서는 수백만 명이 안전을 찾아 오리건과 몬태나 같은 서늘한 주로 이주해야 할 것이다. 따라서 이들을 수용하기 위해 도시를 건설할 필요가 있다.

인도에서만 10억 명에 가까운 사람들이 위험에 처할 것이다. 중국 내에서도 5억 명, 라틴아메리카와 아프리카에서도 수백만 명이 이주해야 할 것이다. 남부 유럽의 지중해성 기후는 이미 북쪽으로 이동해, 스페인에서부터 터키에 이르는 지역이 사막화되고 있다. 한편 중동의 일부 지역은 이미 더위와 물 부족, 열악한 토양으로 인해 사람이 견딜 수 없는 환경이 되었다.

사람들이 떠나기 시작할 것이다. 그들은 이미 이동하고 있다.

전례 없는 기후변화에 인구구조 변화까지 겹친 지금, 우리는 종 수준의 전 지구적 격변을 겪고 있다. 전 세계 인구는 앞으로 몇십 년 동안 계속 증가하다가 2060년대에 100억 명으로 정점에 달할 것이다. 그리고 이러한 인구 증가의 대부분은 기후 재앙에 의해 가장 심각한 타격을 받는 열대 지역에서 일어날 것이고, 그 결과 이 지역 사람들은 북쪽으로 피난을 떠날 것이다. 지구 북반구는 반대로, '꼭대기가 무거운' 인구구조 위기에 직면해 있다. 이는 적은 노동력으로 많은 노인 인구를 부양해야 하는 구조다. 스페인과 일본을 포함한 최소 23개국이 2100년까지 인구가 절반으로 줄어들 것으로 예상된다. 북미와 유럽은 전통적인 은퇴 연령(65세 이상)을 넘어선 인구가 3억 명에 달할 것이며, 2050년에는 20~64세 노동 인구 100명당 노인 부양 비율이 43명이나 될 것으로 예상된다.[1] 뮌헨에서 버팔로에 이르는 도시들이 이민자를 유치하기 위해 서로 경쟁하기 시작할 것이다. 이 경쟁은 세기말로 가면서 특히 심해질 텐데, 이때 이산화탄소 제거라든지, 저렴한 비용으로 넓은 지역을 냉각시킬 수 있는 지구공학적 혁신을 적용함으로써, 기후변화로 거주가 불가능했던 남반구의 일부 지역이 다시 한번 살 수 있는 곳으로 바뀔지도 모르기 때문이다. 그야말로 이번 세기는 전례 없는 전 지구적 인류 대이동의 세기다.

이제 우리는 인간 시스템과 지역사회가 다가올 충격에 견딜 내성을 갖추도록 실용적인 계획을 세울 필요가 있다. 우리는 2050년까지 어느 지역사회가 이주해야 하는지 이미 알고 있다. 또한 우리 자녀들이 노년기에 접어드는 세기말에 어느 지역이 가장 안전할지도 알고 있다.

이제 우리는 수십억 명의 인구를 지속가능한 방식으로 수용할 수 있는 곳을 찾아야 한다. 그러기 위해서는 국제 외교와 국경 협상, 기존 도시들의 적응이 필요하다. 예를 들어 북극은 수백만 명의 사람들에게 비교적 안정적으로 거주할 수 있는 목적지가 될 수 있다. 하지만 현재 북극의 인프라는 최소 수준인데다 그마저도 녹고 있는 영구동토층 위에 있어서 이미 가라앉고 있다. 더 뜨거워질 환경에 맞게 재건해야 한다. 기후 이주에 대비한다는 것은 주요 도시를 단계적으로 포기하고 다른 곳으로 이전하여, 낯선 땅에 완전히 새로운 도시를 건설해야 한다는 뜻이다.

내가 살고 있는 런던은 역사가 2,000년 이상 된 도시로 900만 명이 살고 있다. 이런 도시를 변화하는 환경에 맞게 적응시키고 확장·건설해야 하는데 주어진 시간은 불과 수십 년밖에 남지 않았다. 하지만 우리는 코로나19 팬데믹 기간에 보았듯이, 며칠 만에 응급 병동을 만들어냈다. 나는 우리가 몇 년 내에 야심 찬 도시를 건설할 수 있다고 믿어 의심치 않는다. 하지만 어떤 종류의 도시를 어디에, 누구를 위해 건설해야 할까?

앞으로 일어날 이주는 크고 다양할 것이다. 그 이주에는 치명적인 폭염과 흉작을 피해 피난을 떠나는 세계 최빈층이 포함될 것이다. 또 교육받은 사람들과 중산층도 포함될 것이다. 그리고 주택담보대출이나 부동산 보험을 받을 수 없기 때문에, 일자리가 있는 곳으로 가야 하기 때문에, 더 살기 좋은 기후를 찾아 떠나온 사람들로 인해 동네 분위기가 나빠졌기 때문에, 더 이상 계획했던 곳에서 살 수 없게 된 사람들도 포함될 것이다. 기후변화는 이미 미국에서 수백만 명의 이재민을 발생시켰다. 2018년에는 120만 명이 혹독한 기후 조건 때문에 살던 곳을 떠났고, 2020년에는 연간 피해자가 170만 명으로 증가했다. 현재 미국에는 평균 18일마다 10억 달러 규모의 재난이 발생하고 있다.[2] 2021년 이주를 계획하고 있는 미국인들을 대상으로 실시한 한 조사에 따르면, 이들의 절반이 기후 위험을 원인으로 꼽았다.

이 글을 쓰고 있는 지금도, 미국 서부 지역의 절반 이상이 극심한 가뭄에 직면해 있으며, 오리건주 칼라매스 분지의 농부들은 관개용수를 얻기 위해 불법적으로 댐 수문을 여는 방안을 고려하고 있다. 다른 극단적인 예로, 과학자와 언론인의 파트너십인 〈기후 센트럴Climate Central〉에 따르면, 2050년이 되면 미국의 기존 주택 가운데 적어도 50만 채가 1년에 한 번 이상 물에 잠기는 땅에 위치하게 될 것이라고 한다. 이러한 주택의 자산 가치는 2,410억 달러에 이른다. 건물 자체가 침수되지 않더라도, 지역 내 인프라가 물에 잠기면 인근 지역은 사람이 살 수 없게 된다. 뉴올리언스 지역 주민 40만 명과 같이 주요 도시 거주자들이 피해를 입게 될 것이다.

루이지애나의 장 샤를 섬은 해안 침식과 해수면 상승으로 인해 이미 4,800만 달러의 연방 세금을 배정받아 지역 전체가 이주하기로 결정했다. 영국 웨일스의 해안 마을 페어본은 2045년에 마을 전체가 바다에 침식되어 '해체'될 예정이기 때문에 집을 버리고 떠나야 한다는 말을 들었다. 더 큰 해안 도시들도 위험에 처해 있기는 마찬가지다. 2050년이 되면, 웨일스의 수도 카디프는 3분의 2가 물에 잠길 것으로 예상된다.

누군가에게는 다가오는 이 이주 격변이 갑작스럽고 긴박한 엑소더스가 될 수 있다. 기후변화로 인해 수확량이 감소하고 식량 가격이 급등하고, 국가가 폭력적인 분쟁에 휩싸이게 될 것이기 때문이다. 아니면 허리케인이 마을을 파괴하거나, 파도가 마을을 침식하는 일이 일어날지도 모른다. 이주 격변은 이렇게 재난의 여파로 갑자기 일어날 수도 있지만, 천천히 일어날 수도 있다. 유엔 국제 이주기구는 향후 30년 동안 15억 명에 달하는 환경 이주민이 발생할 것으로 추산한다. 2050년 이후에는 지구의 기온이 더 상승하고 2060년대 중반에는 세계 인구가 정점에 도달할 것으로 예상됨에 따라 환경 이주민의 수가 급증할 것으로 보인다. 기후 재난은 이미 분쟁과 전쟁보다 최대 10배나 많은 사람들을 피난민으로 만들고 있다.

우리는 환경 변화를 일으켜 새롭고 매우 다른 세계를 만들고 있다. 이렇듯 거대한 지구적 변화를 일으킬 수 있는 유일한 의식 있는 존재로서, 우리는 우리의 능력을 우리 자신을 구하는 쪽으로 쓰는 성숙함과 지혜를 가져야 한다.

나는 공포에 사로잡혀 벌써 캐나다와 뉴질랜드의 땅값을 검색하며 미래에 내 자녀들이 살 만한 안전한 장소를 찾아보았다. 앞으로 수십 년 동안 안전한 식수와 녹지가 보장되는 곳을. 하지만 나는 개인이 해결할 수 있는 문제가 아니라는 사실도 인정해야 했다. 우리가 대규모 이주에 단편적인 방식(즉 가능한 사람들만이 세계에서 가장 영향을 덜 받는 지역에서 안전을 확보하는 방식)으로 접근한다면, 우리 모두를 위협하는 생존 불평등이 발생할 위험이 있다. 부유한 사람이 가난한 사람의 유입을 막기 위해 장벽을 세우면 우리는 엄청난 인명 손실, 끔찍한 전쟁과 비참한 상황에 직면하게 될 것이다. 이와 같은 파괴적인 상황이 규모는 작지만 지금도 일어나고 있다. 하지만 수십 년 안에 닥칠 것으로 예상되는 재앙적 혼란을 보고만 있어서는 안 된다. 도덕적으로 용납할 수 없는 일인 것과 별개로, 이 혼란에서 자유로운 사람은 아무도 없기 때문이다. 대신 우리는 인간이 만든 이 문제를 해결하기 위해 글로벌 사회가 함께 힘을 모아야 한다. 우리는 행성 규모의 종이고 함께 공유하는 하나의 생물권에 의존하고 있다. 우리는 우리 지구를 새롭게 바라보고, 지속가능한 미래를 위해 사람들이 어디에 머무는 것이 가장 좋은지, 그리고 우

인류세, 엑소더스

리의 모든 필요를 충족시킬 수 있는 최선의 방법이 무엇인지 고민해야 한다.

그러기 위해서는 근본적인 발상의 전환이 필요하다. 인류에게 던져진 질문은 이것이다. '지속가능한 약속의 땅은 어떤 모습인가?' 만일 우리가 인류 공동체를 이룩할 수 있다면, 앞으로 인류의 생활 반경과 식량 생산이 비교적 작은 지역으로 제한될 수밖에 없다 해도 우리는 계속해서 지구를 지배할 것이다. 인류세 시대에 우리는 완전히 새로운 방식으로 식량과 연료를 공급해야 하고 완전히 다른 방식으로 살아가야 한다. 그리고 동시에 대기의 탄소 농도를 줄여야 한다. 우리는 더 적은 수의 도시에서 더 밀집된 생활을 해야 할 것이고, 정전과 위생 문제, 과열, 오염, 전염병 등 밀집과 관련된 위험들을 줄여야 한다. 하지만 그 못지않게 어려운 과제는 '지정학적 사고방식'을 극복하는 것이다. 즉 우리가 특정 땅에 속해 있고 그 땅이 우리의 것이라는 생각을 극복해야 한다. 다시 말해, 앞으로 난민이 될 수 있는 사람으로서 우리 모두가 '지구 시민'이라는 인식으로 전환하기 위해 노력해야 한다. 우리는 부족 정체성의 일부를 버리고 종 차원의 정체성을 받아들여야 한다. 우리는 극지방의 새로운 도시에 살면서 다민족 사회에 동화되어야 할 것이다. 그리고 우리는 필요할 때 다시 이동할 준비가 되어 있어야 한다.

기온이 1도 상승할 때마다 대략 10억 명이 인류가 수천 년 동안 살아온 지역 밖으로 밀려날 것이다. 우리가 다가오는 격변에 압도당해 죽기 전에 해법을 마련할 시간은 점점 줄어들고 있다. 이주는 문제가 아니라 해결책이다.

이주가 우리를 구할 것이다. 왜냐하면 우리를 지금의 모습으로 만든 것이 바로 이주이기 때문이다. 나는 우리 모두의 내면에 자리 잡고 있는 '유목민의 영혼'을 보여주는 것으로 이 책을 시작하려 한다. 이주는 우리 종의 본성을 이루는 유효하고 필수적인 부분이다. 수십만 년 전 우리 조상은 어디서나 살 수 있는 능력, 즉 적응력을 개발했다. 그것이 우리를 행성 수준의 영장류로 만들었다.

이례적으로 인간은 자신만 이동하는 것이 아니라 다른 동물, 식물, 물, 물질 등 지구의 모든 것을 이동시킨다. 인간은 네트워크를 형성해 유전자, 아이디어, 자원을 교환하며 번성한다. 결국 이러한 네트워크가 너무 강력해져서 인간은 직접 이동할 필요가 없게 되었고, 필요한 지구의 일부를 가상 이주라는 방식으로 소환한다. 다른 동물과 달리, 인간은 물리적 위치에만 의존해 살아가지 않고, 우리가 지속적으로 만들어내고 있는 가상 이주에 의존해 살아간다. 나는 지금 이 단락을 콩고 암석에서 캐낸 물질을 사용해 타이핑하고 있고, 베트남에서 만든 옷을 입고 있으며, 페루에서 기른 감자로 점심을 먹었다. 인간의 생태계는 지구 전체다. 그런데 지금 지구가 재구성되고 있다.

앞으로 수십 년 동안 우리는 더위와 화재, 홍수, 해수면 상승, 기상이변, 인구 증가와 인구구조 변화를 포함하는 다양한 위기에 직면하게 된다. 이 모든 위기의 뿌리에는 사회적 불평등과 빈곤이 있고, 이것은 이 위기를 단순한 위험에서 본격적인 인도주의적 위기로 발전시킨다.

기후변화는 흔히 위협을 배가시키는 요인으로 일컬어진다. 기후변화로부터 가장 영향을 많이 받는 사람들은 파괴된 환경, 소득 불안정, 돈과 자원을 저축할 수 없는 상태, 저렴한 의료의 부재, 부적절한 위생, 열악한 통치, 개인적 주체성이나 상황을 바꿀 수 있는 능력의 부족 등 이미 삶과 생계에 위협을 겪고 있는 사람들이다. 기후변화의 충격과 스트레스는 회복력이 가장 약한 사람들에게 가장 큰 타격을 줌으로써 그들을 감당할 수 없는 상황으로 몰아간다. 우리는 '기후 아파르트헤이트'에 직면해 있다.

이 책의 각 장에서 이 새로운 위기가 우리 세계와 세계 인구에 무엇을 의미하는지 살펴볼 것이다. 경고하는데, 상황이 좋지 않다. 하지만 실망할 필요는 없다. 해결책이 가까이 있음을 알게 될 테니까. 이 책에서 우리는 어디서 어떻게 몇 명이 살아야 안전한지 살펴볼 것이다. 그리고 식량, 전력, 물, 기타 자원을 어디서 생산할 수 있는지도 살펴볼 것이다. 직접 이주하는 사람만이 아니라 이주민을 받아들이는 사람도 엄청난 변화를 겪을 것이다. 도시는 변화하는 환경 조건과 급격히 늘어난 인구에 맞춰 용도를 변경하고 적응해 대대적으로 변모하되, 더 나은 도시로 거듭날 기회를 붙잡아야 한다. 이 새로운 세계에서는 우리 모두가 시민, 경제 주체, 글로벌 사회의 구성원으로서 서로를 바라보고 이해하는 방식이 완전히 달라질 것이다.

우리가 이런 전 지구적 과정을 어떻게 관리하고, 이주 과정에서 서로를 얼마나 인간적으로 대하는지가 이 격변의 세기가 순조롭게 진행될지, 아니면 폭력적인 갈등과 불필요한 죽음으로 이어질지를 결정하는 열쇠가 될 것이다. 이 격변을 올바르게 관리하면 새로운 글로벌 인류 공동체를 탄생시킬 수 있을 것이다.

인간은 협력하도록 진화했고, 또 이주하도록 진화했다. 우리를 기다리고 있는 격변은 전례 없는 일이지만, 따지고 보면 인류가 오랫동안 반복해온 동일한 적응 행동에 바탕을 두고 있다. 지금이야말로 사는 곳을 결정할 때마다 발휘했던 내재적 유연성을 회복할 때다.

우리 모두의 안녕을 위해 자연계의 건강한 기능을 회복하려고 노력하고 있는 지금, 우리는 이 상황을 서로에 대한 의존성과 우리 종의 자연계에 대한 의존성을 인식할 기회로 삼아야 한다. 이 책의 마지막 부분에서는 지구의 거주 가능성을 회복해 다시 인간이 열대 지방에 살 수 있게 할 방법을 살펴볼 것이다. 그러기 위해서는 이번 세기를 특징짓게 될 위험한 지구 온도를 낮추어야 하는데, 우리는 에너지 시스템을 탈탄소화하고, 대기에서 탄소를 제거하고, 태양빛을 우주 공간으로 반사시킴으로써 그렇게 할 수 있다. 최신 기술 혁신들을 살펴볼 것이고, 또한 우리가 90억 인류를 위한 정의로운 세계를 만들려면 반드시 해결해야 하는 엄청난 정치적·사회적·외교적 갈등에 대해서도 살펴볼 것이다. 당신이 어떤 이념적 성향을 갖고 있든, 이 책에서 제시하는 아이디어들에 열린 마음으로 접근해 줄 것을 요청한다. 앞으로 소개할 급진적인 사회적 해법이 '불가능하다'거나 '실현 가능성이 없다'는 이유로, 또한 기술 해결책이 '부자연스럽다'거나 '위험하다'는 이유로 즉시 거부하고 싶은 충동을 억눌러주길 바란다.

우리는 사회적이며 동시에 기술적인 유인원이다. 그리고 이 두 가지 특별한 재주를 이용해 문제들을 해결한다. 인류가 직면한 이 최대 위기는 우리의 만능도구 상자를 필요로 한다. 대규모 기술 변화와 근본적인 사회적 변화, 어느 쪽도 쉽거나 간편한 방법은 없다. 둘 다 중대한 도전이 따른다. 하지만 지금 상황에서 우리는 선택지가 거의 없다. 이 책은 우리가 앞으로 나아갈 최선의 방법에 대한 나의 제안이다.

이주 이야기는 내 어린 시절을 형성했고 나는 언제나 타지에서 온 사람들에게 끌렸다. 난민과 이민자의 딸이자 손녀인 나는 3개 대륙에서 살았고 다양한 지역을 여행했다. 첫 책에 대한 자료조사를 위해 2년 반 동안 50개국을 돌아다녀야 했던 기나긴 여행에서 나는 집을 잃는다는 것이 무슨 의미인지 왕자와 대통령, 빈민들과 이야기 나눌 기회가 있었다. 그중에는 기후변화로 영토가 사라지면서 힘든 결정에 직면한 몰디브와 키리바시 공화국의 대통령도 있었다. 나는 인도와 방글라데시 사이의 갠지스 강에 잠깐씩 나타나는 진흙 섬에 사는, 국적이 없는 '차르족'를 찾아간 적도 있다. 그리고 아프리카와 중앙아메리카에서 수렵과 채집만으로 살아가는 사람들과 함께 지내기도 했는데, 이들에게 집은 정해진 주소를 의미하는 것이 아니었다. 인류 역사상 한 번도 경험해보지 못한 세계인 인류세에 진입함에 따라, 나는 지난 10년 동안 대기 온난화부터 생물 다양성 손실, 농경지 확대에 이르기까지 점점 심각해지는 환경 변화에 관한 과학적 조사를 계속 이어왔다. 나는 야생과 인간의 삶에 닥친 위협과 위험에 관한 글을 써왔고, 우리가 이 새로운 세계에 어떻게 적응할 수 있는지에 관한 라디오와 텔레비전 프로그램을 제작했다. 그러나 수백만 명에게 가장 중요한 적응이자 점점 유일한 선택지가 되고 있는 '이주'는 아무도 언급하지 않고 옹호하는 사람도 거의 없다.

　　과학을 전공한 사람으로서 나는 우리가 직면한 많은 기후변화에 대한 대응이 수 세기는 아니더라도 수십 년 동안 제자리걸음만 하고 있다는 것을 알고 있다. 지구의 기온은 이미 상승하고 있지만, 그 와중에도 우리는 계속 이산화탄소를 배출하고 있다. 행동할 시간이 얼마 남지 않았다.

4도 상승한 세계 (산업화 이전 평균과 비교해서)

열대 벨트가 광범위하게 형성되어 드넓은 지역이 거주 불가능해지고,
해수면 상승으로 많은 섬과 해안 도시가 물에 잠긴다.
하지만 전 세계에서 재생 에너지 생산이 가능하고,
100억 명의 인구를 먹일 충분한 식량을 생산할 수 있다.

그린란드

빙상이 빠르게 녹으며
거주지, 농업, 채광을 위한
새로운 지역이 드러날 것이다.

북서항로

바다에 얼음이 모두 사라져 이 귀중한 항로가 일 년 내내 열린다.
캐나다와 러시아의 거주 가능 지역들을 연결하는
교통망을 제공한다.

캐나다

북부 지역은 안정적인 강수량과
따뜻한 기온 덕분에
이상적인 재배 조건이 조성되지만,
중부와 남부 지역에서는
가뭄이 문제가 될 것이다.

남유럽

사막이 대륙을 잠식하고,
강이 마른다.
산에는 눈이 사라진다.

미국 남서부

사막화, 화재, 열기로 인해
많은 지역이 거주 불가능해질 것이다.
콜로라도 강은 시냇물 수준으로 줄어든다.
이 지역의 육지는 태양광발전과
지열 에너지에 사용된다.

아마존

사막

페루

해빙으로 인해 이 지역은
건조하고 사람이 살 수 없는 곳이 된다.

열대 고산지대

히말라야부터 안데스 산맥까지
세계에서 가장 높은 산 대부분이 빙하를 잃고,
이 지역의 주요 강들도 영향을 받게 된다.

파타고니아

남반구에서 농업과 거주를 위한
가장 큰 잠재력을 지닌 지역

남극대륙 서부

빙하가 사라져 농업이 가능해지고,
도시를 건설할 수도 있다.

스칸디나비아/ 영국/ 러시아 북부/ 그린란드

고층 건물 위주의 밀집된 도시들이
각지에서 이주해온 사람들에게
안식처를 제공할 수 있을 것이다.

북아프리카/ 중동/ 미국 남부

바람, 태양광, 태양열 에너지를 혼합하여 사용하는
태양 및 풍력 에너지 벨트가 수천 킬로미터에 걸쳐 뻗어 있다.
주기적으로 고전압 직류 변전소가 전력을 북쪽으로 보낸다.

시베리아

안정적인 강수량과 따뜻한 기온은
농작물 재배에 이상적인 조건을 제공한다.

중국 동부

강과 지하수층이 말라서
이 지역은 버려진다.
강한 몬순으로 땅이 침식해
흙먼지 지대가 된다.

아프리카

대체로 사막이지만,
일부 모델에 따르면
사헬 지역에 녹지가 조성될
가능성도 있다.

폴리네시아

바다 밑으로 사라짐.

오스트레일리아

극북 지역과 태즈메이니아에서는
사람들이 밀집된 도시에 살고,
농작물이 재배된다. 이 대륙의 나머지
지역은 태양광발전,
수소 생산, 우라늄 같은
원자력 발전용 광물 채굴에 쓰인다.

뉴질랜드

알아볼 수 없을 정도로 변한다.
인구 밀도가 높은 이 섬나라는
고층건물 위주의 도시와
집약적 농업을 보유하고 있다.

■ 식량 재배 지역, 고층건물로   ■ 홍수, 가뭄, 또는 기상 이변으로   ■ 해수면이 약 2미터   ⠿ 지열 에너지
　 이루어진 밀집된 도시   　 거주가 불가능한 곳   　 상승하면 사라질 땅   ✳ 풍력 에너지
▨ 사막화   ■ 재조림 가능성이 있는 지역   ⠿ 태양 에너지

4도 상승한 세계에서 거주 가능한 지역

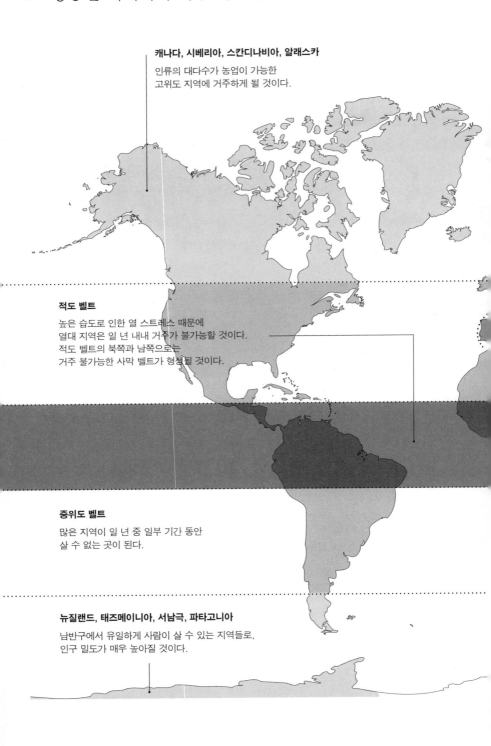

캐나다, 시베리아, 스칸디나비아, 알래스카
인류의 대다수가 농업이 가능한
고위도 지역에 거주하게 될 것이다.

적도 벨트

높은 습도로 인한 열 스트레스 때문에
열대 지역은 일 년 내내 거주가 불가능할 것이다.
적도 벨트의 북쪽과 남쪽으로는
거주 불가능한 사막 벨트가 형성될 것이다.

중위도 벨트

많은 지역이 일 년 중 일부 기간 동안
살 수 없는 곳이 된다.

뉴질랜드, 태즈메이니아, 서남극, 파타고니아
남반구에서 유일하게 사람이 살 수 있는 지역들로,
인구 밀도가 매우 높아질 것이다.

남유럽
사하라 사막이 남유럽과
중부 유럽까지 확장될 것이다.

힌두 쿠시, 카라코람, 히말라야 산맥
아시아 대부분의 강에 물을 공급하는
빙하의 3분의 2가 사라질 것이다.

해양 데드존
바다의 산성화와 산소를 고갈시키는
조류 때문에 산호초, 조개, 플랑크톤이 전멸할 것이다.
대형 해양 생물도 먹이가 없어서
급격히 감소할 것이다.

1

폭풍

앞날에 대한 전망은 끔찍하다. 우리는 환경적·사회적·인구학적 재앙에 직면해 있다. 물에 잠긴 도시, 정체된 바다, 생물 다양성의 붕괴, 견딜 수 없는 폭염, 거주 불가능해진 나라, 광범위한 기아, 100억 명에 달하는 인구. 3~4도 더워진 세계는 악몽과도 같지만, 이것이 바로 우리가 수십 년 내에 도달하게 될 상황이다.

우리 앞에 놓인 문제는 시스템 문제라서 서로 영향을 주고받으며 인류에게 재앙적인 사태를 일으키고 있다. 여론조사에 따르면 전 세계 대부분의 사람들이 현재 우리가 '기후 비상사태'에 직면해 있다고 확신하지만[1] 경종을 울리는 이 표현조차도, 그야말로 글로벌 사회 붕괴나 마찬가지인 이 재앙의 엄청난 규모를 다 담아내지 못한다.

대기 중 이산화탄소 양은 2022년에 420PPM에 도달해 이미 지난 300만 년 동안보다 많아졌다.[2] 이산화탄소는 인류가 진화사 내내 경험한 그 무엇과도 비교할 수 없는 수준으로 지구를 달구고 있다. 그것도 아주 빠르게. 우리가 아는 한 현재 인간이 유발한 지구온난화보다 더 빠르게 지구 기후를 바꾼 것은 6,600만 년 전 백악기를 끝낸 갑작스러운 운석 충돌 사건뿐이다. 공룡을 멸종시킨 것으로 유명한 이 사건으로 (기후변화를 일으키는 엄청난 양의 다른 가스들과 함께) 약 600~1,000기가톤의 이산화탄소가 방출되었다.[3] 그런데 이제는 우리 스스로가 소행성이 되어 불과 20년 만에 600기가톤의 이산화탄소를 배출했다. 우리는 백악기 말과 비슷하게 위험한 상황을 우리 스스로 자초했지만, 닥쳐오는 재난에 공룡보다 더 잘 대비되어 있다고 할 수도 없다. 지금까지 전 세계는 가난, 기후변화, 생태계 붕괴라는 세 가지 위기에 가장 취약한 사람들에게 요구되는 규모와 속도로 대응하는 데 실패했다.

우선 기후변화를 살펴보자. 우리는 우리가 배출하는 이산화탄소가 대기와 바다의 온도를 높여 기상이변, 해수면 상승, 세계적인 강우 패턴의 변화를 유발하고 있다는 사실을 잘 알고 있다. 이것이 위험하다는 것도, 배출을 하루빨리 중단해야 한다는 것도 잘 알고 있다. 대기에서 이산화탄소가 제거되는 속도에 맞추는 데 그쳐서는 안 된다. 다시 말해, 우리는 '순배출량 제로', 즉 증가도 감소도 하지 않는 수준을 넘어 이미 존재하는 이산화탄소의 양을 안전한 수준까지 줄여야 한다. 우리는 이 모든 사실을 알고 있지만, 각자가 속해 있는 거대하고 복잡한 경제, 문화, 기술 시스템은 더디게 변하고 있다. 우리는 이번 세기에 지구 온도가 4도 상승하는 상황을 향해 계속 나아가고 있다.[4]

온난화의 가장 큰 이유는 전 세계적인 에너지 사용의 증가다 (앞으로 수십 년 동안 계속 증가할 것이다). 이 에너지의 대부분은 화석연료를 태워서 얻기 때문에, 이 과정에서 이산화탄소가 방출된다. 따라서 지구온난화의 물리학에 따르면, 우리가 선택해야 하는 방법은 에너지 생산을 크게 줄이거나, 생성된 이산화탄소가 대기로 들어가기 전에 포집하거나, 탄소를 태우지 않고 에너지를 생산하는 것이다. 물론 이 물리학 방정식을 인간 세계의 사회·경제·정치 시스템에 적용하면 상황은 더욱 복잡해진다. 탈탄소화와 지구온난화 해결이 쉽다고 주장하는 사람이 있다면 그는 바보이거나 사기꾼이다.

이것은 인류 사회가 지금껏 직면한 가장 복잡한 문제다. 그런데 우리는 안 그래도 어려운 문제를 스스로 더 어렵게 만들었다. 전 세계의 부유한 기득권이 나머지 세계에 사는 사람들, 특히 온난화에 가장 취약할 수 있는 남반구의 가난한 사람들의 삶을 훨씬 더 어렵게 만들었다. 이 문제는 인간만의 고유한 능력, 결함, 경이로움에서 나왔기 때문에 해결 역시 인간만이 할 수 있다.

세계가 행동하기 시작했다는 고무적인 신호가 많이 있다. 먼저, 인간이 지구온난화 위기를 만들었다는 것이 거의 보편적인 인식으로 자리 잡았다. 2015년, 세계 기온이 산업화 이전보다 1도 상승한 바로 그해, 파리에 모인 각국 정부들은 기온 상승을 2도 이하로 유지하고 2100년까지 기온 상승을 1.5도로 제한하기 위해 '노력'하겠다고 약속했다. 2021년 글래스고 기후회의에서는 국가별 온실가스 배출 감축 공약이 시작되었고, 파리협정을 이행하는 쪽으로 몇 가지 다른 중요한 발걸음도 내딛었다. 가장 인상적인 점은 재생에너지 생산이 놀라울 정도로 증가했다는 것이다. 이제 새로운 태양광발전소, 또는 풍력발전소를 설치하는 비용이 기존 화력발전소에서 전기를 계속 생산하는 것보다 싸졌다. 영국에서는 이미 재생에너지 생산량이 화석 연료에서 나오는 생산량을 초과했다. 재생에너지 생산 비용이 급감한 것은 재생에너지의 성능이 빠르게 향상되었기 때문이다. 우리는 기능이 더 좋고 효율적인 태양광 패널, 풍력 터빈, 배터리, 전기자동차를 보유하고 있으며, 이런 식으로 생산된 전기를 전력(그리드) 시스템에 통합하는 데 훨씬 능숙해졌다. 앞으로 이 모든 것들이 더욱 개선될 것이다.

이런 진전이 아무리 고무적이라 해도, 배출량을 줄이는 것은 고사하고 안정화시키는 데 필요한 수준에도 한참 못 미친다. 지구

온난화를 1.5도 이하로 유지하려면 우리는 2025년까지 전 세계 배출량을 절반으로 줄이고, 2050년까지 순배출량 제로에 도달해야 한다. 하지만 현재 온실가스 배출량은 여전히 증가하고 있고(코로나19 팬데믹으로 주요 산업이 셧다운되었음에도 연간 배출량은 계속 증가했다), 기온은 상승하고 해빙은 가속되고 있으며, 기후변화는 기후학자들의 예측대로 점점 악화되고 있다. 현재 이산화탄소 농도는 산업화 이전 평균보다 50퍼센트 이상 높다.

많은 과학자들이 우리가 이번 세기말에 '안전한' 목표치인 1.5도 상승을 달성하는 것은 고사하고 2도 이하로 유지할 가능성도 거의 없다고 생각한다. 대부분의 국가가 배출량 감축 목표를 달성할 수 있는 진전에 전혀 다가서지 못하고 있고, 설령 문자 그대로 목표를 달성한다 해도 국가별 목표 자체가 2도 상승 이하로 유지하는 데 필요한 수준에는 한참 못 미친다. 그리고 많은 국가들이 온실가스 배출량을 실제보다 한참 적게 보고하고 있기 때문에, 각국의 배출량 감축 공약 자체가 결함 있는 데이터에 근거한 것으로 보인다. 세계 1위와 4위 배출국인 중국과 인도는 2030년에 2020년보다 더 많은 온실가스를 배출할 것으로 예상된다. 2021년 북극권에 위치한 핀란드 마을 살라는 2032년 하계올림픽 유치에 나섰다. 북극해에 얼음이 없는 최초의 여름은 2035년이 될 것으로 예상된다.

기후 모델에 따르면, 현재 우리는 2100년까지 기온이 3~4도 상승하는 길로 가고 있다. 그런데 이것은 전 세계 평균 온도라는 사실을 기억해야 한다. 이 계산에서 바다를 빼면, 극지방과 사람들이 거주하는 육지에서는 기온 상승이 두 배가 될 수 있다. 이는 사람들이 2100년에 평균 온도 10도 상승을 경험할 수 있다는 뜻이다. 만일 이 이야기가 아주 먼 훗날의 일처럼 느껴진다면 당신이 아는 사람들

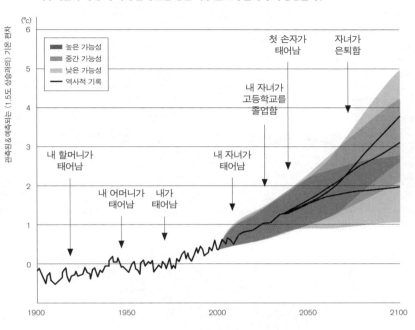

지구가열화 세대: 우리가 살아 있는 동안 지구 온도가 얼마나 더 상승할까?

(°C)

관측됨 & 예측됨(는 (1.5도 산업화의) 기온 편차

- 높은 가능성
- 중간 가능성
- 낮은 가능성
- 역사적 기록

내 할머니가
태어남

내 어머니가
태어남

내가
태어남

내 자녀가
태어남

내 자녀가
고등학교를
졸업함

첫 손자가
태어남

자녀가
은퇴함

중 몇 명이 그때까지 살아 있을지 생각해보라. 내 아이들은 80대가
되어 중년의 자녀와 손자손녀를 두고 있을 것이다. 우리는 그들이
살아갈 세계를 만들고 있다. 그 세계는 지금과 매우 다를 것이다.

이번 세기말에 지구 온도가 4도 상승한다는, 충분히 실현 가
능한 시나리오를 생각해보자. 실제로 그것은 대부분의 사람들이 생
각하는 것보다 실현 가능성이 높다. 그러므로 그렇게 되는 이유를
내가 설명하는 동안 잠시 참고 들어주기를 바란다. 기후 모델을 만
드는 과학자들은 다양한 미래 배출 시나리오를 토대로 기온 상승을
예측한다. 기후변화에 관한 정부 간 협의체(IPCC)는 이번 세기 동안
전 세계가 걷게 될 경로를 경제 상황에 따라 네 가지로 제시했다(그

지구 온도가 얼마나 올라갈 수 있을까?

영국 기상청이 세계 경제가 따르는 다양한 배출량 감축 경로에 따라 추정한 지구의 평균 기온 상승. 기온은 음역 범위 안의 어딘가에 놓일 수 있다.

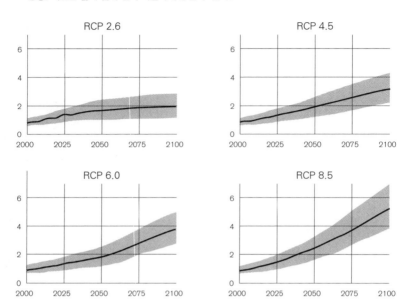

들이 쓰는 용어로 이 경로를 '대표농도경로', 즉 RCP이라고 한다). RCP 8.5는 탈탄소화를 거의 시도하지 않고 지금처럼 계속 경제를 운영할 경우의 경로이고, 조금 온건한 시나리오인 RCP 6.0은 2060년에 배출량이 정점에 도달한 후 급속히 감소한다는 시나리오이며, 중간 정도의 RCP 4.5는 좀 더 야심 찬 시나리오로 2040년에 배출량이 정점에 도달한 후 감소한다는 것이다. 그리고 RCP 2.6 경로는 가장 엄격한 시나리오다. 2021년에 열린 제26차 당사국총회(COP26) 이후 이행된 현재의 정책들을 감안하면, 우리는 RCP 4.5와 RCP 6.0 사이의 경로로 가게 될 것으로 예상된다. 현재로서는 RCP 4.5 가능성이 약간 더 높다. 예측에 따르면 2100년까지 4도 상승은 실현 가

인류세, 엑소더스

능성과 합리적 가능성 사이 어딘가에 있다.[5] 실제로 우리가 온건한 경로(RCP 6.0)를 따른다 해도, 2075년쯤에는 4도 상승에 도달할 수 있다.

나는 4개의 배출 시나리오에 따라 전 세계 연평균 표면 온도 변화(산업화 이전 온도 대비 변화)를 예측한 영국 기상청의 도표를 사용했다. 상황이 더 복잡한 실제 세계 시스템을 고려했기 때문이다. 예를 들어, 토양이 가열되면 유기물질이 더 빨리 부패해 더 많은 이산화탄소가 대기 중으로 방출된다. 도표상의 음영은 IPCC 예측에 포함되지 않은 구름과 수증기 피드백 같은 불확실성을 모델에 결합했을 때의 온도 상승을 최대한 정확하게 추정한 값을 나타낸다. 새로운 합의가 모델에 추가되면 음영의 폭은 점점 작아질 것이다. 하지만 다른 한편으로는, 영구동토층의 해빙이나 화재의 영향과 같이 아직 세밀하게 포함시키지 않는 요소들도 있다.

지구 온도가 10년마다 몇 도씩 상승한다는 말은 대부분의 사람들에게 잘 와닿지 않을 것이다. 더 시급한 문제는 폭염, 집중호우, 격렬한 허리케인, 파괴적인 화재 같은 온난화가 유발하는 기상 이변이다. 사람들의 삶을 전복시키는 것은 바로 이런 사건들이다.

불안하게도 우리가 온건한 경로를 넘어서고 있다는 징후들이 있다. 2021년에 발표된 연구에 따르면, 지구 전역의 해빙 속도가 기록적으로 가속화되고 있으며, 지금의 얼음 손실 속도는 IPCC 최악의 시나리오와 일치한다.[6] 사라진 얼음의 약 절반이 육지에서 발생해 전 세계 해수면 상승에 직접적으로 기여한다. 그린란드와 남극의 빙상이 엄청난 속도로 녹고 있어서, 이번 세기말까지 해수면이 1미터 이상 상승할 것으로 예상된다. 2021년 말, 연구자들은 남극 대륙 서부에 걸쳐 있는 빙하, 너비가 영국이나 플로리다 면적에

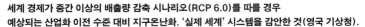
세계 경제가 중간 이상의 배출량 감축 시나리오(RCP 6.0)를 따를 경우
예상되는 산업화 이전 수준 대비 지구온난화. '실제 세계' 시스템을 감안한 것(영국 기상청).

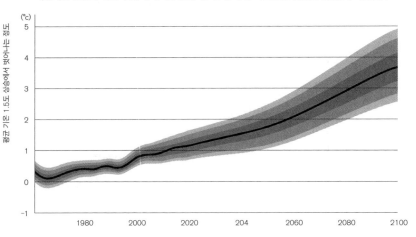

이르는 스웨이츠 빙하Thwaites Glacier에 거대한 균열이 생겼으며 이 균열이 점점 커지고 있다고 보고했다.[7] 그러면서 이 빙하의 빙붕floating shelf이 5년 안에 바다로 떨어져나가 연쇄적인 붕괴 반응을 일으킬 수 있다고 경고했다. 스와이츠 빙하가 완전히 녹으면 해수면이 65센티미터 더 상승할 수도 있다. 지난 25년 동안 최소 28조 톤의 빙상이 사라졌다. 연구자들은 이것이 영국 전역을 100미터 두께의 얼음으로 덮을 수 있는 양이라고 계산했다.

그리고 밝은 빙하가 사라지면 어두운 암석이나 바다가 드러나 온난화가 더 가속화된다. 이는 태양열이 반사되지 않고 흡수되는 탓이다. 2021년에 북극의 연구자들은 그린란드 빙상의 상당 부분이 티핑포인트 직전이며, 이 시점을 넘기면 지구온난화가 중단되더라도 해빙이 가속화될 수밖에 없다고 발표했다.[8] 모든 상황을 고려했을 때, 2100년까지 지구 기온이 4도 상승하는 것은 예정된 일처럼 보인다.

인류세, 엑소더스

지구 전체 기온이 평균 4도 상승하면 지구는 인류가 지금까지 경험해보지 못한 모습으로 바뀔 것이다. 지구 온도는 인류가 등장하기 한참 전인 약 1500만 년 전 미오세 때도 4도 상승한 적이 있었다. 당시 북아메리카 서부에서 격렬한 화산 폭발이 일어나 엄청난 양의 이산화탄소가 배출되었다. 그때 해수면이 지금보다 약 40미터 상승해 아마존 강이 거꾸로 흘렀고, 캘리포니아의 센트럴밸리는 광활한 바다가 되었으며, 서유럽에서 카자흐스탄으로 이어지는 해로가 인도양으로 흘러들었다. 그리고 남극과 북극에는 울창한 숲이 형성되었다. 대기 중 이산화탄소는 약 500PPM까지 증가했는데, 이는 오늘날 우리의 가장 낙관적인 배출 시나리오에 가까운 수준이다. 하지만 그때의 지구온난화는 수천 년에 걸쳐 일어났기 때문에 동식물은 새로운 환경에 적응할 시간이 있었고, 결정적으로 전 세계 생태계를 파괴한 장본인이 인간은 아니었다.

　　2100년에 대한 전망은 암울해 보인다. 생물 종들은 이주하고 적응하려고 고군분투하는 동안 다수가 멸종할 것이다. 바다에서는 오염물질이 따뜻해진 해수와 결합해 조류algae가 폭발적으로 증가할 것이다. 그 결과 해양생물에게 필요한 산소가 고갈되어 광대한 데드존이 생겨날 것이다. 또한 용존 이산화탄소가 일으키는 해양 산성화로 조개류, 플랑크톤, 산호가 대량 폐사할 것이며, 2100년 이전 온도가 2도를 넘어설 때쯤에는 산호초가 사라질 것이다. 어류의 산란장 역할을 하는 산호초가 사라지면 전 세계적으로 어류 개체수도 급감할 것이다.

　　해수면은 2100년까지 2미터 정도 상승할 것이다. 그때쯤이면 그린란드와 서남극 빙상이 티핑포인트를 지남에 따라 우리는 얼음 없는 세계로 접어들게 된다.[9] 이후 몇 세기 동안 해수면이 적어도

10미터가량 상승할 것으로 예상된다. 2100년이 되면 아시아의 주요 강에 물을 공급하는 빙하를 포함해 다른 대부분의 빙하들도 사라질 것이다.

습도가 높은 적도 벨트가 열대 아시아, 아프리카, 호주, 남북 아메리카 대부분 지역으로 확대되어 견딜 수 없는 열 스트레스를 유발할 것이고, 그 결과 광활한 지역이 거의 1년 내내 사람이 살 수 없는 곳으로 변할 것이다. 이런 습한 지대에서는 열을 잘 견디는 종이 숲을 이뤄 번성할 것이다. 이산화탄소 농도가 높은 데다, 인간의 인프라와 손길이 종적을 감출 것이기 때문이다. 아마 느리게 자라는 나무보다는 포도나무 같은 덩굴식물이 지배할 것이다.[10] 이 습한 지대의 남쪽과 북쪽으로는 사막 지대가 확장해서 인간의 거주도, 농업도 불가능해질 것이다. 일부 기후 모델은 사막 지대가 사하라 사막에서 유럽 남부와 중부까지 확장되어 다뉴브 강과 라인 강이 마를 것이라고 예측한다.

또한 기후 모델의 예측에 따르면, 남아메리카에서는 대서양을 지나는 편서풍이 약화되면서 아마존이 건조해지고 화재가 증가해 열대우림이 초원으로 변할 것이라고 한다. 산림 황폐화가 아마존의 티핑포인트를 이끌 것으로 보인다. 온전한 숲은 자체적으로 습한 생태계를 유지하기 때문에 가뭄에 어느 정도 대처할 수 있지만, 산림 벌채로 개방된 지역은 습기가 빠져나가 사바나 환경이 될 수 있다. 2050년이 되면 아마존을 포함한 열대우림은 흡수하는 것보다 더 많은 이산화탄소를 배출하게 될 것이다.

이런 세계는 지금보다 더 적대적이고 위험할 것이 분명하다. 지구의 넓은 지역이 너무 더워서 살 수 없는 곳이 되고 식량을 구하기도 어려워질 것이다. 현재 사람들이 식량을 재배하는 곳 대부분

세계에서 가장 취약한 지역들

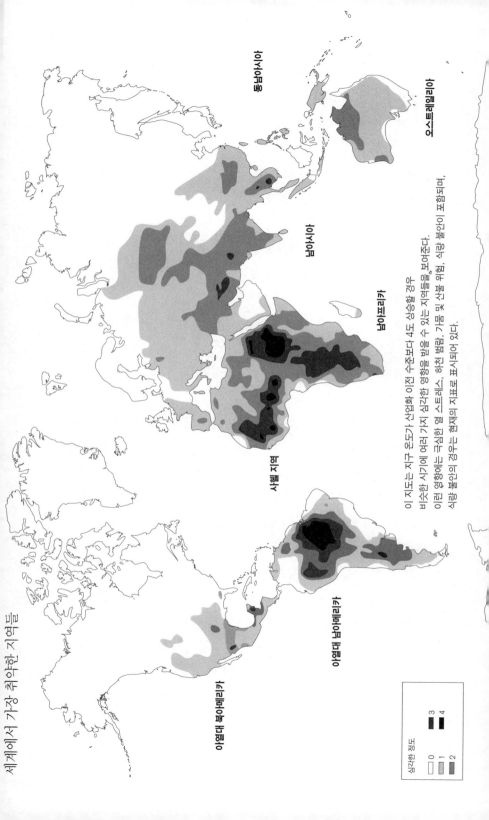

동남아시아

오스트레일리아

남아시아

남아프리카

사헬 지역

아열대 북아메리카

적도대 남아메리카

이 지도는 지구 온도가 산업화 이전 수준보다 4도 상승할 경우 비슷한 시기에 여러 가지 심각한 영향을 받을 수 있는 지역들을 보여준다. 이런 영향에는 극심한 열 스트레스, 하천 범람, 가뭄 및 산불 위험, 식량 붕괴가 포함되며, 식량 붕괴의 경우는 현재의 지표로 표시되어 있다.

심각한 정도

0

1

2

3

4

이 열 스트레스나 가뭄으로 인해 더 이상 농사를 지을 수 없는 땅이 될 것이다. 강수량이 더 많은데도 불구하고 토양이 뜨거워 물은 빠르게 증발할 것이고, 그 결과 인구 대부분이 충분한 담수를 확보하는 데 어려움을 겪을 것이다. 세계 식량 가격은 치솟고, 수백만의 굶주린 사람들이 거리로 나오거나 도시로 흘러들거나 국경을 넘을 것이다. 해수면 상승으로 현재 세계 인구의 절반 가까이가 거주하는 해안 지역과 저지대 섬들이 살 수 없는 곳으로 변하여 2100년까지 약 20억 명의 난민이 발생할 것이라는 예측도 있다.[11]

4도 상승한 세계에서는 수십억 명의 사람들이 거주할 수 없는 환경에 내몰리는 끔찍한 상황이 전개될 것이다. 나는 우리가 그런 상황에 도달하지 않기를 간절히 바라지만, 산업화 이전보다 이미 1.2도 상승한 지금의 현실을 보라. 지구는 이미 10만 년 만에 가장 더워졌다.[12] 아직까지 남극에 숲이 번성하는 등 완전히 달라진 세계가 눈앞에 펼쳐지지 않고 있는 이유는 그런 변화에는 상당한 시간이 걸리기 때문이다. 세계 시스템이 반응하고 있지만, 아직은 최근의 대기 변화에 맞추어 평형 상태에 도달하지 않았다. 평형 상태에 도달하기까지는 수백 년이 걸릴 것이다.

우리는 지구 역사상 유례없이 안정적이었던 기후 시대의 안식처를 떠나고 있다. 즉 농작물을 재배할 수 있고 인류 문명이 번성할 수 있었던 시대를.[13] 변화는 이미 시작되고 있다. 하나의 기상이변이 끝나면 또 다른 기상이변이 찾아오고 있는 상황이다. 불안하게도 지구의 물 순환(물이 증발하고 전 세계에 다시 비로 내리는 패턴)은 현재 기후 모델이 예측한 속도보다 두 배나 빨라지고 있으며, 이번 세기말에는 24퍼센트까지 심화될 가능성이 있다.[14] 그러면 더 강력한 허리케인이 자주 발생해서 훨씬 더 많은 양의 비를 쏟아부을 것

인류세, 엑소더스

이다. 그리고 이는 열대수렴대(ITCZ)와 같은 주요 기상 시스템의 변화를 초래할 수 있다(열대수렴대는 무역풍이 적도 부근 열대 지역에서 만나 강수량 띠가 형성되는 지역을 말한다). 열대수렴대는 장마전선을 키우며, 그동안의 역사에서 지구상의 열대수렴대 위치는 생명을 의미하기도 했고, 고대 마야문명에 닥친 사건처럼 죽음을 의미하기도 했다. 지구온난화에 따라 열대수렴대가 어떻게 반응할지에 대한 기후 모델들의 예측이 일치하지는 않지만, 우리는 점점 잦은 빈도의 심각한 가뭄과 그 반대인 치명적인 폭풍과 홍수가 발생하는 세계를 향해 가고 있다.

2030년대 초에 도달할 것으로 예상되는 1.5도 상승조차 가볍게 넘길 일이 아니다. 이 온도에서는 전 세계 인구의 약 15퍼센트에 해당하는 13억 명이 적어도 5년마다 한 번씩 치명적인 폭염에 노출될 것이다. 그리고 2도가 되면 그 수가 33억 명으로 늘어난다. 기온이 2도 상승하면 흉작이 발생할 확률이 두 배로 증가하고 어획량은 지금의 절반으로 감소할 것이다. 해수면은 이미 가장 비관적인 예측보다 더 상승하고 있다.[15]

앞으로 우리가 살아갈 세계에서는 우리가 의존하는 생물 다양성이 고갈되고, 화재에서부터 가뭄에 이르는 갖가지 충격적인 기상 이변이 수시로 일어날 것이다. 수십 년 내에 우리는 분쟁이 끊이지 않는 격동의 세계를 살아갈 것이다. 그 결과 많은 이가 목숨을 잃고 어쩌면 문명이 종말을 맞을지도 모른다.

1983부터 2016까지 도시 거주 인구의 폭염 노출 일수

단위: person-day yr⁻¹
(인구모와 연간 폭염일수의 곱)

⚪ 10³·⁴
🔘 10⁴·⁵
🔘 10⁵·⁶
⚫ 10⁶·⁷
⚫ 10⁷·⁸

2

인류세의

네 기수

기후변화는 인류가 직면한 다른 사회적·경제적·환경적 문제를 악화시키는 위협 증폭기 역할을 한다. 화재, 폭염, 가뭄 그리고 홍수는 이번 세기에 우리가 사는 세계를 바꿔놓을 것이다. 인류세의 네 기수는 우리 세계의 많은 지역들을 사람이 살 수 없는 곳으로 만들 것이다. 하나씩 살펴보자.

화재

호주 뉴사우스웨일스주 남부 해안에 사는 헬렌 이모에게는 2020년의 첫 해가 뜨지 않았다. 새해 첫날의 하늘은 연기와 재로 검게 물들었고, 밤낮으로 섬뜩한 주황색 빛이 이글거렸다. 헬렌 이모는 그날 대피한 수백 명의 다른 주민들, 개와 고양이, 말과 닭 들과 함께 해변에 모여 불의 장막에 둘러싸인 채 하루를 보냈다. 도로는 통행이 불가능했고 불길이 요란한 천둥소리를 내자 주민들은 물가 근처로 대피했다. 하지만 불길은 계속 다가왔다. 다행히 조류가 밀려들어 주민들은 보트를 타고 탈출할 수 있었다.

며칠 후 같은 해변에 수천 마리의 죽은 새가 떠밀려왔다. 바다로 피신했던 장미앵무, 꿀빨기새, 오색앵무, 울새, 큰장수앵무, 때까치딱새, 노랑꼬리검은코카투가 연기 때문에 질식해 죽었다.

헬렌 이모는 몇 주 간격으로 두 번이나 피난을 떠나야 했지만, 북쪽 시골에 사는 헬렌 이모의 언니, 마기 이모는 한 번만 대피하면 됐다. 그리고 귀중품과 사진, 서류를 챙길 충분한 시간이 있었다. 화재가 지나가자 마기 이모는 집 근처의 산불 진압 활동에 참여하기 위해 보호 장비를 착용한 채 75세의 나이에도 불구하고 물통을 짊어지고 가파른 숲길을 오르내리며 검게 그을린 나무 사이에서 잔불을 껐다.

"정말 힘들었어. 그리고 무서웠지." 마기 이모가 말했다. 하지만 이모는 이제 이것이 새로운 일상이라는 것을 깨달았다. 불확실성, 끊임없는 스트레스, 수시로 짐을 챙겨야 하는 상황, 지역사회에 의존하기, 공기가 좋지 않은 날을 받아들이기, 자산 가치의 하락, 치솟는 보험료. 화재와 함께 산다는 것은 바로 이런 것이다. 거대한 화재가 발생할 때마다 동네가 파괴된다. 이제 어떤 곳은 화재 위험이 너무 커서 더 이상 사람이 살 수 없어졌다. 작은 동네는 지도에서 지워지고, 확장 계획은 없었던 일이 된다. 호주에서는 사람들이 살기에 안전한 곳이 점점 줄어들고 있다.

코로나 팬데믹이 아니었다면 2020년은 우리가 화염세, 즉 전 지구적인 '화재의 시대'를 맞이한 충격적인 해가 되었을 것이다.[1] 수백만 명의 호주인이 2020년 초를 매캐한 연기 속에서 보내거나, 이전까지는 상상할 수 없었던 규모의 사나운 산불과 마주해야 했다. 수백 차례 화재가 발생하고, 기록적인 폭염이 지속되면서 10만 명이 넘는 사람들이 호주 역사상 최대 규모의 대피령에 따라 위험 지역을 떠나야 했다.

호주에서 최악의 산불 시즌을 부르는 명칭인 '블랙 서머Black Summer'는 기후변화가 불러온 직접적인 결과였고(2019년은 호주에서 가장 덥고 건조한 해였다), 이런 사건들이 점점 '일상'이 되어가는 가운데 앞으로 우리는 수십 년 동안 기후변화의 여파를 느끼게 될 것이다. 숲에서 멀리 떨어진 도시에 사는 사람들은 연기에 압도되었고 연기로 인한 위험한 오염에 여러 달 동안 시달렸다. 인구의 80퍼센트 이상이 영향을 받았고, 34명이 목숨을 잃었으며 건물 6,000채가 파괴되었다. 실제 피해는 훨씬 더 클 것이다. 추산에 따르면, 연기 오염에 의해 조기 사망한 사람이 400명이고, 태아와 신생아에게도 영향을 미쳤을 가능성이 있기 때문이다. 연기는 화염보다 10배 더 많은 사람을 죽였다. 호주는 이민자들의 나라이고 인구가 증가하고 있지만, 과연 앞으로도 사람들이 일 년의 4분의 1 내지 절반을 참을 수 없는 더위와 연기에 맞서 싸워야 하는 나라에서 살려고 할까?

화재가 토종 야생동물에게 미친 영향은 끔찍했다. 캥거루와 새들이 탈출을 시도하는 모습이 담긴 가슴 아픈 사진이 전 세계에 공개되었고, 나무에 매달린 코알라는 불길에 휩싸여 비명을 질렀다. 거의 30억 마리에 달하는 야생동물이 사라진 이번 산불은 현대에 일어난 최악의 생태 재난 중 하나가 되었다. 피해 규모가 엄청나서 호주 과학자들은 이 산불을 모든 것을 죽이는 '대량 학살'이라고 표현했을 정도다. 심지어 타고 회복하기를 반복하며 번성하는 나무가 서식하는 숲조차도 산불의 빈도와 확산 범위, 강도가 점점 커지면서 회복력이 줄어들고 있다.

블랙 서머, 호주의 극심한 산불은 캘리포니아에서 브리티시컬럼비아, 유럽, 아시아, 아마존 숲과 인도네시아에 이르는 전 지구적 추세를 반영한다. 숲은 원래 습하지만, 기후변화로 인해 고온 건조한 환경이 조성되면서 낙뢰로 인한 발화가 증가했다. 겨울철 강설량과 비가 줄었으며, 해충마저 증가해 생기 있던 숲의 나무들이 불쏘시개로 변모하고 말았다. 2020년 캘리포니아에서는 사상 최악의 산불이 발생해 1만 7,000제곱킬로미터(여의도 면적의 약 5,800배)가 넘는 면적이 불탔고, 10만 명이 대피했으며, 약 30명이 목숨을 잃었다.[2] 강풍이 부는 지역에서는 떨어지거나 끊어진 전선에서 스파크가 튀는 것을 방지하기 위해 일부 전기회사가 전력을 차단해서 수많은 가구가 어둠 속에서 끔찍한 상황과 싸워야 했다. 2020년에는 전 세계 세쿼이아의 10분의 1이 산불에 의해 파괴된 것으로 추정된다. 캘리포니아 일부 지역에서는 2100년까지 산불기상지수가 높은 날(고온건조, 강풍이 있는 날)이 두 배로 증가할 것이다. 2065년까지는 40퍼센트 증가할 것으로 예상된다.[3]

2019년에는 가뭄에 시달리던 아마존 숲에서 발생한 화재의 연기가 수천 킬로미터나 떨어진 상파울루의 하늘을 시커멓게 뒤덮어버리는 사건이 발생했다. 유럽에서는 그리스와 포르투갈 등 남부 지역에서 기록적인 산불이 발생해 여러 국가에서 대피령이 내려졌다. 습지까지 불타고 있어서 어느 곳도 화재 위협으로부터 안전하지 않다. 세계에서 가장 추운 지역도 예외가 아니다. 북극의 숲들이 불타며 거대한 화염이 시베리아, 그린란드, 알래스카를 집어삼키고 있다. 1월 영하 50도 이하의 기온에도 불구하고 시베리아 빙권cryosphere에서 이탄(泥炭, 이끼나 벼 따위의 식물이 습한 땅에 쌓여 분해된 것으로 완전히 탄화하지 못한 석탄) 화재가 발생했다. 일명 '좀비 화재'로 불리는 이 이탄 화재는 북극권 주변 땅 밑 이탄 지대에서 일 년 내내 연기를 피우다가 어느 순간 거대한 화염이 터져나와 시베리아, 그린란드, 알래스카, 캐나다의 북방림으로 번진다. 2019년에는 거대한 산불이 시베리아 타이가 숲을 400만 헥타르 이상 파괴했는데, 이 산불은 세 달 이상 타오르며 유럽연합 전체 면적과 맞먹는 정도의 거대한 그을음과 재 구름을 만들어냈다. 기후 모델은 2100년까지 북방림과 북극 툰드라에서 화재가 최대 4배까지 증가할 것으로 예측한다.

앞으로 수십 년 동안 미국에서는 국립공원 전부가 불탈 것이고, 서부 해안의 화재 위험이 악화될 뿐만 아니라 오대호 지역과 에버글레이즈와 같은 습지에서도 화재 위험이 500퍼센트까지 증가할 것이다. 화재 모델에 따라 전 세계를 살펴본다면, "유럽 지중해 연안과 레반트, 아열대 남반구(브라질의 대서양 연안, 아프리카 남부와 호주 중부 동해안), 미국 남서부와 멕시코에서 화재가 급증할 것으로 예상된다."[4] 대규모 화재는 성층권에 연기를 주입해, 화산 폭발 때 배출되는 연기처럼 수 개월 동안 전 세계를 돌 수 있는 거대한 에너지 기둥을 생성할 수도 있다. 이것을 '화재적운'이라고 부른다.

산불은 숲을 황폐화시킬 뿐만 아니라 지구 온도를 상승시킨다. 이산화탄소를 흡수하는 식생을 파괴하고, 토양에서 그리고 연소할 때 나오는 이산화탄소를 대기에 직접 추가하기 때문이다. 블랙 서머 기간에 산불로 인해 12억 톤의 이산화탄소가 발생했는데, 이는 전 세계의 모든 상업용 항공기가 한 해에 배출하는 양과 맞먹는 엄청난 양이다. 연기가 피어오르는 화재는 지구 기후에 더 위협적이다.[5] 훨씬 더 오래 타기 때문에 토양과 영구동토에 열을 훨씬 깊숙이 전달하고 일반 화재보다 두 배 더 많은 탄소를 방출한다.

전 세계적으로 화재가 증가하고 있다. 화재는 불쾌하고, 건강에 해롭고, 위험하고, 비용이 많이 든다. 그래서 사람들은 화재로부터 멀어지기를 선택하거나 그렇게 하도록 강요받는다. 화재가 만들어내는 오염을 생각해보라. 연기와 재, 미연소 입자는 건강에 해롭다. 특히 천식과 같은 질환을 앓고 있는 사람에게 치명적이다.

2020년 말 무더운 여름, 미국 오리건주에서 어린 자녀와 함께 살고 있는 내 친구는 산불로 인한 매캐한 연기 때문에 창문을 열지 못했다. 그리고 코로나로 인한 이동제한 조치 때문에 다른 곳에 사는 친구나 가족에게도 갈 수 없었다. 결국 화재가 주변을 잠식해 들어오자 대피할 수밖에 없었고, 가족들은 며칠 동안 차 안에서 생활해야만 했다. 대피한 사람들, 또는 집과 사업장이 화재로 파괴되는 것을 지켜봐야만 했던 사람들의 상황은 더 안 좋았다. 이들 중 일부는 재건해서 돌아올 것이다. 적어도 이번에는. 어쩌면 다음에도 그럴 것이다. 하지만 그다음에도 그럴 수 있을까? 많은 사람들에게 내려질 결정은 이것이 아닐까? 보험회사가 위험한 부동산에 대한 화재보험 가입을 거부하고,[6] 정부가 위험 지역에서의 재건축이나 거주를 금지하는 것.

기후변화에 대한 묵시록적 우화인 〈돈 룩 업〉의 감독 애덤 맥케이는 2022년 1월 트위터에 이런 글을 올렸다. "캘리포니아 남부가 현재 화재와 홍수 위험이 너무 높다는 이유로 방금 우리 집 화재보험이 해지되었다."[7] 나 역시 개인적으로 이와 비슷한 어려움에 처한 캘리포니아 주민을 몇 명 알고 있다. 일부 지역에서는 보험 위원장이 보험 해지 유예를 선언했지만 오래가지는 못할 것이다.[8]

친구들은 숲이 우거진 지역에서 멀리 이사해야 할 것 같다고 말한다. 시골 사람들은 소방 서비스가 제공되는 도시로 이사할 거라고 말한다. 블랙 서머가 발생한 지 1년이 넘었지만 일부 호주 사람들은 여전히 집 없이 임시 대피소에서 살고 있다. 세계에서 가장 부유한 나라 중 하나인 호주에서 말이다.

화재 위험을 최소화하기 위해 관리 개선할 수 있는 일은 많다. 하지만 결국 세계가 더 뜨겁고 건조해지면 번개에 의한 산불의 위험도 커진다. 사람들은 산불 위험 지대에서 멀리 떠나야 할 것이다.

폭염

불은 그 힘과 폭력성 때문에 헤드라인을 장식하지만, 그보다 더 치명적인 것은 사촌동생격인 폭염이다. 현재 섭씨 50도를 넘는 날이 30년 전보다 두 배나 많아졌다.

역사적으로 대부분의 사람들은 식량을 많이 생산할 수 있는 기후, 즉 놀라울 정도로 좁은 온도 범위 내에서 살아왔다. 세계가 뜨거워짐에 따라 이런 기후 지대는 점점 더 열대에서 멀어지고 있고, 그 결과 수십억 명의 사람들이 위험한 온도에 노출되고 있다. 지금까지는 지구온난화의 대부분을 바다가 흡수해왔다. 2020년 한 해만 약 20제타줄(20×10^{21}줄)에 해당하는 에너지가 발생했는데,[9] 이는 히로시마 원자폭탄 10개가 한꺼번에 터지는 것과 같은 에너지 양이다. 이는 영양분과 산소를 순환시키는 해수층의 혼합을 늦추기 때문에 해양생물에게 심각한 문제를 일으키며, 날씨 패턴을 교란시켜 기상이변의 가능성을 높인다는 점에서 우리 인간에게도 끔찍한 일이다.

바다는 육지가 뜨거워지는 것을 늦추기 위해 최선을 다하지만, 온난화는 빠르게 진행되고 있다. 2070년이 되면 지구에 사는 사람 셋 중 하나는 29도 이상의 연평균 기온을 경험할 것이다. 현재는 가장 뜨거운 사막 지역에서만 이런 기온을 볼 수 있다.[10] 하지만 수십 년을 기다릴 필요도 없어 보인다. 기온은 이미 기후 모델들이 예측한 1.2도 상승을 가뿐하게 넘어서고 있기 때문이다. 2021년 여름에 데스밸리는 55.6도, 라스베이거스는 47.2도를 기록했으며, 캐나다조차 기온이 49.6도까지 올라갔다. 이는 십 년 평균 기온을 훌쩍 뛰어넘는 기록이다. 극지방에도 기이한 더위가 찾아오고 있다. 2022년 3월에 남극은 평년보다 40도 이상 높은 기온을 기록했고, 북극 관측소도 평년보다 기온이 30도 이상 높았다.

습도와 결합할 때 폭염은 특히 위험해지는데, 우리는 2050년까지는 나타나지 않을 것으로 예상했던 치명적인 수준의 폭염을 이미 경험하고 있다. 지구 온도가 1도 높아질 때마다 대기는 약 6퍼센트 더 많은 수증기를 보유하게 된다. 이것이 치명적인 이유는 땀이 증발할 때 몸이 식는 원리에 따라 우리가 더위에 대처할 수 있는 것인데, 습도가 높으면 땀이 증발하지 못해 우리 몸이 과열되기 때문이다. 열에 습도가 더해진 효과를 측정하기 위해 과학자들은 습구온도 계산을 사용한다. 습구온도는 증발을 통해 공기가 냉각될 수 있는 최저 온도를 뜻한다. 가장 기본적인 방법은 젖은 천으로 온도계의 둥그런 부분을 감싸고 공기의 온도를 측정하는 것이다. 습구온도가 '생존 가능한 한계점'으로 알려진 섭씨 35도를 넘으면 건강한 사람도 6시간 내에 온열 질환으로 사망할 수 있다. 35도가 낮아 보일지도 모르지만, 습도 50퍼센트에서 거의 45도에 해당하며 체감 온도는 무려 71도에 이른다.[11] 2003년 폭염이 유럽을 휩쓸었을 당시, 습구온도가 28도를 기록하면서 7만 명 이상이 사망했다. 2020년 과학자들은 페르시아만 해안, 인도와 파키스탄의 강 계곡 등 몇몇 지역에서 인류 역사상 처음으로 습구온도가 35도를 넘긴 사례를 발견했다. 한 번에 한두 시간 정도에 그쳐서 다행이었지만 앞으로 이런 사건은 점점 더 흔해질 것이다.

2070년까지 지구의 열대 벨트는 사하라만큼이나 뜨거운 온도를 정기적으로 기록할 것이다. 아메리카와 아프리카, 아시아 대부분이 포함되어 있는 이 열대 벨트에는 약 35억 명의 사람들이 살고 있다. 이번 세기말이 되면, 이 열대 벨트의 폭이 수천 킬로미터 더 넓어질 것이다. 한 연구에 따르면, 2100년 인도와 중국 동부를 포함한 몇몇 지역에서는 "그늘지고 통풍이 잘되는 조건에서도 건강한 사람이 몇 시간 만에 사망할 수 있을 정도로 기온이 상승할 것"이라고 한다.[12] 특히 심각한 지역으로는 북아메리카 중위도, 지중해, 아프리카 사헬, 그리고 빠르게 사막화되고 있는 남아메리카의 아마존이 포함된다. 이 지역에 거주하는 사람들은 생존을 위해 이주해야만 할 것이고, 2070년이 오기 전에 이주를 시작해야 할 것이다. 2070년대까지 극심한 폭염이 10년마다 몇 차례씩 발생해 수십억 명이 피해를 입을 것이다.

치명적인 도시 열기에 노출되는 인구는 1980년대 이후 3배나 증가했고, 이미 세계 인구의 5분의 1이 영향을 받고 있다.[13] 앞으로 30년 동안 우리는 아열대 기후대가 고위도로 약 1,000킬로미터 확장되는 것을 목격할 것이다. 런던은 바르셀로나처럼, 모스크바는 소피아처럼, 도쿄는 창사처럼 느껴지기 시작할 것이다. 런던 시민에게는 즐거운 이야기처럼 들리지만, 전 세계적으로 보면 심각한 일이다. 전 세계 44개 거대 도시의 40퍼센트 이상이 지구 온도가 단 1.5도만 상승해도 매년 위험할 정도로 더운 날씨를 겪게 된다는 뜻이다. 2도 상승하면 10억 명이 극심한 더위에 노출되고 4도 상승하면 이 숫자가 35억으로 증가할 것이라고 2021년 영국 기상청은 분석했다. 게다가 이 분석은 인구 증가는 고려하지도 않은 수치다.

지구 온도가 1.5도 상승하면 2030년대까지 유럽연합 회원국에서만 폭염으로 매년 3만 명이 사망하게 될 것이다. 2010년 러시아에 두 달 가까이 폭염이 지속되었을 당시, 도시의 시체안치소에는 시체가 산더미처럼 쌓였고, 통제 불가능한 화재가 발생했으며, 탱커트럭이 도로의 아스팔트가 녹는 것을 막기 위해 물을 뿌리며 다녔다. 인도 아대륙과 아프리카 일부 지역 등 이미 치명적인 더위를 경험하고 있는 적도 근처에서는 폭염이 더 심해지면 그야말로 재앙이 닥칠 것이다. 에어컨이 널리 보급되지 않는다면 여름마다 평균 수만 명이 사망할 것이고, 들판이나 도로, 건설 현장에서 일하는 노동자들이 특히 큰 피해를 입을 것이다. 아프리카의 국가들은 2도 상승한 세계에서 폭염을 견디기 위해 수백억 달러를 냉방에 지출할 것이다.

국제에너지기구(IEA)는 2050년까지 에어컨 전력 수요를 충족하기 위해 미국과 유럽연합, 일본의 발전 용량을 합친 것과 맞먹는 양의 추가 전력 공급이 필요할 것으로 예상한다. 2020년 연구에 따르면, 2100년까지 기후변화가 끼치는 1인당 치명률은 오늘날 모든 전염병을 합친 것과 같다고 한다.[14] 이 연구의 수석 저자는 이미 많은 노인들이 간접적인 열 효과 때문에 사망하고 있다고 말하면서 "코로나와 섬뜩할 정도로 비슷하다"고 묘사한다. "환자나 기저질환이 있는 사람들이 취약하다. 심장병을 앓고 있는 사람이 며칠 동안 열 스트레스에 노출되면 결국 쓰러질 것이다."

폭염은 인간과 동물의 건강, 농업 문화에 미치는 영향 외에도 도로, 철도, 교량 등의 인프라에도 문제를 일으킨다. 지구 온도가 0.1도 상승할 때마다 싱크홀의 수가 1~3퍼센트 증가한다.[15] 또 너무 더우면 비행기도 뜨지 못한다. 기온이 43도가 넘으면 비행기가 이륙하기 어렵다.[16] 우리가 갑자기 매우 다른 세계로 이동함에 따라 사회는 다방면에 걸친 문제에 직면하게 될 것이다.

과학자들이 극심한 더위 때문에 세계 일부 지역이 거주 불가능한 곳이 될 것이라 예상하는 시점도 점점 당겨지고 있다. 최신 모델에 따르면, 더 낮은 온도 상승에서도 이런 일이 발생할 것으로 예측되기 때문이다. 원래 연구자들이 대규모 이주가 발생하는 임계점을 5도 상승 시나리오에 맞춰 설정했지만, 지금은 3~4도 사이로 보고 있다. 하지만 지구의 온도 상승을 2도 이하로 제한할 때조차 적어도 10억 명이 이동해야 한다.[17]

　　기후 모델에 따르면, 지구 온도가 4도 상승할 때 전 세계적으로 폭염에 노출되는 날이 지금보다 30배 이상 증가하고, 아프리카에서는 100배 이상 증가한다.[18] 열대 지역만이 아니다. 중위도와 심지어 극지방 주변에서도 매년 수개월 동안 폭염이 지속될 것이다. 2018년 연구에 따르면, 적도에서 위도 30도 이내에 속하는 지역 대부분이 최대 250일 동안 폭염을 경험할 수 있으며, 이는 열대와 아열대 지역에 '급격한 변화'를 초래해 1년 중 대부분을 폭염 속에서 지내게 할 것이다.[19] 지구 육지 면적의 절반과 전 세계 인구의 거의 4분의 3이 4도 상승한 세계에서 연간 20일 이상 치명적인 더위에 노출될 것이다. 예를 들어 미국의 경우 남부에서는 매년 지금의 데스밸리 조건을 초과하는 최고 기온을 경험할 것이고, 37도 이상의 기온이 1년에 8주 이상 지속될 것이다. 알래스카 내륙에서도 연간 기온이 35도를 넘는 날을 보게 될 것이다. 이러한 변화가 주요 도시에 무엇을 의미하는지 생각해보라. 뉴욕시의 경우 매년 20~50일 동안 치명적인 수준의 더위에 시달린다는 뜻이다. 하지만 자카르타는 날마다 치명적인 더위를 겪게 된다.

　　이런 기온은 필연적으로 전 세계적인 사망자 증가를 초래할 것이다. 미국의 경우 폭염으로 인한 사망이 500퍼센트 증가할 것이고, 콜럼비아 주에서는 2,000퍼센트까지 증가할 것으로 예상된다.[20] 앞으로 극심한 폭염으로 인해 가장 심각한 위험에 직면할 곳은 전 세계 인구의 약 5분의 1이 거주하고 있는 갠지스 강과 인더스 강 유역의 남아시아 인구 밀집 지역이다. 연구자들에 따르면, 인도 북동부와 방글라데시 일부 지역에서는 습구온도가 '생존 가능 임곗값'을 넘어서고 나머지 남아시아 지역 대부분에서도 임곗값에 근접할 가능성이 높다고 말한다. 10억 명 가까운 사람들이 점점 더워지는 여름마다 죽음의 위험을 감수할지 아니면 다른 곳으로 이주할지 선택해야 하는 상황에 직면할 것이다. 한편 중국의 위험을 조사하는 연구자들은 더위와 가뭄이 "지구에서 가장 인구가 많은 국가의 최대 인구 밀집 지역(북중국 평원)의 거주가능성을 제한할 수 있다"고 경고한다.[21] 앞으로 30년 동안 북중국 평원과 중국의 동부 연안에서는 배출량 감축 시나리오(RCP 4.5)에도 불구하고 치명적인 폭염과 위험한 습구온도가 예상된다. 이 지역은 적어도 5억 명이 거주하는 곳으로, 상하이(인구 3,400만)와 항저우(인구 2,200만)가 포함된 지역이다.

에어컨과 해수담수화를 통해 더위와 높은 습도의 문제를 극복할 수 있다고 생각할지도 모른다. 실제로 두바이와 도하처럼 거주가 도저히 불가능해 보이는 사막 지역의 도시들이 그렇게 하고 있으며, 카타르는 심지어 스포츠 경기장, 도로, 시장과 식당 같은 실외에서도 에어컨을 가동하기 시작했다. 덕분에 카타르는 세계 최대의 1인당 온실가스 배출국이 되었지만 말이다.[22] 일부 지역에서는 사람들이 사실상 냉방이 되는 실내에서만 지내거나 밤에 생활하고, 에어컨이 작동하는 바디슈트를 입어야 할지도 모른다.[23]

하지만 극한의 환경에 적응하는 데 드는 에너지와 물 비용을 무시한다 해도, 이런 전략은 도시 사회의 일부에서 제한적으로만 효과를 발휘할 뿐이다. 그 사람들도 결국 식량과 그밖에 외부에서 생산되는 자원에 크게 의존할 수밖에 없기 때문이다. 부유한 걸프만 국가들조차 그 지역에 영구적인 강이나 호수가 없기 때문에 항상 식량 안보에 대한 우려를 안고 산다. 따라서 코로나 19와 같은 충격이 오면 피해가 심각해질 수 있다. 아랍에미리트 같은 국가는 식량의 90퍼센트를 수입한다. 현재 전 세계 식량의 절반이 소규모 농장에서 육체노동을 통해 생산되고 있지만, 지구가열화로 인해 외부에서 일하는 것이 물리적으로 불가능한 날이 점점 많아지면 생산량이 줄어들고 식량 안보가 위협받게 될 것이다. 베트남에서는 벼농사를 짓는 농부들이 이미 위험한 더위를 피하기 위해 야간에 헤드라이트를 켜고 모내기를 한다.[24] 그리고 카타르는 5월부터, 오전 10시에서 오후 3시 30분까지 야외에서의 작업을 금지해야 했다. 국제의학저널 〈랜싯〉의 기후위원회가 밝힌 바에 따르면, 2018년에 이미 극도로 높은 기온과 습도 때문에 1,500억 시간 이상의 노동 시간이 손실되었다.[25]

이 숫자는, 농업이 경제적으로 채산성이 없고 실질적으로 불가능할 때까지 얼마나 많은 사람들이 시골에서 계속 농사를 짓느냐에 따라 두 배 또는 네 배까지 늘어날 수 있다. 국제노동기구는 이번 세기에 기온이 단 1.5도 상승한다는 가장 낙관적인 지구온난화 시나리오하에서, 열 스트레스의 증가는 전 세계적으로 2030년에 정규직 일자리 8,000만 개에 해당하는 생산성 손실을 초래할 것이라고 계산한다. 이는 2조 4,000억 달러(우리 돈으로 약 3,150조 원)의 경제적 손실에 해당한다. 이것도 농업과 건설 같은 실외 작업이 그늘에서 이루어지는 것을 전제로 한 보수적인 추산인데, 실제로는 그렇지 않은 경우가 더 많다.

　이미 기후 대책이 잘 마련되어 있는 부유한 국가들은 덥고 더러운 노동의 상당 부분을 가난하고 더운 지역으로 아웃소싱하고 있다. 가난한 지역 사람들은 과밀하고 푹푹 찌는 공장과 열악한 작업장에서 열 스트레스, 탈수, 탈진에 시달리면서 자외선 차단 셔츠와 에어컨을 생산하고, 부유한 나라 사람들을 위해 시원하게 지낼 수 있는 대리석으로 덮인 호텔 로비를 짓고 있다.

　이런 변화는 기존의 사회적 불평등을 더욱 악화시킬 것이다. 부유한 국가에서도, 살인적인 폭염을 견디며 밭에서 농작물을 수확하는 사람들은 가난한 나라에서 온 이주민인 경우가 많다. 가난하고 인구 밀도가 높은 지역은 나무가 우거진 부유한 지역보다 일반적으로 더 덥다. 여성과 소녀들은 남성보다 폭염으로 사망할 위험이 더 높다. 실제로 여러 연구가 여성들이 기후변화의 영향을 포함한 재난에 더 취약하다는 것을 보여준다. 이들은 극한 상황에서 삶의 터전을 잃거나 직장을 잃거나 소득이 줄어들 가능성이 더 높으며, 소녀들은 교육을 받지 못할 가능성이 더 높다. 여성의 60퍼센트 이상이 농업 분야에서 일하고 있는데 남성보다 노동량이 더 많은 반면, 정보 접근성은 낮아서 적응력이 떨어진다.

　불평등은 사람을 죽인다. 미국의 연구에 따르면, 생후 첫 10년 동안 더위는 건강에서부터 교육에 이르기까지 모든 것에 막대한 악영향을 미치지만, 가장 가난한 동네에 사는 사람들은 훨씬 더 큰 영향을 받는다.[26] 흑인과 라틴계가 주로 거주하는 빈민가는 같은 미국 도시 내에서도 부자 동네보다 2.8도 더 덥지만, 에어컨을 보유한 가구는 절반에 불과해 더위에 더 오래 노출될 가능성이 높다. 임신 중 더위에 노출되었을 때의 위험을 감안하면, 이러한 격차를 초래하는 인종차별적 주택 정책은 출생 전부터 영향을 미치는 셈이다.[27] 이러한 위험은 특히 가난한 흑인 동네에서 나타날 수 있다. 미국 남부는 더위와 기후변화로 인한 최악의 영향을 받게 될 것이기 때문에 앞으로 수십 년에 동안 상황은 더 나빠지기만 할 것이다. 다른 많은 기후변화의 영향과 마찬가지로 폭염도 불평등을 통해 매개된다.

─────────── **가뭄** ───────────

지구온난화로 습도가 높아지고 있음에도 불구하고, 앞으로 육지에는 비가 덜 내릴 것이다. 대신 바다에 더 많은 비가 내릴 것이다. 우리는 이미 초대형 가뭄의 시대로 접어들었는지 모른다. 지구 온도가 4도 상승할 때쯤이면, 우리는 모래폭풍의 세계에 살게 될 것이다.

특히 남아시아와 남미에서 산악지역 빙하의 물에 의존하는 수억 명의 사람들은 물의 저장고인 이 빙하가 사라지면 곡창지대를 전부 잃을 수도 있다. 남아시아에서는 적어도 1억 2,900만 명이 상류의 빙하 녹은 물에 생계를 의존하고 있으며, 파키스탄, 아프가니스탄, 타지키스탄, 투르크메니스탄, 우즈베키스탄, 키르기스스탄의 2억 2,100만 명도 마찬가지다. 기후 모델에 따르면, 이 지역 일부에서는 다가올 10년 동안 '만수위'에 도달할 것이며, 이후 빙하가 사라지면서 이번 세기의 남은 기간 동안 물이 급격히 감소하는 경험을 할 것으로 예상된다.

기후 모델들은 2050년까지 지중해와 호주, 남부 아프리카 전역의 연간 강우량이 감소할 것이라고 예측한다. 브라질과 주변 국가 대부분을 포함하는 남아메리카 북부가 가장 심각한 강우량 감소를 겪을 것으로 예상된다. 여기에는 아마존 열대우림 전체가 포함된다. 연구자들은 아마존 열대우림이 세계 어느 곳보다 가장 극심한 가뭄을 겪을 것으로 예측한다.

내가 목격한 세계적 규모의 모든 변화 중에서 가장 많은 사람들에게 영향을 미친 것은 가뭄이었다. 세계 오지를 여행하면서 나는 가뭄으로 농업 생계와 귀중한 식량이 사라져 농촌 마을이 텅 비는 것을 목격했다. 뭄바이에서부터 나이로비, 리마에 이르기까지 전 세계 대도시의 거대한 판자촌에서, 나는 이런 버려진 마을들이 어떤 결과를 초래하는지 보았다. 예를 들어 인도 북부의 산악 지역인 우타라칸드주에서는 기온 상승과 가뭄 때문에 고지대 농업이 거의 불가능해지면서 인구의 40퍼센트에 해당하는 400만 명이 넘는 사람들이 다른 곳으로 이주해 800개에 이르는 '유령 마을'이 생겨났다. 페루, 볼리비아, 콜롬비아 등 남아메리카 전역에서 농촌 주민들은 장기간의 극심한 가뭄과 관개용수를 공급하던 안데스 빙하가 사라지는 상황을 동시에 겪고 있다.

20년 전까지만 해도 볼리비아 고산 지대에 위치한 오베헤리아는 옥수수와 퀴노아, 감자, 아보카도, 과일 등을 수도 라파스의 시장에서 판매하는 분주한 농촌 마을이었다. 그러다 2010년에 기후 변화가 마을을 덮쳤다. 계속되는 가뭄으로 농작물과 가축이 죽어갔고, 결국 마을도 사라졌다. 내가 찾아갔을 때는 노인 아홉 명만 남아 벽돌로 지은 오두막에서 살아가고 있었다. 매우 늙어 보이는 75세 농부 루치아노 멘데스는 허기를 달래기 위해 코카 잎을 한 잎 베어 물고는, 여덟 자녀 중 막내가 연거푸 수확에 실패한 후 3년 전 가족과 함께 마을을 떠났다고 말했다. "우기에도 며칠에 한 번씩 20분 정도만 비가 내릴 뿐입니다." 그가 말했다. "소가 가장 먼저 죽고, 이어서 당나귀가 죽었습니다. 염소가 가장 오래 견디죠."

젊은이와 어린 아이들이 먼저 떠난다. 그다음에는 온 가족이 안데스 마을을 떠나 도시로 향한다. 몇 주 동안의 노숙으로 지친 기색이 역력한 이주민들이 케추아족의 전통 숄에 소지품을 싸서 어깨에 메고 콜롬비아를 거쳐 중앙아메리카로 향하는 모습을 쉽게 볼 수 있다. 개발도상국의 농촌에서 도시로의 이주 추세가 아메리카 대륙에서 가장 먼저 일어나고 있는 것은 전혀 놀라운 일이 아니다. 한 번만 농사에 실패해도 극심한 굶주림을 겪게 되는 자급자족형 농부들은 쌀에서부터 밀까지 대부분의 주요 작물에서 수확량 감소를 겪고 있다.

〈랜싯〉의 한 연구에 따르면, 지구 온도가 2도 상승하면 2050년에 전 세계 식품 가용성이 지금보다 1인당 하루 99칼로리 감소할 것으로 예상되는데 이는 기아에 직면한 사람들에게 심각한 문제가 될 수 있다. 또 열 스트레스를 받는 조건에서는 작물의 영양가가 낮아지는데 단백질, 아연, 철분이 지금보다 거의 5분의 1로 감소한다. 이런 변화는 사람들에게 끔찍한 영향을 미칠 수 있다. 연구자들은 "이산화탄소의 증가로 1억 7,500만 명이 추가로 아연 결핍에 시달리고, 1억 2,200만 명이 추가로 단백질 결핍에 시달릴 수 있다"고 경고한다.[28]

문제는 우리가 먹는 음식 모두가 직·간접적으로 식물에서 오는데, 식물을 기르기 위해서는 물이 꼭 필요하다는 것이다. 지구가 더워지면서 토양과 잎에서 물이 더 빨리 증발하고 있지만, 증발한 물이 정기적으로, 그리고 증발하는 양만큼 내리지 않는다. 또한 열

스트레스를 받는 식물(그리고 동물)은 더 많은 물이 필요하다. 다시 말해, 지구 온도가 상승함에 따라 농사가 점점 더 어려워질 것이고, 많은 지역에서 아예 농사가 불가능해져서 농업에 종사하던 사람들이 이주할 수밖에 없다는 뜻이다. 인간은 식량 없이 살 수 없으므로 빨리 해결책을 찾아야 한다.

열은 그 자체로 농작물에 피해를 준다. 식물의 세포, 조직, 효소는 약 39도에서 파괴되기 때문에 대개는 식물 전체를 죽게 만든다. 30도 이상에서 하루를 보낼 때마다 옥수수는 수확량이 1퍼센트씩 감소하고, 가뭄 조건에서는 2퍼센트 가까이 감소한다. 따라서 3주 동안 폭염이 지속되면 옥수수 수확량이 4분의 1로 줄어들 수 있다. 연구에 따르면, 지구 온도가 4도 상승하면 폭염으로 중위도 지역의 기온이 40도대, 아열대지역은 50도대까지 상승해 농작물을 영구적으로 잃게 된다.

예를 들어, 미국은 현재 옥수수 벨트의 대부분을 포함해 옥수수 수확량의 절반을 잃을 것으로 예상된다. 가뭄까지 고려하면 손실은 80퍼센트 이상으로 치솟는다. 이것은 미국만의 문제에 그치지 않는다. 미국과 브라질, 아르헨티나, 우크라이나는 전 세계 옥수수 수출량의 거의 90퍼센트를 차지하는데, 지구 온도가 4도 상승하면 수확량이 크게 감소하여 수출이 중단될 수 있다. 전 세계 식량 칼로리의 5분의 1을 공급하는 밀도 마찬가지로 위협받고 있는데, 최근 수십 년 동안 가뭄이 전 세계 밀 생산량에 미치는 영향은 두 배로 증가했다. 2050년까지 서쪽의 이베리아 반도에서부터 동쪽의 아나톨리아와 파키스탄, 러시아 남부 지역, 미국 서부 및 멕시코에 이르는 거의 연속적인 벨트에서 심각한 물 부족 상황이 예상된다.

이번 세기가 끝나기 전에 전 세계 육지의 절반 이상이 '건조 지역'으로 분류될 것이라는 기후 모델의 예측이 나왔다. 영향을 받는 지역의 4분의 3 이상이 개발도상국에 있지만, 알래스카와 캐나다 북서부, 시베리아에서조차 극건조 지역이 나타나고 있다. 아이슬란드를 제외한 유럽 대륙 전체를 포함해, 건조 지역으로 분류되지 않은 지역에서도 더 빈번하고 심각한 가뭄이 발생할 것이다. 2100년까지 전 세계적으로 30억 명이 추가로 물 스트레스를 겪을 것이며, 전 세계 인구의 3분의 1은 더 이상 충분한 담수를 이용할 수 없게 될 것이다. 이는 위생에도 영향을 미쳐 병원균 감염 위험이 높아질 것이다.[29]

전 세계의 더 많은 지역이 축산업을 포함한 농업에 적합하지 않게 될 것이다. 농촌의 생계가 불가능해지면 사람들은 어쩔 수 없이 이주해야 한다.

홍수

가장 많은 인구가 거주하는 지역을 포함해 세계 여러 지역이 물 부족으로 거주 불가능한 곳이 되는 동안, 세계 최대 도시들을 포함한 다른 여러 지역의 사람들은 정반대 문제에 직면하게 될 것이다. 즉 너무 많은 물이다.

가열화된 세계가 지나치게 많은 물로 우리를 위협하는 방법에는 크게 세 가지가 있다. 첫째, 바다가 뜨거워지면 해수면이 상승해 육지가 줄어든다. 둘째, 육지가 뜨거워지면 얼음이 녹아서 강과 삼각주에 돌발적인 홍수가 발생하고, 해안에서는 해수면이 상승한다. 셋째, 공기가 뜨거워지면서 폭풍이 더 격렬해지고 강수량이 심하게 증가할 수 있다. 세 가지 모두 저지대, 해안 및 하천 근처에 사는 사람들을 위협한다. 즉 대다수의 사람들을 위협한다는 뜻이다. 예를 들어 해수면은 이미 예측보다 빠르게 상승하고 있으며, 이번 세기말에는 1미터 이상 높아질 수도 있다. 이는 도시에 재앙이 될 수 있다. 도시 대부분이 해안에 있고 여기에 수억 명이 살고 있기 때문이다.

해수면 상승의 일차적인 위험은 지하수의 염분화다. 방글라데시에서는 이 문제가 이미 농업에 영향을 미치고 있다. 그래서 벼농사를 짓던 농부들이 새우 양식으로 전환하거나, 농지를 포기하고 다카(방글라데시 수도)로 이주하여 섬유 공장에서 일하고 있다. 그리고 해수면 상승은 폭풍 피해와 해안 침식*을 악화시킨다. 그 결과 더 많은 지역사회가 보험에 가입할 수 없는 주택과 불가능해진 농사를 포기할 수밖에 없다. 내가 다카에서 만난 빈민가 주민들은 모두 이런 이유로 시골 마을을 떠났다.

몰디브와 투발루를 포함한 저지대 섬과 환초 지역은 특히 전망이 어둡다. 해안 침식이 발생하고 지하수에 해수가 침투해 토양, 식생, 기반시설을 파괴하기 때문에, 빠르면 2050년부터 이들 지역에는 사람이 거주할 수 없을 것이다. 현재 국제법은 어업, 광업, 관광권을 포함하는 한 국가의 배타적경제수역**을 해안선에서부터 측정하므로, 해안선이 후퇴하거나 사라지면 경제적 주권이 미치는 수역도 함께 후퇴하거나 사라진다. 이런 이중고는 육상 경제와 해양 경제가 동시에 위험에 처해 있음을 뜻한다.

지구 온도가 1.5도 이상 상승하지 않는다 해도 수억 명의 사람

---

* 해안 침식은 국지적 해수면 상승, 강한 파도, 해안 지역의 홍수가 암석이나 토양, 모래를 마모시키거나 운반하는 과정을 말한다.

** 배타적경제수역은 경제적 주권이 미치는 수역을 가리킨다.

들이 영향을 받게 된다. 중국과 인도네시아, 일본, 필리핀, 미국 등 앞으로 해수면 상승으로 물에 잠기게 되는 지역에 최소 5,000만 명이 거주하는 국가가 상당수 포함되어 있다. 지구 온도가 2도 상승하면, 적어도 136개 거대 도시가 홍수의 영향을 받게 되고, 이로 인한 피해액이 이번 세기말까지 연간 1조 4,000억 달러에 이를 것이다. 방파제나 기타 방어벽을 세움으로써 상승하는 바다를 막는 데는 상상을 초월하는 비용이 든다. 미국에서만 향후 20년 동안 해안 방어 비용으로 4,000억 달러 이상을 지출할 것으로 추정되며, 작은 마을에 사는 사람들을 이주시키는 데 드는 장기적인 비용은 1인당 100만 달러에 달할 것으로 예상된다.

평균적으로 전 세계 해수면이 1센티미터 상승할 때마다 170만 명의 이재민이 발생하므로, 2100년까지 수억 명의 사람들이 이주해야 할 것이다. 2050년에는 베트남 남부 전체가 해수면보다 낮아질 것으로 예상되는데, 중부와 북부 지역의 대부분도 같은 운명을 맞이할 것이다.[30] 플로리다 해안 지역은 이미 기후로 인한 주택 위기의 징후가 나타나고 있다. 처음에는 거래량이 줄어들고 그다음에는 가격이 떨어진다. 해안가 주택은 위험해서 사람들이 매입을 꺼리기 때문이다. 2018년만 해도 취약 지역의 주택 거래량은 안전한 지역보다 20퍼센트 감소했다. 2012년 발생한 허리케인 샌디로 인해 약 65만 가구가 피해를 입었고 850만 명이 전력을 (일부는 몇 달 동안이나) 공급받지 못하자 구매자들이 이 지역 주택 구매에 더욱 신중을 기한 탓이다.

10만 킬로미터 길이의 해안선에 인구가 밀집해 있는 유럽도 심각한 영향을 받을 수 있다. 해안 홍수에 노출된 사람들의 수는 현재 연간 110만 명에서 2100년에는 360만 명으로 증가할 것이다. 영국이 재정적으로 가장 큰 타격을 받고, 프랑스와 이탈리아가 그 뒤를 이을 전망이다. 네덜란드는 이미 홍수로부터 나라를 보호하기 위한 델타 프로그램에 연간 12~16억 유로를 지출하고 있고, 런던과 베니스는 폭풍·해일 방지용 수문에 상당한 투자를 하고 있다. 해안 도시를 보호하는 데 연간 수천 억 유로가 소요될 수 있고, 해수면 상승으로 해수면 아래 거주하는 인구가 증가함에 따라, 방어벽이 무너지면 재앙 수준의 손실이 발생할 위험이 있다. 장기적으로 보면 오늘날의 해안 도시 중 어느 곳도 4도 상승한 세계에서 살아남을 수 없을 것이므로, 언제 어떻게 이 도시들을 포기할 것인가가 현안으로 대두될 것이다. 2016년에 한 과학자 팀이 썼듯이, "금세기 중반이 넘어가면 청동기 시대 이후로는 유례가 없었던 해수면 상승에 적응해야 할 텐데 시간이 얼마 없다."[31]

　　홍수는 해안에서 멀리 떨어진 곳에서도 점점 더 문제가 될 것이다. 지구 온도가 상승하면 공기가 더 많은 수분을 머금어 에너지가 풍부해지기 때문이다. 이는 기상이변의 빈도와 강도가 증가한다는 뜻이다. 그 결과 재앙적 수준의 폭우가 쏟아져 농작물, 주택, 도로가 유실되고 막대한 인명 손실이 발생할 수 있다. 과학자들은 남아시아와 동아시아 몬순 지역의 극단적인 강수량이 온난화에 매우 민감하게 반응한다는 사실을 발견했다. 기온이 1도 상승할 때마다 강도가 대략 10퍼센트 증가한다. 2050년까지 전 세계 육지 면적의 5분의 1에서 일주일씩 이어지는 심한 홍수가 점점 더 많이 발생할 것이며, 가난한 국가들이 가장 심각한 영향을 받을 것이다. 방글라데시는 앞으로 남쪽에서는 해수면 상승에 압도되고, 북쪽에서는 증가한 하천 유량에 압도되어 사면초가의 위기에 처할 것이다. 현재 백년에 한 번 발생하던 홍수류(flood flow, 눈이 빠르게 녹거나 여름 폭우로 강 유역에 수백 개 생태계로부터 물이 쏟아져 들어오는 현상—옮긴이)가 이번 세기말에는 메그나 강의 경우 80퍼센트, 브라마푸트라 강은 63퍼센트, 갠지스 강은 54퍼센트 증가할 것으로 예상된다. 세 강은 유량이 최대에 이르는 시기가 일치할 가능성이 높다.[32] 게다가 벵골 만에서 더 강력한 사이클론이 발생하여 폭풍과 해일이 일어나면 바다로 흘러갈 수 있는 물의 양이 줄어들 것이다. 방글라데시는 세계에서 가장 인구 밀도가 높은 나라 중 하나인데, 이는 수백만 명의 취약 계층이 정기적으로, 또는 거의 영구적으로 침수된다는 뜻이다.

2022년 3월, 산불에서 살아남은 마기 이모는 또다시 세상과 단절된 채 남은 통조림으로 끼니를 해결했다. 이번에는 며칠 동안 호주 동부 해안을 강타한 '비 폭탄'으로 끔찍한 홍수의 피해자가 되었다. 리스모어에 있는 이모 집도 피해를 입었고, 많은 이웃집들이 완전히 파괴되었으며, 마을 중심가는 쑥대밭이 되었다. 이모는 내게 빠르게 흐르는 강에 잠긴 마을 중심가 사진을 보내주었다. 물이 불어나고 산사태가 일어났기 때문에 헬리콥터로 사람들을 구조해야 했다. 수십만 명이 대피 명령을 받았고, 수많은 집이 파괴되었다. 이후에도 모두가 집으로 돌아올 수는 없었다.

몬순 지역 밖에서도 홍수는 점점 더 큰 문제가 될 것이다. 폭우로 인해 북반구 전역의 강 유량이 50퍼센트까지 증가할 것으로 예상되기 때문이다. 이미 홍수에 취약한 많은 마을과 농촌에 지어진 부동산들이 위험 지대가 증가함에 따라 버려지고 보험에 가입할 수 없게 될 것이다. 도시도 많은 지역이 그렇게 될 것이다. 2021년 허리케인 아이다가 뉴욕을 강타했을 때, 사망한 사람들 중 상당수가 침수된 지하 아파트에 거주하는 빈곤층 주민이었다.

나는 125년 전 빅토리아 시대에 런던 교외의 언덕 위에 지어진 집에 살고 있다. 수문학적 예측에 따르면, 우리 집은 홍수로부터 안전할 것이다. 하지만 언덕 아래 강가에 있는 수많은 주택과 학교, 상점, 교통망은 온전하지 못할 것이다. 런던 시장실의 분석에 따르면, 런던 학교의 5분의 1이 향후 몇십 년 동안 홍수에 취약해질 것이다. 우리 집에 물이 차지 않을 것이란 사실은 다행이지만, 우리 중 누구도 사회로부터 고립되어 살 수 없다. 주변이 온통 물에 잠기면 고통스럽고 값비싼 비용을 치러야만 한다. 로마시대 때부터 있었던 것으로 알려진 우리 집 주변 도로는 고도를 높일 필요가 있다. 백년 된 철로도 마찬가지다. 그런데 이것은 한 도시의 한 자치구에 속한 작은 동네의 일에 불과하다.

허리케인과 사이클론 같은 오늘날의 열대성 기상 현상은 더욱 잦아지고 심해질 것이며, 점점 더 높은 위도에서도 발생하게 될 것이다. 기후 모델의 예측에 따르면, 지구 온도가 4도 상승하면 강한 엘니뇨가 두 배 이상 많이 발생한다. 이런 사건들은 강우대를 최대 1,000킬로미터까지 이동시키고, 전 세계적인 기상 혼란을 유발할 수 있다. 1997년에서 1998년까지 초대형 엘니뇨 기간 동안 남미에서는 평소 건조했던 지역에 대홍수가 발생해 해양 생물이 떼죽음을 당했고, 날씨와 관련된 재해로 2만 3,000명이 목숨을 잃었다. 극심한 엘니뇨 이후에는 종종 극심한 라니냐 현상이 뒤따른다. 라니냐가 1998년에서 1999년에 발생했을 때, 미국 남서부 지역은 사상 최악의 가뭄을 겪었고, 베네수엘라에서는 집중호우와 산사태로 약 5만 명이 목숨을 잃었다. 중국에서는 폭풍과 홍수로 2억 명의 이재민이 발생했고, 방글라데시는 홍수로 국토의 절반이 물에 잠겼다. 또 라니냐는 북대서양 허리케인 시즌에 자주 발생한다. 1998년 역사상 가장 치명적이고 강력한 허리케인 중 하나였던 미치Mitch

가 발생하여 중앙아메리카의 온두라스와 니카라과를 강타했고 1만 1,000명 이상이 목숨을 잃었다. 특히 적도 주변의 넓은 저위도 지역에서는 이와 같은 기상이변이 점점 더 빈번하게 발생해 수백만 명이 안전을 찾아 집을 떠나야 할 것이다.

살기 좋은 지구를 만들 희망이 영영 사라진 것은 아니다. 상황을 되돌릴 수 있는 힘이 아직 우리 안에 있고, 우리는 할 수 있는 일을 해야 한다. 기온 상승을 막을 때마다 우리는 더 안전해질 것이기에 0.1도라도 막아야 한다.

하지만 이미 1.2도 상승했기 때문에 1.5도 밑으로 유지하려면 단호하고 빠르게 행동해야 한다. 우리가 지금 당장 온실가스 배출을 모두 중단해도, 지구 기후 시스템의 관성 때문에 지구 온도는 계속 상승하다가 몇 년이 지나서야 떨어질 것이다. 하지만 이 관성(시스템의 시간 지연)을 유리하게 쓸 수도 있다. 우리에게 미래를 바꿀 수 있는 시간이 아직 있다는 뜻이다. 세계 지도자들은 기후 행동에 대한 논의에 진지한 태도로 임하고 있다. 예를 들어, 세계 최대 오염국인 미국과 중국은 각각 2050년과 2060년까지 탄소중립을 달성하기로 약속했다. 만일 전 세계의 탄소중립 공약이 지켜진다면, 지구 온도 상승을 이번 세기말까지 2.1도로 제한할 수 있을 것이다. 이것은 큰 도전이다. 하지만 우리가 이 목표를 달성하기 위한 준비를 하고 있다는 증거는 거의 없다. 온도 상승을 1.5도로 제한하려면 단기적인 목표를 크게 높여야 한다. 그렇게 할 방법이 있다. 이 책의 후반부에서 그런 방법들을 자세히 살펴볼 것이다.

그럼에도 불구하고 우리는 현실적이어야 할 필요가 있다. 우리가 온난화 완화를 위해 노력한다 해도, 이 책을 쓰는 시점에서 가장 유력한 시나리오는 이번 세기말까지 지구 온도가 3~4도 상승하는 것이다. 앞서 밝혔듯이 그렇게 되면, 현재 전 세계 인구 대부분이 살고 있는 세계의 많은 지역이 더 이상 사람이 살 수 없는 곳이 된다. 그 시점이 정해져 있는 건 아니다. 현재 수준의 배출량만으로도 이미 세계는 수백만 명에게 위험한 장소이며, 온도가 상승할 때마다 상황은 더 악화되기만 할 것이다. 처음에는 가장 가난한 사람이 가장 큰 피해를 입는다. 이들은 주변 환경에 가장 크게 의존하는 사람들이고, 기후에 가장 큰 영향을 받는 지구 남반구 지역에 살고 있으며, 에어컨과 비상 식량을 통해 변화하는 환경으로부터 스스로를 지킬 수 없는 사람들이기 때문이다. 하지만 이러한 현실은 머지않아 모두의 문제가 될 것이다.

전 세계, 특히 기후변화와 빈곤에 허덕이는 일부 지역에서 인구가 아직 증가하고 있다는 사실은 이 문제를 더욱 복잡하게 만든다. 다른 지역에서는 인구 증가가 둔화되고 있음에도 아프리카 인구는 2100년까지 네 배 가까이 증가할 것으로 예상된다. 이것은 극심한 더위, 가뭄, 치명적인 폭풍의 영향을 받는 지역에 더 많은 사람이 살게 된다는 뜻이다. 이들은 식량과 물, 전력, 주택을 더 필요로 할 텐데 이러한 자원들은 점점 공급하기 어려워지고 있다. 세계 인구는 2064년에 정점에 도달한 후 이번 세기말에 현재 수준으로 감소할 것으로 예상된다.[33] 기후, 생태계, 물 가용성에 전 세계적인 혼란이 발생하는 시기에 수십억 인구가 증가하거나 감소하면 인류의 적응 능력에 상당한 압력이 가해질 수밖에 없다.

우리는 아시아, 아프리카, 라틴아메리카, 오세아니아 등 인구가 많은 대부분의 지역에 사람이 살 수 없는 벨트가 형성되는 매우 적대적인 세계를 앞두고 있다. 사회적·지정학적 경계라는 제약 안에서 팽창하는 인구가 점점 축소되는 거주지에 살아야 하는 것은

인류세, 엑소더스

우리 종이 처음 접하는 상황이다.

우리가 이번 세기에 직면하게 될 위기의 규모와 정도는 유례 없는 것이지만, 우리 인류는 지난 수십만 년 동안 수없이 많은 위기를 겪어왔으며 그때마다 이주를 통해 그 위기를 무사히 극복했다. 이주는 문제가 아니라 해결책이다. 언제나 그래왔다. 앞으로 살펴보겠지만 이주는 인류의 가장 오래된 생존 비결이다.

3

집을 떠나다

이주는 우리가 이 위기를 벗어날 수 있는 비상구다.

이주가 우리를 만들었다. 오늘날 우리가 처한 지정학적 정체성과 제약 속에서는 이 사실을 제대로 깨닫기 어렵다. 그래서 이주가 변칙처럼 느껴질 수 있지만, 역사적으로 보면 지금의 국가 정체성과 국경이야말로 변칙이다. 탐험이나 모험을 위해서든, 재난을 피해 안전을 찾아서든, 새로운 기회의 땅, 신과 영혼, 무역과 예술을 위해서든, 강압에 의해서든, 납치에 의해서든 이주는 지구를 탈바꿈시키고 우리 종을 세계화했다. 인류의 이주는 오늘날 우리 모두가 속한 인간 시스템을 만들어낸 바탕이다.

인간에게 이주는 협력과 깊이 관련되어 있다. 우리가 이주할 수 있었던 비결은 광범위한 협력을 통해서였고, 오늘날의 협력적인 지구촌을 만들어낸 것도 바로 이주를 통해서였다. 우리가 나아갈 길을 찾기 위해서는 우리 종만의 독특한 특성, 그리고 우리가 어떻게 이 행성과 기후를 지배하게 되었는지 이해해야 한다. 즉 우리가 환경 위기를 극복하고 번영하기 위해서는 우리만이 갖고 있는 협력적 이주라는 힘을 적극적으로 활용해야 한다.

이주는 자연에서 널리 사용되는 생존 전략이다. 많은 종이 계절적·지리적으로 달라지는 먹이와 날씨에 따라 이동하는 본능을 진화시켰다. 큰뒷부리도요와 대서양연어 같은 다양한 동물들이 길고 위험한 여정을 떠나는 이유는 그들의 생물학적 본능이 그렇게

시키기 때문이다. 암울했던 2021년 초, 팬데믹으로 인한 여행 제한 조치로 몇 달 동안 집 밖을 거의 나가지 못했을 때, 나는 '이동충동 증후군'에 시달렸다. 이것은 새들이 날아올라야 할 시기가 되면 나타나는 '이주불안증'을 말한다. 그럴 때 나타나는 분명한 징후가 있다. 불면증, 정상적인 활동의 중단, 동요 등. 우리에 갇힌 아메리카 로빈은 바깥이 보이지 않아도 유리벽에 부딪혀가며 북쪽을 향해 몇 번이고 날아오른다. 서부모래지빠귀는 이동을 위해 소화관을 위축시키고,[1] 특정 먹이를 섭취하고 운동 능력을 향상시키는 약물을 강박적으로 비축한다.[2]

우리 역시 가만히 있지 못하는 종이다. 우리들 대부분은 비용을 지불하면서까지 집을 떠나 시간을 보낸다. 우리가 이렇게 여행하는 이유는 필수적인 자원과 식량을 구하기 위해서가 아니라 낯선 장소를 즐기기 위해서다. 우리는 더 이상 유목생활을 하거나 끊임없이 떠돌지는 않지만, 새로운 장소를 탐험하고 며칠이라도 다른 곳에서 살고 싶은 욕구와 호기심을 여전히 간직하고 있다.[3] 집에 머물며 필요할 때만 집을 떠나는 것이야말로 특이하고 비정상적인 일이다. 실제로 그러한 행동은 정신질환인 광장공포증과 관련이 있다.

전 세계적 확산이야말로 모든 종에서 멸종을 막는 가장 효과적인 전략임을 자연 세계에 대한 여러 연구가 보여준다. 하지만 소수의 종만이 다양한 환경에 적응할 수 있고, 대부분은 특정 생태적 지위에 맞추어 정교하게 적응한다. 영장류 중에서도 인간만이 지역에 따라 다른 종으로 진화하지 않고 전 세계로 퍼져 나갔다.

호미닌 조상 시절의 어느 시점에 우리는 어디서나 살 수 있는 능력을 얻었다. 하지만 이 슈퍼파워를 얻으면서 우리는 특정 생태적 지위에 대한 선천적 적응 능력을 잃었다. 인간처럼 몸집이 크고 칼로리와 자원을 많이 필요로 하는 종에게 이것은 진화적으로 위험한 전략이다. 이 전략이 성공할 수 있었던 것은 인간의 뇌가 적응력이 매우 뛰어난 데다, 우리가 전혀 관련이 없는 사람들과 서로 돕고 자원과 아이디어, 지식을 공유할 수 있는 '초사회적 존재'이기 때문이다. 인간은 필요에 따라 환경을 변화시키는 방법을 학습했고, 다양한 환경에 맞추어 다양한 기술과 행동으로 적응하는 방법도 터득했다. 이 주는 우리 종이 환경 도전, 부족 간 충돌, 영토 분쟁, 식량 및 자원 부족, 근친교배와 질병 속에서 살아남을 수 있었던 비결이다.

그래서 기후 조건이 맞아떨어졌을 때, 비로소 수렵채집인들은 전 세계를 지배하게 되었다. 하지만 이것은 개인적인 이동이 아니었다. 인간은 집단 협력에 의존했고, 애초의 진화적 틈새에서 벗어나 멀리 이동하는 데 따르는 위험과 에너지를 협력적인 관계망을 통해 분산시켰다. 하지만 이때는 플라이스토세였고, 오늘날 우리가 아는 세계와는 매우 달랐다. 당시에는 수 킬로미터 두께의 빙상이 북유럽과 아시아, 북아메리카의 3분의 1을 뒤덮고 있었고, 지금은 사냥으로 멸종된 지 오래인, 무시무시한 육식동물을 포함한 수많은 대형 포유류가 얼음이 없는 땅을 돌아다녔다. 그런 환경을 탐색하려면 유연성과 집단의 지원이 꼭 필요했다. 이번 세기에 우리는 이두 가지가 다시 필요할 것이다.

물자의 이동

하지만 우리만 움직이는 것은 아니다. 당신이 지금 살고 있는 곳을 보라. 지금 점유하고 있는 땅, 즉 새로운 '생태적 틈새'에서 당신이 생존할 수 있는 것은 다른 모든 환경이 당신에게 전달되기 때문이다. 내 경우는 먹는 음식, 물, 모든 기반 시설과 집의 모든 물건들이 여기에 포함된다. 내가 사용하고 있는 자원 중 지금 살고 있는 환경에서 온 것은 내가 숨 쉬는 공기와 앉아 있는 땅뿐이다. 나는 나 대신 지구를 돌아다니며 땅과 공기를 제외한 모든 물자를 내게 가져다주는 수천 명으로 구성된 복잡한 글로벌 네트워크에 의존해 살아간다.

인간의 이동은 중요한 이차적 이동, 즉 물자의 이동에 의존한다. 우리 초기 조상들에게 필요했던 물건으로는, 며칠 동안 지구력 있는 사냥꾼으로 활동할 수 있게 해주는 물(주머니에 담아간 물), 사냥감을 죽이고 절단하고 가공하는 데 필요한 돌도끼와 나무창, 불을 피우는 데 필요한 불쏘시개 같은 도구가 있었다. 필요한 자원을 운반할 수 있는 능력 덕분에 조상들은 인적이 드문 광활한 지역을 가로질러 훨씬 먼 곳까지 여행할 수 있었다. 이렇게 하는 동물은 인간뿐이며, 제약에서 벗어난 우리 조상들은 평생, 그리고 여러 세대에 걸쳐 기술을 개발할 수 있었다.

다음 단계는 협력을 자원 이동과 결합하는 것이었다. 집단 내에서, 그리고 집단 사이에서 무역이 시작되었다. 무역은 특히 멀리까지 가서 자원을 획득하는 데 드는 에너지 비용을 획기적으로 줄여주었고, 새로운 장소에서 삶을 시작하는 데 따르는 위험을 줄여주었다. 호모속 조상들의 시대에 이르렀을 무렵, 사는 곳에서 멀리 떨어진 지역에서 생산되는 자원을 서로 교환할 수 있을 정도로 강력한 집단 간 네트워크뿐 아니라 사람들 간의 사회관계망이 구축되었다. 덕분에 인간은 더 멀리, 더 오래 이동할 수 있었고, 결국 아프리카를 떠나 아시아, 호주, 유럽, 아메리카에 살 수 있었다.

우리 인류가 지금은 멸종한 다른 종들보다 우위를 점할 수 있었던 이유는 아마도 이런 협력 네트워크를 통해 자원을 교환하는 능력 덕분이었을 것이다. 현대 인류가 네안데르탈인을 몰아냈을 때, 인구 밀도가 10배 이상 증가했다. 현대 인류가 네안데르탈인이 살던 땅의 수용력을 높인 방법은 조개껍데기, 구슬 같은 귀중품을 '통화'로 사용한 '물건의 거래'였을 것이다. 네안데르탈인도 다양한 장신구를 만들었지만, 그것이 널리 거래되었는지는 분명하지 않다. 하지만 우리 조상들은 멀리 떨어진 곳에서 원재료를 수집하고 거래했으며, 그것을 가지고 부가가치가 있는 물건을 만들어 팔았다. 자원의 조직화된 이동인 무역을 통해 우리 조상들은 더 큰 네트워크를 구축하고, 집단의 규모, 문화적 제도, 가혹한 환경에 대한 회복력을 높일 수 있었다. 무역은 각 집단이 문화 활동과 기술을 전문화하면서도 모든 필요를 충족시킬 수 있도록 도왔다. 네안데르탈인은 유라시아를 벗어나지 못한 반면, 우리 조상들은 무역 덕분에 여러 대륙을 차지할 수 있었다.

오늘날의 수렵채집인 부족들은 사냥 시즌이 되면 여러 무리로 갈라졌다가 1년에 몇 번씩 일주일 정도 함께 모여 큰 축제를 열곤 한다. 이런 모임에서 고기, 이야기, 기타 자원을 교환하고, 아이디어와 기술, 도구에 관해 토론하고, 장식용 물건을 살펴보고, 관계를 발전시킨다. 칼라하리 사막 서쪽에 사는 '!쿵족' 같은 현대 수렵채집인 사회는 이러한 축제를 준비하기 위해 상당한 시간을 들여 타조 껍질 장신구 같은 거래 가능한 귀중품을 만들고, 이것을 다른 영토에서 수렵 채집할 수 있는 이동권과 교환한다. 한 부족의 영토에 물웅덩이가 말라서 사냥감이 부족해지면 멀리 떨어진 다른 부족과의 물물교환으로 식량을 얻는 식이다. 무역은 환경의 위험을 분산시킴으로써 고대 집단의 이주를 도왔다.

초기 수렵채집인 조상들의 이주는 꾸준히 이루어졌고 갈수록 증가했다. 인류가 진화사 대부분을 보낸 플라이스토세에는 적대적인 환경 탓에 인구수가 낮게 유지되었고 집단 간 교류의 기회도 제한적이었다. 비교적 적은 수의 아프리카 탐험가 집단에서 갈라진 후손들 사이의 작은 유전적 차이는 이를 반영한다. 여러 가지 유전자들이 관여하는 피부색은 조상의 이동을 알려주는 가시적인 지표다. 일반적으로 위도가 올라갈수록 태양의 세기가 약해지고 이에 따라 피부색이 옅어진다(멜라닌 색소를 잃는다). 멜라닌은 자외선으로부터 피부를 보호하지만, 피부가 햇빛과 반응해 만들 수 있는 필수 비타민D의 양을 제한한다. 침팬지는 피부색이 옅은 반면, 털 없는 인간은 보호 차원에서 기본적으로 피부색이 짙다. 우리에게 친숙한 유럽인의 옅은 피부는 놀라울 정도로 가까운 최근에 출현했다. 4,000년 전까지만 해도 유럽인들은 짙은 피부와 머리카락(하지만 푸른 눈동자)을 가지고 있었다.

마지막 빙하기가 끝나기 전까지 모든 인류는 한 계절 이상 머물지 않고 정기적으로 이동했다. 부족 구성원들은 정기적으로 만났지만, 그러고 나면 더 지속가능한 인구 밀도로 흩어져 살았다. 예를 들어 최초의 영국인은 지금의 영국에 정착하지 않았다. 그들은 그저 사냥하러 영국에 왔다가 다시 해협을 건너 유럽 대륙 남쪽의 더 따뜻한 땅으로 되돌아갔다.

어떻게 물자 이동에서 우위를 점하게 되었는가

이주는 우리의 유전자와 문화를 다양하게 만들었다. 북유럽을 예로 들어보자. 석기 시대와 청동기 시대에 걸쳐 세 차례의 대규모 이주가 있었는데, 이 이주는 인구가 적었던 시기에 이루어졌기 때문에 그때마다 유럽인의 유전적 구성을 극적으로 변화시켰다. 첫 번째는 약 1만 8,000년 전 발칸반도에서 북쪽으로 이주한 수렵채집인들로, 이들의 DNA는 지금도 유럽인 유전자의 약 30퍼센트를 차지한다. 두 번째는 약 8,000년 전 아나톨리아에서 북쪽으로 이주한 농경인들이다.[4] 처음에 이들은 수렵채집인 원주민들과 나란히 살았다. 세 번째는 5,000년 전 유라시아 스텝에서 농경인 마을로 이주한 유목 목축인들이었다.

두 번째 이주 이후 사람들을 일정한 지리적 장소, 즉 토지에 정착하기 시작했다. 사람들이 수렵채집 생활방식을 버리고 마을에 정착하자 지역의 자원에 대한 압박이 커졌다. 따라서 농경인들은 생존을 위해 땅의 생산성을 높임으로써 지구의 지형을 근본적으로 변화시켰다. 또한 밭에 농작물 씨를 뿌리면, 수확물을 거두어들이기 위해 그 주변에 머물 필요가 있었기 때문에 농업은 인간의 이주 패턴을 근본적으로 변화시켰다. 우리는 땅에 얽매이게 되었고, 우리의 정체성은 땅과 연결되었다. 하지만 처음에 농업은 인간을 '상대적인 정주자'로 만들었을 뿐이다. 즉 한 지역의 자원을 고갈시키고 나면 사람들은 다른 곳으로 이동했다.

오늘날의 기후변화는 우리들의 생활 근간을 뿌리 뽑고 있지만, 당시의 기후변화는 사람들을 뿌리내리게 함으로써 우리를 변화시켰다. 즉, 인류가 농경인으로 변모할 수 있었던 것은 전 세계적 기후변화 덕분이었다. 마지막 빙하기 동안에는 지구 대기에 이산화탄소가 180PPM 정도로 매우 적었기 때문에 광합성이 매우 비효율적이었고, 결과적으로 지구의 식생은 현재의 절반에 불과했다. 2만 년 전에는 유목민 부족들이 영구적으로 정착할 만한 장소가 없었을 것이다. 그 당시는 야생 식물이 빈약해서 농부 집단은 말할 것도 없고 어떤 영구적인 집단도 부양할 수 없었다. 하지만 8,000년 전 대기의 이산화탄소가 250PPM까지 증가하자 식물 생산성이 놀라울 정도로 높아졌다. 그 결과 수렵채집인들은 식량을 구하기 위해 멀리 이동할 필요가 없어졌고 무리가 더 오랫동안 정착할 수 있었다. 그럼으로써 마을은 관개수로부터 곡물 저장고에 이르기까지 다양한 인프라에 투자할 만큼 충분한 안정성을 확보했다.

하지만 농경, 특히 초기 농경은 불안정한 생활 방식이어서 많은 이들이 굶주리거나 한계선상에 놓였다. 정착한 인간이 지역의 야생 식물을 고갈시킨 탓에 수확에 실패하면 새로운 목초지로 이동하는 것도 어려웠다. 인간의 생존 도구상자에 있는 핵심 도구인 '이동 능력'이, 하필이면 그것이 가장 필요한 시기에 망가진 것이다. 예를 들어 9,100~8,000년 전 사이에 형성된 것으로 추정되는 아나톨리아의 고고학 유적지에서 발견된 증거에 의하면, 인구가 급격히 증가하면서 전분 위주의 저단백 식생활로 뼈 감염과 충치가 증가했음을 보여준다. 이런 건강상의 불이익에도 불구하고 농업은 식량을 얻기 위해 땅을 이용하는 가장 효과적인 방법이다. 정주한 뒤로 여성들은 영유아를 데리고 다녀야 하는 부담에서 벗어난 덕분에 출산 간격을 줄일 수 있었다. 따라서 여성들은 더 많은 자녀를 낳았고 이에 따라 더 많은 땅이 필요했다. 이처럼 농업은 새롭고 중요한 방식으로 인구를 늘리고 퍼뜨렸다.

인구학자들이 정주 생활의 진화를 모델링한 결과, 정주는 인구가 지속적인 이동을 방해하는 수준에 도달했을 때에만(그리고 자원 고갈률이 낮은 경우에만) 일어난다는 결론을 내렸다.[5] 다시 말해, 정주와 농업은 인류가 이주하는 종으로서 성공하면서 진화한 결과물인 것이다. 문명을 탄생시키고 번영하게 만든 것은 농업이었다. 하지만 사회적 복지는 타격을 입었고, 오늘날까지도 엄청난 불평등이 지속되고 있다. 사회는 정착을 통해 사회적으로 훨씬 더 불평등해졌다는 증거가 있다. 이 증거에 따르면, 8,000년 전에 이미 수백 채의 진흙 벽돌로 지은 집이 있었던 도시 차탈회위크(지금의 터키에 위치)는 놀랍도록 평등한 사회였다. 그러다 6,500년 전쯤 상황이 변한다. 주민들 사이에 불평등이 생겨났고, 고의적인 폭행 후 아문 흔적이 있는 두개골이 보여주듯, 일탈하는 구성원에게는 폭력적 처벌이 가해졌다.

정주는 사회구조 수준에서 분명한 이점이 있었다. 더 복잡한 문화를 발전시킬 수 있는 더 큰 집단을 만들 수 있기 때문이다. 하지만 한 장소에 발이 묶이고 환경이 열악해질 경우, 위험에 노출되기 쉽다. 예를 들어 기후변화는 언제나 이주를 촉발해왔다. 지구가 냉각될 때마다 사람들은 적도를 향해 남쪽으로 이주했고, 기후가 따뜻해질 때마다 사람들은 북쪽으로 올라갔다. 1만 2,900년 전 충격적이고 잔인한 빙하기가 찾아와 유럽 일부 지역의 기온이 50년 동안 12도나 떨어졌을 때, 수렵채집인들은 중동을 향해 남하했다. 그리고 약 1만 년 전부터 서서히 지구가 따뜻해지기 시작하자 사람들을 다시 북쪽으로 올라가기 시작했다.

농업이 발명되거나 수입된 모든 곳에서, 유목민이 떠돌아다니던 땅을 농부가 차지했다. 최초의 아프리카 농부는 약 8,000년 전에 지금의 사하라 사막 동쪽에 씨를 뿌렸다. 하지만 6,000년 전 기후가 변해 그 지역이 건조해지면서 사막이 확장되자 농사를 그만두고 유목 목축생활과 수렵 채집으로 돌아간 드문 경우도 있다. 약 4,500년 전 서아프리카의 반투족이 얌을 작물화하고 서쪽과 남쪽으로 대규모 이주를 시작했을 때, 이전까지 상당한 규모였던 코이산족 부시맨과 피그미족이 비옥한 땅에서 쫓겨나 각각 사바나와 숲에 사는 소수 부족이 되어버렸다. 마찬가지로 아메리카 대륙의 톨텍족과 아스텍족도 원주민 공동체를 대체한 농경 이주민들이었다.

정착한 농부들은 인구를 불릴 수 있었지만 한계도 있었다. 수천 년 동안 농부들은 주로 유기물질을 재활용하는 방법으로 작물이 이용할 수 있는 질소와 필수 영양분을 토양에 보충했다. 그들은 밭에 식물 줄기와 사일리지가 썩도록 내버려두고, 동물과 사람의 배설물을 포함해 구할 수 있는 모든 유기물을 뿌렸으며, 윤작을 했다. 하지만 인구가 증가하자 같은 면적에서 더 많은 작물을 재배해야 했다. 그러던 중 1909년 독일 화학자 프리츠 하버가 공기 중 질소를 식물이 흡수할 수 있는 형태로 바꾸는 방법을 고안했고, 그의 동료 칼 보쉬는 이 방법을 산업 공정으로 만들어 확산시켰다. 바야흐로 인공 비료의 시대가 열린 것이다. 그 효과는 즉시 인구 증가로 나타났다. 현재 우리 몸에 있는 단백질의 절반이 하버-보쉬 공정에서 온다. 수십억 명이 매일 주식으로 먹는 빵과 쌀, 감자는 인공 비료 덕분에 생산되고, 이 인공 비료는 식물의 질소 순환 과정을 완전히 바꾸어 우리 종을 80억 인구를 보유한 지구의 지배자로 발돋움시켰다.

현대 농업으로 생산된 식량이 전 세계로 이동하면서, 수백 세대 동안 살아왔던 작은 면적에 인류 대다수가 살 수 있게 되었다.

이런 인구 밀집 지역은 식량을 거의 생산하지 않고 다른 곳에서 온 식량과 기타 자원을 거래한다.

농업은 이주하는 인간을 정착하는 인간으로 바꿔놓은 발명품이었다. 물론 상황은 그렇게 간단하지 않았지만 말이다. 인간이 식량을 구하러 다니는 것을 그만두었다고 해서 이주를 멈춘 것은 아니었다. 우선 농업은 집단 전체의 식량을 환경 조건에 내맡기는 위태로운 사업이다. 예를 들어 약 3,200년 전 기후 교란으로 근동 지역에 300년에 걸친 가뭄이 들었을 때 문명 네트워크가 완전히 붕괴되었다.[6]

"우리 집에 기근이 들었습니다. 당신이 빨리 오지 않으면 우리는 굶어죽을 겁니다. 당신의 땅에서 살아 있는 영혼을 다시는 보지 못할 것입니다." 이 편지는 레반트에서 유프라테스 강 유역까지 도시들이 무너지는 동안, 시리아 전역에 전초기지를 두고 있던 한 상업 회사의 직원들 사이에 오간 편지다. 지중해와 메소포타미아 전역을 수 세기 동안 통치해왔던 왕조들이 모두 무너지고 있었다. 이집트 신왕국 시대의 마지막 위대한 파라오 람세스 2세의 무덤 사원 벽에는 육지와 바다에 걸쳐 일어난 대규모 이주 물결과 멀리서 온 정체불명의 침략자들과 치른 전쟁이 묘사되어 있다. 수메르인들은 기후 난민을 막기 위해 100킬로미터에 이르는 성벽을 쌓았지만 실패했다. (이때 유입된 난민 중 일부는 북쪽에 정착해 바빌론이라는 도시를 건설하고 새로운 문명의 씨를 뿌렸다.) 수십 년 만에 청동기 시대 세계 전체가 무너졌다. 이 붕괴의 수혜자는 평원에서 이주한 민족이었다.

광활한 평원은 끊임없이 바람이 불고 토양이 건조해서 농사를 짓기 어렵지만, 말과 여타 초식동물에게는 훌륭한 목초지를 제공한다. 따라서 수천 년 동안 유목 목축인과 사냥꾼들이 초원을 이용했다. 또한 이들 중 상당수는 목축을 통해 생산한 물건과 추수한 식량 및 기타 자원과 교환하는 이름난 상인이 되었다. 아니면 물품을 저장해둔 정착민을 습격했다. 이러한 이동 전략을 통해 인류는 지구에서 가장 척박한 땅에까지 거주하게 되면서 유전자, 문화, 자원을 여러 대륙으로 퍼뜨릴 수 있었다.

얌나야 스텝 사람들은 이러한 유목 문화의 가장 주목할 만한 사례였다. 그들은 최초로 말을 가축화했고, 말을 이용해 약 5,000년 전 유럽을 정복함으로써 모든 유럽인 DNA를 바꾸어놓은 세 번째이자 마지막 민족이 되었다. 청동 장신구를 착용한 검은 눈동자와 투명한 피부를 지닌 전사들이 말을 타고 마차를 끌며 질주하는 모습은 유럽 원주민 농부들에게는 처음 보는 특별한 광경이었을 것이다. 그들의 정교한 금속공예와 복잡한 무늬의 토기가 스코틀랜드에서 모로코에 이르기까지 유럽 각지에서 발굴되었다. 그리고 그들은 이란 북부에 뿌리를 둔 인도유럽어를 가져왔고, 유라시아 최초의 마리화나 무역을 시작했다. 얌나야 사람과 그 이웃들이 만든 무역로는 수천 년 후 실크로드의 일부가 되었다.

얌나야 사람들이 그토록 혁신적인 변화를 일으킬 수 있었던 비결은 그들이 네트워크로 연결되어 있었기 때문이었다. 이런 이동하는 사회들의 그물망은 대륙 간 의사소통 시스템을 이루었다. 그리고 또 한 가지 비결은 그들의 뛰어난 무역 능력이었다. 성공적인 이주는 협력과 교환의 네트워크에 의존한다. 타이밍도 분명 도움이 되었다. 역병이 대륙을 휩쓸고 지나간 직후, 그들이 유럽에 도착했기 때문이다. 얌나야인의 이주는 어떤 기준으로 보더라도 폭력적인 침략이었다. 그들은 유럽을 습격하면서 전투용 도끼, 날렵한 활과 화살을 포함한 정교한 무기로 원주민을 압도했다. 지금의 스페인과 포르투갈에 살았던 모든 남성을 포함해, 원주민 유전자 풀의 약 90퍼센트가 얌나야인에 의해 사라졌다.

　얌나야 사람들의 이주는 몇 세기 만에 유럽의 사회, 문화, 유전자를 탈바꿈시키고 청동기 시대를 열었다. 오늘날 유럽인 대부분이 밝은 피부색을 가지고 있으며 전 세계인의 절반이 인도유럽어를 사용한다. 유럽인 DNA의 적어도 70퍼센트가 8,000년 전 농부로 도착했거나 5,000년 전 스텝을 통해 도착한 아나톨리아 이주민들에게 물려받은 것이다. 나머지는 이전까지 지배적이었던 수렵채집인의 DNA다. 이것이 유럽인 DNA에 일어난 마지막 중요한 변화였다. 하지만 마지막 문화적 변화는 아닐 것이다.

　이후 수천 년 동안 스텝 지역의 유목민 전사들은 계속해서 농경 마을과 도시를 약탈하면서 농경인에게 기생하는 한편, 평원을 차지하게 된다. 하지만 그들은 말을 먹일 수 있는 곳으로 이동하거나, 그들 스스로가 정착민이 되어야만 했다. 고대 그리스와 오스만 튀르크 제국이 여기서 기원했다. 이 민첩한 전사들은 제국 전체를 무너뜨리고 유전자 풀에 다시 한번 그들의 흔적을 남겼다. 칭기즈 칸의 DNA는 오늘날 이 지역에 살아가는 남성 200명 중 1명인 약 1,600만 명에게 존재한다.

　바다에도 이주하는 습격자들이 살았다. 그중 하나가 이집트와 가나안(대략 지금의 이스라엘)을 반복적으로 공격하다가 결국 그곳에 정착해 팔레스타인을 세운 블레셋(바다 민족)과 민첩한 전함을 타고 해안가의 정착지를 기습 공격함으로써 기생해 살았던 바이킹이다. 바이킹은 문자 그대로 '습격하다'라는 뜻으로, 그들 중 일부는 '베르세르크berserker'로 불렸다. 거친 바이킹들이 신들린 것처럼 광폭한 형태로 쳐들어오는 것을 이르는 말이다. 이렇게 습격당한 콘스탄티노플의 지식인 포티오스는 860년에 이렇게 탄식했다. "왜 이렇게 갑자기 야만인들이 우박처럼 쏟아지는 것인가?"

이러한 유목민 집단의 대부분은 농업 문화가 확장하면서 사라지거나 정착했지만, 일부 목축인들은 지금도 몽골 대초원, 마사이마라, 파타고니아를 포함한 초원을 돌아다니며 살아간다. 이들은 한계에 내몰린 땅이나 초원을 훨씬 더 지속가능한 방식으로 사용하고 있다.

장거리 항해

인간의 이주를 추동한 또 하나의 원동력은 새로운 땅과 자원에 대한 탐색이다. 인간은 호기심과 대담성에 이끌려 그들이 아는 세계의 안전망을 뛰어넘어 심해, 극지방, 그리고 우주로 탐험을 떠났다. 이주는 지구 곳곳에 사람들을 퍼뜨려 유전자, 문화적 관습, 믿음과 기술을 전파했다.

수천 년 동안 폴리네시아인들은 섬의 제한적 환경에서 인구 과밀화와 내전 등의 문제를 이주로 해결했다. 폴리네시아의 항해자들은 별과 해류에 대한 탁월한 지식을 이용해 수천 킬로미터의 광활한 바다를 능숙하게 항해할 수 있었고, 그렇게 하와이에서부터 인도네시아의 외딴 섬까지 점령했다.

반면에 신세계(그리고 구세계의 새로운 영역)를 발견하러 떠난 유럽 항해자들은 그곳에 이미 사람이 살고 있다는 걸 발견하는 경우가 많았다. 그런 이주의 결과는 대개 자비롭지 않았고, 항해자들은 어김없이 한 곳에서 자원, 땅, 사람들을 훔쳐서 다른 곳으로 이동시켰다. 이주자들은 종종 원주민 문화에 비해 자신들의 문화적 우월성을 주장하기도 했는데, 자신의 문화가 본질적으로 더 낫다는 이들의 믿음은 '야만적'이라 할 수 있는 인종주의의 씨를 뿌렸다. 이런 탐험은 새로운 사람들을 접촉하게 함으로써 인류와 인류의 비즈니스를 세계화했고, 세계에 대한 우리의 지식을 발전시켰다. 또한 죽음과 질병을 가져왔고, 기존 문화를 황폐화시켰으며, 환경을 극적으로 바꿔놓았다. 식민지 개척자의 후손과 피지배자의 후손 사이에는 지금도 여전히 힘의 불균형이 존재하고, 이는 지속적인 사회 경제적 불평등으로 명백히 드러난다.

이주는 산업화된 세계를 이끄는 원동력이었고, 그런 이주 중 일부는 환경을 바꾸고 국가의 부를 늘리기 위해 강제 노동력을 구할 목적으로 이루어지기도 했다. 노예제도는 오래된 관습이지만 대서양 노예무역은 그 관습을 끔찍한 규모로 산업화했다. 400년 동안 약 1,200만 명의 아프리카인이 아메리카 대륙으로 실려 왔다. 주로 젊은 남성이었던 이들이 한 사회에서 다른 사회로 극적인 방식으로 이동한 이 역사적 사건은 유전자, 문화, 사회, 인구 구조에 지속적인 영향을 미쳤다. 수천 년 동안 유럽과 아시아에 아프리카인이 존재했지만 그 수는 비교적 적었고, 아프리카의 심장으로 이주하는 유럽인과 아시아인도 미미한 수준이었다. 이는 사막, 울창한 정글, 항해가 불가능한 강으로 이루어진 아프리카의 지리적 특징에 기인한다. 기후와 생태도 중요한 역할을 했다. 유라시아에서 사용된 농법들은 열대에 적합하지 않았고, 아프리카의 풍토병은 식민지 개척자가 되려던 사람들에게 치명적이었다. 그래서 이 지역은 노예무역이 시작되기 전까지 유라시아와의 대규모 혼합에서 배제되어 있었다. 우리가 지금 아메리카 대륙과 그 밖의 지역에서 누리고 있는 유전적·문화적 다양성의 대부분이 잔인하고 부끄러운 역사를 지니고 있으며, 엄청난 고통을 통해 만들어졌다.

이동하고자 하는 인간의 욕망이 오늘날의 혼합된 유전자, 사람, 문화, 기술의 다양성과 복잡성을 만들어냈다. 무역은 많은 이익을 가져다주었기에 사람들이 자신과 다른 사회적 규범, 유전자, 기술을 지닌 부족과 협력할 수밖에 없었다. 이렇듯 무역은 우리의 사회적 네트워크와 집단적 지식을 확장시켰고, 또한 귀중한 원재료를 찾아 주변을 탐험하게끔 우리를 부추겼다. 때로는 자원과 함께 문화적 관습이 집단을 건너 이동하기도 하고, 때로는 사람들이 직접 이동하며 통합될 때 기술이 같이 딸려오기도 한다. 집단유전학, 고고학, 고생물학, 언어학의 새로운 발전으로 우리는 과거 이주가 남긴 유산을 훨씬 더 완전하게 파악할 수 있게 되었다. 예를 들어 우리는 앵글로색슨족 이주민들이 영국 어디에 정착했는지 개별 마을까지 알 수 있는데, 이는 그 이주민들이 그곳의 유전자 풀을 변화시켰기 때문이다. 한편 영국을 침략한 로마인, 바이킹, 노르만족은 영국의 문화사를 바꿔놓았지만, 살아 있는 영국인의 DNA 기록에는 훨씬 작은 유산을 남겼다.

이주는 유리한 유전자 변이를 인류 전체로 퍼트렸고, 종종 변이들을 서로 섞고 재조합해 새로운 변종으로 만들기도 했다. 얌나야 사람들은 목축을 하면서 획득한 적응인, 성인이 되어서도 우유를 소화할 수 있는 유전자를 가져왔다. 우유라는 추가 칼로리 공급원은 발육 부진과 영양실조에 시달리던 농부들에게 큰 도움이 되었을 것이다. 얌나야인의 밝은 피부를 만드는 유전자도, 특히 낮이 짧아지는 겨울철에 비타민D를 섭취할 수 있는 식품 공급원이 거의 없었던 피부색 짙은 북부의 원주민들에게 큰 도움이 되었다. 집단이 작으면 아주 사소한 이점만 있어도 유전자가 확산될 수 있다.

지난 몇 세기 동안 수많은 사람들이 분쟁을 피해, 또는 더 나은 삶을 찾아 대륙을 건너는 과정에서 다양한 민족의 전례 없는 혼합이 일어나 진정한 의미의 세계화가 이룩되었다. 어떤 경우에는 노동력을 충당하기 위해 국가 주도로 이민이 이루어지기도 했다. 이것이 호주와 미국 캘리포니아, 영국의 국민건강보험이 빠르게 발전할 수 있었던 원동력이다. 그리고 이주는 노동자들을 두바이로, 학생들을 대학 도시로, 과학자들을 유럽입자물리연구소CERN 같은 국가 간 협력으로 이끌었다. 실제로 과학 발견과 발전이 이주민들이 모인 공동 연구실에서 일어나는 것은 우연이 아니다. 혁신을 촉진하고, 지식을 통합하며, 아이디어를 다양화하기 위해서는 이런 협업이 필수적이다.

따라서 이주는 단순한 인간 사회의 한 가지 특징이 아니라 필수적인 요소일지 모른다. 충분한 이주가 일어나지 않으면 문화적·유전적 복잡성이 감소해 사회가 생존에 어려움을 겪거나 심지어는 멸종할 수도 있다. 예를 들어 캐나다 고대 에스키모인의 작은 분파에서 그런 일이 있었다. 이들은 약 6,000년 전 시베리아에서부터 적대적인 얼음과 바다를 건너 북아메리카로 항해했고, 캐나다를 통과해 내려왔다. 그런데 캐나다 남부에서 문화적으로 발전된 아메리카 원주민과 영토를 공유했음에도, 그들은 의도적으로 스스로를 고립시켰고 시간이 지나면서 어려움을 겪다가 멸종했다. 아마 근친혼으로 인해 건강이 나빠지고, 문화도 퇴보했을 것이다. 다른 민족과 소통하지 않음으로써 한 민족 전체가 사라진 것이다.

사회관계망은 시너지를 일으켜 단절된 집단들이 할 수 없는 일을 해낼 수 있게 해준다. 낯설고 척박한 땅을 건너가는 다리처럼, 이주는 협력 네트워크를 통해 어려운 문제를 건너가게 해준다. 따라서 개척자들은 같은 출발지 집단의 후속 이주자들에게 정착을 위한 네트워크를 제공한다. 이렇듯 이주는 전 세계에서 무작위로 이루어지기보다는 십자군 원정대부터 실크로드 상인, 식민지 이후 디아스포라에 이르기까지 과거의 많은 전임자들이 닦아놓은 통로와 경로를 따라 이루어진다.

이렇게 이주는 인류의 역사 내내 지속되었다. 때로는 대규모 집단이, 때로는 소수만이 이주했고, 대개는 기존 사회가 점유한 영토로 이동했다. 다른 부족의 영토에 들어가는 것은 위험한 일이다. 이것이 표준적인 관행이 되면서 우리 조상들은 영장류의 행동과 단절했다. 예를 들어, 침팬지는 침입자를 발견하면 무조건 공격해서 대개는 죽인다. 반면 대부분의 인간 사회는 이방인을 환영하는 사회 규범을 가지고 있으며, 집단의 평판과 지도자의 명성은 방문자가 환대받도록 보장하는 것에 달려 있다.

또한 우리는 가족 관계를 최대한 활용한다. 인간의 집단 간 교류가 적대적이기보다 협력적인 이유 중 하나는 집단 간 거래에서 얻는 이익이 훨씬 크기 때문이고, 또 하나는 친족 관계 때문이다. 결혼으로 가족이 된 사람들은 집단의 경계를 넘나들기 때문에, 대부분의 사람들에게는 다른 지역, 다른 나라, 심지어 다른 대륙에 사는 친척이 있다. 그리고 이런 이유로 지구에 사는 사람들은 대부분 몇 개의 언어를 구사한다. 직계 가족의 범위를 벗어나도 우리는 놀랍도록 가까운 관계다. 즉 다른 종들의 종 내 다양성에 비해 우리는 유전적으로 매우 비슷하다. 무작위로 뽑은 두 사람의 DNA 차이는 평균 0.1퍼센트로, 무작위로 뽑은 두 침팬지보다도 차이가 현저하게 적다. 집단 간 유전적 차이는 심지어 스리랑카인과 스웨덴인처럼 대륙을 가로지르는 집단 간에도 작은 변칙 수준에 그친다. 이것은 어느 정도 조상 집단의 인구 감소 때문이지만, 대체로는 무역 네트워크 덕분에 이주를 통한 족외혼이 쉬워졌기 때문이다. 인류의 고향인 사하라 사막 이남 아프리카에는 전 세계 인구의 8분의 1이 살고 있고, 유전적 다양성이 지구에서 가장 크다. 서아프리카 사람과 동아프리카 사람의 DNA 차이는 유럽인과 동아시아인의 그것과 비교했을 때 두 배에 달한다. 하지만 수십만 년 동안 진화한 복잡성에도 불구하고 우리 사회는 사람들을 '흑인' 또는 '백인'으로 구분한다. 마치 피부색이 둘로 나뉘는 것처럼. 그리고 한 개인의 유전적 '순수성' 또는 '인종'이 어떤 의미 있는 구분이라도 되는 것처럼 말이다.

인간의 밀접한 상호관계, 즉 유전적 유사성은 생물학적으로 인종별 차이가 존재하지 않음을 의미한다. 우리는 전 세계의 어느 지역에 가서도 그곳 출신이라고 주장할 수 있다. 우리를 특정 땅과 묶어주는 끈인 '국가 정체성'은 문화적인 것이다. 그것은 임의적 시점, 일반적으로는 출생 당시 어머니가 있었던 장소에 기초한다. 유전적 특징은 중첩되고, 문화·지리적 경계를 가로질러 흩어져 있다. 따라서 집단 내 유전적 차이는 집단 간 유전적 차이만큼이나 크다(집단 간의 결혼을 금지하는 엄격한 문화적 관행이 있는 곳에서도 유전적 증거는 집단 간 결혼이 계속되었음을 보여준다).

사람들의 대규모 이동은 그 목적이 무엇이었든 지난 몇천 년, 특히 최근 몇 세기 동안 유전적 혼합에 크게 기여했다. 인간 계통수의 가지들이 점점 더 뒤엉키면서, 눈에 보이는 차이에 기반해 내집단과 외집단을 나누는 것이 더 이상 불가능할 정도로 다양한 혈통이 혼합되었다.[7] 대규모 기후 이주는 몇 세대 내에 이런 상황을 가속화할 것이다. 예를 들어 유럽인과 서아시아인 사이의 유전적 차이는 지난 1만 년 동안 절반 이상 감소했다. 다시 말해 생물학적 '인종'이라는 오류에 기초해 사람들 사이의 차이를 기술하는 것은 더 이상 설득력이 없다는 뜻이다.

　문화 간 무역망의 중심은 도시다. 도시는 고립되어 존재할 수 없고, 새로운 자원과 아이디어를 수입하는 상인, 외교관, 장인들로 구성된 무역망에 의존한다. 도시 거주자는 시골 거주자와 매우 다른 사회관계망을 갖고 있으며, 정체성과 땅에 대한 인식도 다르다. 시골 사람에 비해 도시 사람은 서로에 대해서 잘 모르지만 매우 다양한 사람을 알고 있을 가능성이 높고, 이런 관계망을 확장함으로써 유익한 관계를 발견할 가능성을 높이고 혁신을 이루어낼 수 있다. 따라서 도시는 문화의 공장 역할을 하면서 다양하고 밀집된 집단을 끌어들이는 곳이고, 모든 사회관계망과 마찬가지로 시너지 효과를 낸다. 도시 인구가 100퍼센트 증가하면 혁신은 115퍼센트 증가한다.

　역사적으로 기회를 찾아 도시로 이동한 사람들이 기술 발전을 가속화함으로써 문명과 문자, 현대 산업경제를 탄생시켰다. 반면 도시 생활은 사망률을 급격히 높인 새로운 전염병의 출현과 함께 인간의 건강을 악화시켰다. 실제로 20세기 이전까지 도시는 매우 위험했기 때문에 시골 지역에서 이주민을 끊임없이 받아야만 인구를 유지할 수 있었다. 도시가 비교적 살기에 안전한 곳이 된 것은 위생, 하수도, 현대 의학이 등장하면서부터다.

　도시의 유전적 영향은 도시 자체보다 더 오래 지속될 수 있다.

약 400년 전 서아프리카 쿠바족의 카리스마 있는 지도자 시암 아음 불은 지금의 콩고민주공화국 남서부에서 이 지역의 여러 부족을 통합해 문화적으로 발전된 도시국가 형태의 왕국을 세웠다. 쿠바 왕국은 헌법과 선출직 공무원, 배심원 재판, 공공재, 사회보장제 같은 놀랍도록 현대적인 정치 체제를 갖추고 있었다. 쿠바는 부유하고 예술로 유명한 혁신의 중심지가 되었다. 19세기 말 벨기에의 식민 지배가 이 놀라운 도시국가를 쇠퇴시키는 데 큰 역할을 했지만, 쿠바의 유산은 지금도 이어지고 있다. 쿠바 혈통을 가진 집단은 그 지역의 다른 집단들보다 유전적으로 훨씬 더 다양하다.

세계 주요 도시들이 모두 이주에 의해 탄생했고, 유럽의 로마와 베니스처럼 주민 대부분이 난민인 경우도 있었다. 앞으로 인류 역사상 최대 규모의 이주가 일어남에 따라, 향후 80년 동안 인구 100만 명 규모의 도시가 10일마다 하나씩 건설될 것이다. 앞으로 수십 년 동안 아프리카와 아시아의 가난한 사람들이 일자리를 찾아 시골에서 도시로 이주하는 형태로 도시화가 이루어질 것이다. 이들 대부분은 1헥타르당 2,500명 정도로 인구 밀도가 높은 빈민가에 살면서 2~3개의 화장실(평균적인 미국 가정집과 같은 수)을 공유할 것이다. 현재 약 30개의 거대 도시가 존재하는데, 2050년에는 중국의 홍콩-선전-광저우와 같은 도시들이 수십 개의 거대한 블럭을 이뤄 1억 명 이상의 인구가 끝이 보이지 않는 크기의 도시에 거주하게 될 것이다. 이런 거대 지역은 아마 국민국가보다 더 큰 영향력을 갖게 될 것이다.

우리는 이미 더 많은 권한이 도시에 이양되고 있음을 목격하고 있으며, 현재 도시는 이민에서부터 기후 행동에 이르는 다양한 문제들에 상당한 결정권을 가지고 있다. 예를 들어 우리는 국가가 난민과 이민자의 유입을 통제한다고 생각하지만 실제로는 대개 도시 당국이 그 일을 처리한다. 거주자가 그 도시에서 태어났든, 합법적으로 이주했든, 아니면 미등록 이주자든, 주민의 주거와 고용 같은 문제들을 결정하는 것은 도시 정부고, 많은 도시가 이미 '도시 비자'를 발급하기 시작했다. 예를 들어 뉴욕의 NYCID 프로그램은 전기요금 청구서와 같은 도시 거주 증명이 있으면 누구나 정부로부터 신분증을 발급받을 수 있도록 허용하고 있다. 세계시장협의회 Global Parliament of Mayjors의 설립자인 벤저민 바버에 따르면 "사실상 도시는 국가의 허가 없이 들어온 이주민을 인가, 통제, 등록, 감독하는 주체다. 국가는 이들을 통제할 위치에 있지 않고 실제로 통제하지도 않는다."[8] 우리는 아직 과도기에 있다. 도시는 규모가 커질수록 더 빠르게 운영되고 혁신하는 정교한 유기체다.

인류의 이주 이야기는 수천 년에 걸쳐 변해온 우리의 유전자, 문화 그리고 땅에 대한 이야기이고, 유목생활과 변화하는 농업의 이야기이며, 평원을 돌아다니는 사람들과 흙을 일구는 사람들 사이의 끝없는 줄다리기에 관한 이야기, 팽창과 소멸을 거듭하는 제국들, 지구의 가장 구석진 곳에 도달한 탐험가와 그들의 발자취를 따라간 사람들의 이야기다. 또한 소속된 사람들과 소속되지 않은 사람들, 집 없는 자, 무국적자에 관한 이야기다. 그리고 이주는 도시라는 인간의 생태적 틈새를 성공적으로 개척한 이야기인 동시에, 도시로 몰려오는 수십억 이주민들에 대한 이야기이기도 하다.

우리는 우리가 짠 네트워크를 통해 전 세계로 퍼져나간다. 그 네트워크가 촘촘하게 잘 연결된 곳에서는 이동이 쉽고 사회가 번성하지만, 네트워크가 끊어져 있으면 이동이 제한되고 사회와 문화는 쇠퇴한다. 우리가 직접 이주하지 않았더라도 우리 조상들이 이주했다. 현대 세계가 기능하기 위해서는 사람의 이주와 자원의 이동이 필수적이다. 다른 곳에서 온 사람과 상품의 교환, 우리가 말하는 언어, 먹는 음식, 듣는 음악 등 모든 것이 이동하는 인간 세계에 의존한다.

하지만 오늘날 국가들이 국경을 봉쇄하고 벽을 쌓으면서 이주를 가로막는 장애물이 그 어느 때보다 많아졌다. 100억 명에 달하는 인구, 자원의 한계, 인구구조 문제 등 인류가 최대 환경 위기에 직면하고 있는 지금, 우리의 가장 중요한 생존도구인 이동을 제한함으로써 우리 스스로 발목을 잡아서는 안 된다. 우리가 글로벌 과제를 해결하기 위해서는 계획적이고 광범위한 인구 이동과 재배치가 반드시 필요하다. 하지만 앞서 살펴본 것처럼 대규모 이주는 피와 폭력을 불러왔다. 그리고 오늘날 우리가 살고 있는, 기술적으로 진보한 세계에는 항상 재앙의 가능성이 도사리고 있다. 이 시점에 우리는 모두가 지구를 공유하는 공동 운명체라는 인식을 토대로 세계적 규모의 관리에 나서야 한다. 즉 합법적이고 안전하며 계획적인 데다 절차까지 간편한 이주가 필요하다.

4

국경

1800년에 인류는 인구 10억 명에 도달했다. 여기까지 약 30만 년이 걸렸다. 그리고 불과 200년 만에 세계 인구는 60억 명이 되었다. 그로부터 다시 20년 만인 2020년에 우리는 80억 명이 되었다. 인류는 지구에서 개체수가 가장 많은 대형 동물이다. 우리의 진화적 성공은 조상들의 이주에 크게 힘입었다.

우리는 모든 곳에 살지만 전 세계에 골고루 흩어져 살지는 않는다. 사람들은 몇몇 장소에 집중되어 있다. 비교적 작은 면적에 매우 많은 사람들이 몰려 사는 반면, 어떤 지역은 텅 비어 있다시피 하다. 예를 들어 방글라데시는 1제곱킬로미터당 1,252명이 거주하는데, 이는 이웃나라 인도의 세 배, 1제곱킬로미터당 고작 3명이 사는 호주에 비하면 400배 이상 높은 인구 밀도다.

다른 행성에서 지구를 방문한 외계인이 이 상황을 본다면 깜짝 놀라며 방글라데시가 전 세계 식량의 대부분을 생산하거나, 아니면 매우 탐나는 다른 자원을 보유하고 있을 거라고 생각할 것이다. 하지만 지구를 자세히 살펴보면, 거의 대부분의 사람들이 아주 작은 면적, 즉 도시에 옹기종기 모여 산다는 것을 알 수 있다. 마닐라에는 1제곱킬로미터당 4만 2,000명이 살고 있다. 또 뭄바이의 빈민가 다라비에는 단 2제곱킬로미터 면적에 100만 명이 산다.

이것이 꼭 나쁜 것은 아니다. 사람들이 자신과 자녀에게 좋은 삶의 기회가 있는 곳, 먹을 것이 풍부한 곳, 살기 안전한 곳, 공부하거나 돈을 벌 수 있는 곳에 살고 싶어 하는 것은 인지상정이다. 도시는 그런 점에서 비교 불가의 보상을 줄 수 있다. 하지만 그런 '최선의 기회'를 지도상에 표시해보면, 좋은 삶을 위한 최선의 기회가 주어지는 장소들이 오늘날 대부분의 사람들이 사는 장소와 일치하지 않는다는 걸 알 수 있다. 지구를 방문한 외계인은 분명히 어리둥절할 것이다. 따지고 보면 다른 종들은 가장 적합한 환경에 살고 있으니까. 그 종들은 특정 생태적 지위에 적응하기 위해 진화했다. 그렇게 보면 인간은 문제를 자초한 셈이다.

세계 인구의 대부분이 27도선 주변에 모여 사는데, 이곳은 전통적으로 가장 쾌적한 기후와 비옥한 땅이 있는 위도였다. 하지만 상황이 변하고 있다. 현재 우리에게 기후 적응이란, 북쪽으로 이동하고 있는 생태적 지위를 쫓아간다는 뜻과 다르지 않다. 평균적으로 인간의 생태적 지위는 하루 115센티미터의 속도로 극지방을 향

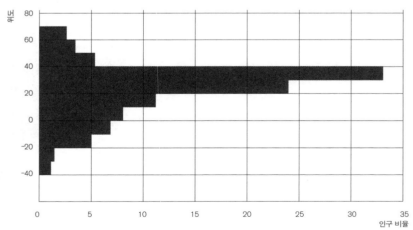

수십억 명이 거주하고 있는 인간의 기후 틈새

인류세, 엑소더스

해 이동하고 있고, 일부 지역에서는 그 속도가 훨씬 빠르다.[1] 생태학자들은 오늘날의 기후변화 속도를 연간 0.42킬로미터로 계산하는데, 이는 인간을 포함한 생물종이 동일한 기후 조건을 계속 누리기 위해 적도에서 이동해야 하는 속도를 뜻한다.

우리는 태어날 장소를 고를 수 없다. 우리는 조상들이 과거나, 혹은 최근에 이주한 곳에서 태어날 뿐이다. 오늘날 많은 사람들이 환경 재앙과 인구 과밀, 빈곤에 특히 취약한 곳에서 살고 있다. 상황은 앞으로 이루 말할 수 없을 정도로 악화될 것이다. 이주는 과거에 우리가 썼던 해결책이었고, 오늘날도 이 방법으로 문제의 대부분을 해결할 수 있다. 그리고 그것은 이주민들만을 위한 것이 아니다. 이주민의 수용 국가와 출신 국가는 경제적 측면을 비롯해 여러 가지로 이득을 볼 수 있다.

문제는 이러한 상황에 처한 사람들이 살던 곳을 떠나 더 안전한 곳으로 이주하는 데 엄청난 어려움을 겪는다는 것이다. 앞서 살펴보았듯이 인간이 어떤 환경에서도 살 수 있을 정도로 생태적으로 유연할 수 있는 비결은 생명줄과도 같은 사회관계망의 지원을 받기 때문이다. 이런 지원 시스템을 떠나는 것은 두려운 일이다. 특히 목적지 국가의 네트워크에 포함되지 못할 위험을 감수해야 할 경우 더 두려울 수 있으며, 영영 포함되지 못할 수도 있다.

가장 큰 장벽은 국경이다. 국경은 거주 국가, 또는 입국하려는 국가가 정해놓은 이동 제한 조치다. 19세기 후반에는 전 세계 인구의 14퍼센트가 국제 이주민이었지만, 지금은 인구가 훨씬 많아졌음에도 불구하고 이주민이 3퍼센트를 조금 넘는 수준이다. 하지만 이민자들은 전 세계 GDP의 약 10퍼센트인 6조 7,000억 달러에 기여하고 있다. 이는 출신 국가에 머물며 생산했을 때보다 약 3조 달러나 더 많은 금액이다.[2] 여러 경제학자들은 국경을 없애면 전 세계 GDP가 100~150퍼센트, 즉 연간 90조 달러 이상 증가할 것이라고 계산한다.[3] 곧 살펴보겠지만, 잘 관리하면 이주는 모두에게 이익이 된다.

뜻밖의 이야기처럼 들릴 수도 있다. 이민자들은 안 그래도 과부하가 걸려 있는 사회복지제도에 부담이 되는 데다, 이민자들이 우리 세금으로 운영되는 사회복지제도의 혜택을 받는 건 불공정하지 않나? 왜 일자리와 여타 기회가 이곳에 태어났기 때문에 받을 자격이 있는 사람이 아닌 이민자에게 돌아가야 하는가? 언론과 포퓰리즘 정치인들이 이런 주장을 매우 설득력 있게 펼치고 있지만, 사실을 안다면 아마 깜짝 놀랄 것이다.

―――――――――― 누가 여기 속하는가? ――――――――――

이민에 반대하는 주장들 대부분은 순수한 국가 정체성이라는 것이 존재한다는 생각에 기대고 있다. 즉 어떤 사람들은 여기에 '속하는' 반면, 어떤 사람들은 그렇지 않다고 생각한다. 도널드 트럼프 대통령의 극단적인 이민 정책을 설계한 사람들이 '인종 과학' 및 우생학과 관련되어 있다는 사실은 내게 전혀 놀라운 일이 아니다.[4] 내가 이 글을 쓰고 있는 지금, 1972년 런던에서 태어나 줄곧 그곳에서 살아온 흑인 정치인 데이비드 래미가 국영 라디오 방송에 출연해 "어떻게 자신을 영국인이라고 부를 수 있습니까?"라는 질문을 받고 있다. 질문자는 자신의 조상들은 앵글로색슨 시대로 거슬러 올라가는 반면, 래미의 조상들은 분명히 아프리카계 카리브인이라고 말한다. 이 말 속에는 혈통과 식민주의, 국가 정체성 등 풀어야 할 많은 것들이 담겨 있다. (1086년에 왕으로부터 직접 토지를 받은 1,000명 남짓 되는 사람들 중 영국인은 13명뿐이었다는 사실이 둠스데이북*에 기록되어 있다.) 하지만 이 질문의 핵심은 피부색이 더 짙은 사람은 '백인' 무리의 일원이 될 수 없고, 오직 자신의 무리만이 이 땅에 속하며, 따라서 이 땅의 정당한 소유자이자 점유자라는 주장이다. 이것을 단순히 어리석은 인종주의로 치부하기는 쉽다. 하지만 편견에는 오랜 진화적 뿌리가 있다는 사실을 이해하면 도움이 된다.

인간은 외부인을 쉽게 의심하고 불신한다. 따라서 외지인들에게는 우리의 자원을 사용할 가치와 자격이 없다고 설득하기는 그리 어렵지 않다. 오늘날 많은 국가에는 그렇게 설득하려는 사람들이 차고 넘친다. 사회적 집단 속에서 서로 의지할 수 있는가는 생존에 매우 중요한 문제이기 때문에, 인간은 "나는 우리 무리에 속하고 충성스러우며 믿을 수 있는 사람이며 따라서 무리가 제공하는 안보와 기타 혜택을 받을 자격이 있다"는 것을 증명할 수 있는 많은 방법을 발전시켰다. 이것이 중요한 이유는 벌이나 개미 같은 다른 사회적 동물들과 달리, 인간은 유전자를 공유하는 식구로만 구성되지 않은 사회적 집단에 의존하기 때문이다. 태어날 때부터 우리는 의식, 무의식적으로 자신이 속한 무리의 사회적 규범, 즉 행동 양식과 문화적 관행을 학습하고, 그럼으로써 아무 노력 없이 그 문화에 '소속'된다. 누군가와 사회적 규범을 더 많이 공유할수록 그 사람의 행동을 더 잘 예측할 수 있고, 따라서 그가 내 이익을 위해 행동할지

---

*   서프랑크왕국의 노르망디 공작 윌리엄이 영국과의 전쟁에서 승리하고 토지 조사와 조세를 목적으로 만든 책.

여부를 판단하기도 더 쉽다. 이는 사람들 사이의 교류와 상호작용에 드는 비용을 낮춰준다. 무리에 대한 충성은 내부자가 되는 것을 전제로 하므로, 외부자—우리의 자원을 지켜야 할 대상, 우리를 이용하려 드는 외부자. 따라서 덮어놓고 믿으면 안 되는 대상—가 반드시 있어야 한다.

외집단에 대한 편견은 유년기 초기에 학습된다. 우리는 개개인이 문제가 아니라 문화적 차이가 문제라고 적대감을 포장하지만, 실제로 이것은 깊이 뿌리박힌 인식 패턴이다. 예를 들어 사람들은 자신이 속한 집단의 다른 구성원들과 유대감을 느끼며, 사람들의 뇌는 같은 집단 구성원의 고통에 공감하는 반응을 보인다. 하지만 누군가가 라이벌 스포츠 팀 팬과 같은 외집단의 일원이라는 말을 듣는 순간, 사람들은 공감을 멈춘다. 누가 외집단의 일원인지 판별함으로써 우리는 내집단의 매개변수를 명확히 하고, 그 안에서 자신의 위치를 더 안전하게 만든다.

하지만 개인의 정체성이 집단의 정체성에 지나치게 얽매이게 되면, 소속 무리를 바꿀 경우 정체성을 잃고 양쪽 무리 모두로부터 소외감을 느낄 위험이 있다. 이는 정신건강에 영향을 미친다(이주민은 조현병 발병률이 비이주민보다 높다). 하지만 내집단에 속하는 것은 보호와 기타 혜택 측면에서 매우 중요하기 때문에 사람들은 계속 집단에 얽매인다.

겉모습이 비슷할수록, 그리고 문화적 배경이 비슷할수록, 정체성을 식별하는 지표와 사회적 규범이 중요해진다. 북아일랜드에서 가톨릭과 개신교는 후투족과 투치족처럼 생김새와 말투가 비슷하기 때문에 의식이나 종교, 음식 같은 사소한 차이점을 강조해야 했다. 우리는 다른 집단과의 경쟁에서 우리 자신을 정의로운 편(영웅이나 부당한 대우를 받는 희생자)으로 묘사하는 이야기를 통해 집단 정체성을 만들어간다. 이런 서사들은 설득력이 있고, 따라서 사회적으로 비슷한 사람들이 반대 집단에 속한다는 이유로 서로를 죽이게 만들 수 있는 매우 효과적인 방법으로 쓰인다.

구성원들이 부족의 이익을 지키기 위해 가장 강력하게 뭉치는 순간은 집단이 위협을 받을 때다. 심지어 다섯 살짜리 아이들도 집단이 위협에 놓이면 더 협력적이고 관대하게 행동한다. 장군이라면 잘 알겠지만, 병사 개개인이 서로를 위해 죽기로 각오할 때 생존할 가능성이 더 높다.

정치인들은 이런 집단 정체성을 왜곡해서 이용한다. 다른 집단과의 경쟁과 갈등을 통해 국가 제도를 강화하고 정치적으로 다양한 사회를 응집력 있게 유지하는 것이다. 민족주의가 바로 이렇게 부상했다. 민족주의는 집단이 위협을 느낄 때 발현되고, 다시 확대·강화되어 이주민이나 이웃국가로부터 위협을 받고 있다고 믿게끔 만든다. 하지만 오늘날 대부분 국가에서 위협은 외부로부터 오지 않는다. 오히려 위협은 부자와 빈자, 노인과 청년, 도시와 시골, 대학 졸업자와 그렇지 않은 사람 사이의 내부 분열과 불평등에 기인한다. 부족주의의 불씨는 우리 모두에게 존재하고 인류 역사를 통해 표출되었지만, 그렇다 해도 부족주의가 불가피한 것은 아니며 그것을 매개하는 것은 포용적이거나 배타적인 사회적 규범이라는 사실을 인식하는 것이 중요하다. 차별과 억압은 이주의 필연적인 결과가 아니다.

인간 문화의 최대 역설은 언제든 부족주의를 발현시킬 준비가 되어 있으면서도 부족들 간 협력 네트워크에 의존해 아이디어와 자원, 유전자를 교환한다는 점이다. 우리는 이방인을 집단 내부로 맞아들이는 데 능숙하다. 우리는 잘 다듬어진 사회적 전략을 통해 집단 내부뿐만이 아니라 집단 간에도 협력할 수 있다. 지구상의 대부분 사람들은 여러 언어를 구사하고, 우리 중 상당수가 여러 집단과 가족(부모 또는 사촌)을 공유한다. 우리의 네트워크는 여러 집단에 걸쳐 있으며, 우리의 사회관계망 안의 각 노드(즉 개인)는 자신만의 폭넓은 네트워크를 갖고 있다. 따라서 우리 모두는 연결되어 있으며 몇 다리만 건너면 아는 사이다. 예를 들어 데이비드 래미는 영국에서 태어났지만, 그의 부모는 기아나 태생이고 따라서 그의 조상 중에는 아프리카인도 있다. 그들은 지금의 기아나와 바베이도스에서 수백 년 동안 네덜란드와 영국의 노예로 살았다. 또 그는 스코틀랜드 혈통도 가지고 있는데, 그의 조상이었던 아프리카 노예 중 누군가가 강간당했을 확률이 높다. 따라서 그는 노예의 자손인 동시에 노예 소유주의 자손이다. 그의 부모는 2차 세계대전 후 국가 재건을 돕기 위해 그들이 살던 영국 식민지에서 영국 국민의 신분으로 본국에 소환되었다. 그는 자신의 정체성을 영국인, 잉글랜드인, 런던 시민, 유럽인, 그리고 아프리카계 카리브해 사람으로 다양하게 표현한다. 우리 모두는 피부색으로 직접 드러나지 않더라도 몇 세대만 건너면 연결되는 비슷한 족보를 가지고 있다.

부족주의는 이주민에게 어려움을 야기할 수 있다. 특히 젊은 층에게서, 외집단과 구별되는 '순수한' 내집단을 형성하기 어려운 인종의 도가니인 도시에서는 부족주의가 줄어들고 있다. 영국에서는 브렉시트에도 불구하고, 아니 어쩌면 브렉시트 때문에 이민에 대한 우려가 감소하고 있다. 여론조사업체 입소스$_{Ipsos}$의 조사에 따르면, 현재 영국에서 이민에 대한 우려는 이번 세기 들어 가장 낮은 수준인 것으로 나타났다.

이민자에 대한 우려는 이번 세기 들어 최저 수준

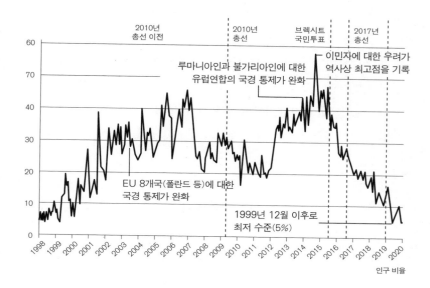

2010년 총선 이전
2010년 총선
브렉시트 국민투표
2017년 총선

루마니아인과 불가리아인에 대한 유럽연합의 국경 통제가 완화

이민자에 대한 우려가 역사상 최고점을 기록

EU 8개국(폴란드 등)에 대한 국경 통제가 완화

1999년 12월 이후로 최저 수준(5%)

인구 비율

브렉시트 이후 영국인들의 이민자에 대한 인식

질문: 이민자가 영국에 미치는 긍정적 또는 부정적 영향을 0-10까지의 숫자로 표시한다면?
(0은 '매우 부정적', 10은 '매우 긍정적')

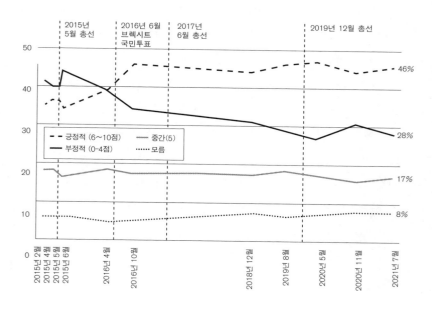

2015년 5월 총선
2016년 6월 브렉시트 국민투표
2017년 6월 총선
2019년 12월 총선

긍정적 (6~10점)   중간(5)
부정적 (0-4점)   모름

46%
28%
17%
8%

전 세계의 밀레니얼 세대는 국적을 인종의 관점에서 바라보는 경향이 훨씬 덜하다. 일반적으로 이들은 이동성을 중시하고 애국심 (특히 버트런드 러셀이 '사소한 이유로 죽이거나 죽임을 당할 의지'라고 정의한) 보다는 생활비 상승에 더 큰 관심을 보인다. 아이러니하게도 민족주의에 입각한 리더십은 일반적으로 젊은 시민이 국가를 떠나게 만든다. 우리는 젊은 세대의 선호를 염두에 두어야 한다. 우리가 만들어가고 있는 오늘이 그들의 미래이기 때문이다.

─── 국가를 창조하다 ───

국경을 이용해 외국인을 막는다는 생각은 비교적 최근에 생겨났다. 예전에는 국가가 입국을 막는 것보다 출국을 막는 데 훨씬 더 신경을 썼다. 국가는 사람들의 노동력과 세금이 필요했기 때문이다. 예를 들어 로마 시대의 법은 농부와 노동자를 농장에 묶어두었다. 중국도 어디로든 이동하려면 '주안zhuan'이라는 문서가 필요했다. 중세 유럽도 마찬가지였다. 예를 들어 1600년대에 영국 노동자들이 일자리를 찾아 이동하려면 현지에서 발급받은 통행증이 필요했다. 여기에는 다분히 교구의 빈민 구제 혜택을 찾아다니는 '수당 쇼핑'을 막으려는 의도가 있었다. 마찬가지로 중세 이슬람 칼리프국에서도 사람들은 칼리프국 내의 다른 지역으로 가려면 '바라 bara'a'라는 세금 납부 영수증을 제시해야 했다. 사람들이 영토를 떠나는 것을 막는 문화는 현대까지 지속되었다. 1816년 〈타임〉 사설은 영국에서 이민을 떠나고 싶어 하는 사람들을 '거지나 바보들' 또는 '본성이 악랄한 추방자'로 묘사했다.

여권은 등장했을 때부터 줄곧 외국 영토를 통과할 때 안전하고 올바르게 처리해줄 것을 요청하는 서신이었으며 입국을 제한하는 경우는 없었다. 일부 기간에는 지역 당국이 돈을 걷기 위해 여행자가 그냥 통과할 수 있는 도시 관문(항구)의 목록을 나열하기도 했지만 말이다. 예를 들어 항구는 개방된 무역 중심지로 간주되었기 때문에 별다른 서류가 필요없었다.

상황이 이러했던 주된 이유는 18세기 말 이전에는 개인의 국적에 정치적 의미가 거의 없었기 때문이다. 사람들이 민족적·문화적 정체성은 가지고 있었지만 그것이 그들이 살고 있는 정치적 실체를 정의하지는 않았다.

수렵채집인 무리에서 느슨한 네트워크로 연결된 인간이 정착한 농부로 성장함에 따라 인간의 사회 구조는 점점 더 복잡하게 진화했다. 사람들은 동맹을 맺음으로써 곤경을 이겨내고, 먹을 것을 구하고 자신을 지킬 수 있었지만, 우리가 사회적 관계를 유지할 수 있는 개인의 수는 대체로 150명 내외로 한정된다. 이것을 '던바 수'라고 부른다. 인류학자 로빈 던바는 영장류의 뇌 크기와 집단 내 구성원 수가 비례한다는 것을 발견했다. 그의 이론에 따르면, 이는 사회적 복잡성을 한정짓는 인지 한계에 해당한다. 인간의 던바 수 150은 수렵채집 사회부터 20세기 크리스마스 카드를 보낼 사람들의 목록에 이르기까지 다양한 사회 집단에서 놀라울 정도로 일관되게 나타난다는 사실이 밝혀졌다. 우리 사회가 던바 수의 한계를 넘어 성장한 방식은 위계 메커니즘을 통해서였다. 여러 마을이 한 추장 아래 뭉치고, 여러 부족이 더 높은 추장 아래 뭉치는 식이었다. 규모를 키우기 위해 더 많은 마을을 추가할 수 있었고, 필요하다면 위계의 층을 더 추가할 수도 있었다.

이는 지도자가 대규모 집단을 조직함으로써 각 개인이 150명 이상의 사람들을 개인적으로 추적할 필요가 없어졌음을 뜻했다. 예를 들어 추장은 직속 서클에 속한 사람들뿐만 아니라 그보다 상위 계층에 있는 추장 한 명과 그 아래 계층에 있는 사람 여럿과 친목을 도모할 수 있었다. 이런 사회적 복잡성은 더 큰 집단행동을 가능하게 했다. 마을들은 시장을 중심으로 조직되었고, 세금 납부, 국방의 의무, 수확이나 인프라 건설을 위한 노동력 확보를 위해 집단으로 뭉쳤다. 이런 계층 구조를 통해 도시와 제국이 성장했다. 하지만 아직 국민국가는 출현하지 않았다. 그 이유는 최근까지 거의 모든 사람이 농사짓는 농부였기 때문이다. 이들은 실질적이고 빈번한 기아의 위험을 안고 살아갔다. 그 결과 사람들은 대체로 각자 살아갔고, 지도자들은 실질적인 통치를 거의 하지 않았다. 지도자들은 주로 더 많은 영토를 획득하거나 이미 획득한 영토를 지키기 위해 전투에 참여했다.

비교적 최근까지도 통치자들은 국내 통치에 거의 시간을 할애하지 않았다. 18세기까지 네덜란드와 스위스는 중앙정부조차 없었다. 심지어 21세기 벨기에도 거의 2년 동안 마찬가지 상태였다. 19세기에 미국에 도착한 동유럽 이민자들은 자신들이 어느 마을에서 왔는지는 말할 수 있어도, 어느 나라에서 왔는지는 말할 수 없는 경우가 많았다. 국적은 그들에게 중요하지 않았다. 사람들은 통치자가 누구인지에 따라 '수직적으로' 자신을 정의했다. 자신이 사는 땅, 정체성을 나타내는 그 땅은 정복과 상속, 또는 결혼을 통해 그것을 획득한 통치자의 것이었다. 마을들 사이에 지역 시장 외에 교류가 거의 없었고, 그래서 같은 왕이 그 사람들을 다스리는지, 이해관계를 공유하는지 여부는 중요하지 않았다. 어쨌든 동맹과 영토는

인류세, 엑소더스

모호했고, 쉽게 변했으며, 대개는 목적에 따라 관할권이 변경되었다. 19세기까지 영국조차도 여러 방언과 언어가 있었다.

이런 느슨한 통치 체계는 복잡한 협력 활동을 제한했기 때문에 지도자가 식량 재배, 세금 징수, 전투, 질서 유지와 같은 일들로 협력의 규모를 키울 수 없었다. 로마제국 같은 일부 체제는 이런 협력에 성공함으로써 더 많은 것들을 관리했지만, 일반적으로 근대 이전 사회는 이용할 수 있는 에너지의 양에 한계가 있었다. 그것은 주로 인간과 동물의 노동이었다. 중세에 수력발전이 보급되자 생산과 무역이 증가했고, 이로 인해 사회가 복잡해지면서 분권화된 봉건 제도가 물러가고 끊임없이 전쟁을 벌이는 중앙집권적 군주제가 탄생했다. 하지만 아직도 국민국가는 아니었다.

변화의 씨앗이 뿌려진 것은 1648년에 독일 북부에서 두 개의 평화조약이 체결되어 수 세기에 걸쳐 수백만 명을 목숨을 앗아간 30년전쟁이 종식되었을 때다. 유럽의 베스트팔렌 평화조약은 사실상 기존의 왕국, 제국 및 기타 정치 체제를 '주권국가'로 선언한 것이나 다름없었다. 이제 어떤 국가도 다른 국가의 내정에 간섭할 수 없었다. 하지만 주권국가는 국민의 국가 정체성이 아니라 지도자의 가계도로 정의되었다. '국제적'이라는 말은 아무런 의미가 없었고 18세기 말까지 등장하지 않았다. 이 무렵 화력발전이 발명되어 산업적 규모의 생산이 가능해졌고, 이에 따라 사회적 복잡성이 증가하면서 정부와의 복잡한 협력 활동이 촉진되었다. 이제 새로운 유형의 정부가 필요했다.

통치자의 혈통이 아니라 시민의 국가 정체성으로 정의되는 최초의 국민국가가 탄생하기 위해서는 혁명이 필요했다. 라틴아메리카에서는, 스페인 지배로부터 독립하고 자신들의 사회적 지위를 높이고자 했던 유럽 이주민들의 후손인 크리올족이 국민국가를 개척했다. 유럽에서 국민국가는 프랑스 혁명가들이 탄생시켰다. 1800년 프랑스에서는 자신을 프랑스인으로 여기는 사람이 거의 없었고, 프랑스어를 구사할 수 있는 사람도 10퍼센트 정도에 불과했다. 모든 프랑스인이 실질적인 프랑스인이 된 것은 1900년이 되었을 때다.[5] 1940년에 윈스턴 처칠이 프랑스와의 완전한 정치적 통합을 제안하며 "프랑스와 영국은 더 이상 두 나라가 아니라 프랑코-브리티시 연합이 되어야 한다"고 말했을 때 프랑스인들은 이를 거부했다.

제1차 세계대전이 이후 합스부르크 왕가를 비롯한 유럽의 다국적 제국이 막을 내리면서 언어와 문화적 경계를 따라 국경이 다시 그어졌고, 국민국가가 표준이 되었다. 국민국가는 대체로 실용적인 이유에서 탄생했다. 세계가 농업경제에서 산업화로 이동하자, 국가 규모가 너무 작으면 석탄이나 철강 같은 필수 자원을 국내에서 찾을 수 없어서 독자 생존성이 떨어졌다. 반면에 제국은 더 많은 통치를 요했기 때문에 관리가 어려웠다. 따라서 경제적으로 국민국가가 가장 효율적이었다. 우리가 고정불변의 실체라고 믿는 세계 200개국 대부분이 이렇듯 세계 인구가 지금의 4분이 1도 되지 않았을 때 생겼다.

정치적으로는 국가가 탄생했을지 모르지만 아직 더 만들어질 부분들이 있었다. 1860년 이탈리아가 통일되었을 당시 실제로 이탈리아어를 사용하는 국민은 2.5퍼센트뿐이었고, 심지어 지도자들조차 서로 프랑스어로 말했다. "이탈리아를 만들었으니 이제 이탈리아인도 만들어야 한다"는 유명한 말이 전해진다.

국가가 건설되자 민족주의 이념을 만들어야 했다. 즉 친구나 가족 집단과 국가를 정서적으로 동일시하게 만드는 것이다. 민족주의 이념은 수직적 국가 대신 수평적 국가를 창조했다. 국가 정체성은 대중교육과 신문, 기타 문헌을 포함한 대중매체를 통해 의도적으로 육성되어, 언어를 표준화하고, 같은 것을 읽고 같은 것에 관심을 갖는 사람들의 수평적 언어 공동체를 만들었다. 국적이 중요해졌을 때 신분증과 근대 국가의 토대가 마련되었다.

관료주의는 애국심의 비결

국기, 국가, 영토를 지키는 군대 같은 것이 애국심을 기르는 데 필요하다고 생각할지도 모르지만, 애국심은 관료제의 성공이 만들어낸 것이라고 보는 게 더 정확하다. 복잡한 산업사회를 운영하기 위해서는 광범위한 관료제를 구축하고 정부가 국민의 삶에 더 많이 개입할 필요가 있었으며, 이 과정에서 국민에게 국가 정체성도 심어줄 수 있었다. 예를 들어 프로이센은 1880년대에 벌써 실업수당을 지급하기 시작했는데, 처음에는 그 사람과 그의 상황을 알 수 있는 고향 마을에서 지급되었다. 하지만 실업수당은 일자리를 찾아 이주한 사람에게도 지급되었다. 따라서 누가 프로이센 사람인가를 판별해 수당 지급 여부를 확인하기 위한 새로운 수준의 관료주의가 필요했을 것이다. 그 결과 신분증서와 국경 통제가 생겨났다. 정부의 통제가 강화되자 국민은 세금을 내고 국가가 제공하는 혜택을 더 많이 받았으며, 투표권과 같은 권리를 더 많이 갖게 되면서 자연스럽게 국가에 대한 주인의식이 생겼다. 그것이 국가가 되었다.

따라서 국민국가는 산업혁명의 복잡성에서 비롯된 부자연스럽고 인위적인 사회구조이며, 세계가 지구상의 각기 다른 부분을 점유하고 그곳에 거주하는 사람들에게 충성을 요구하는 별개의 균질한 집단들로 이루어져 있다는 신화를 전제로 한다. 하지만 앞서 살펴보았듯이 현실은 훨씬 더 복잡하다. 대부분의 사람들이 여러 집단의 언어를 사용하고, 민족적·문화적 다원주의가 표준이다. 한 사람이 이 부족의 종교와 동일시하는 한편, 저 부족의 요리와 동일시할 수도 있다. 패션, 언어, 문화적 참조, 생활방식의 경우에도 마찬가지로 중첩되거나 별개의 '부족' 정체성을 가질 수 있다. 사람들은 항상 수많은 집단에 소속감을 느낀다. 개인의 정체성과 복지가 주로 어떤 국가 집단의 만들어진 정체성에 얽매여 있다는 생각은 비록 많은 정부가 그렇게 전제한다 해도 과장된 것이다. 아일랜드 정치학자 베네딕트 앤더슨Benedict Anderson은 '국민국가는 상상의 공동체'라는 유명한 말을 했다.

따라서 국민국가 모델이 자주 실패하는 것은 그리 놀라운 일이 아니다. 1960년 이후, 약 200건의 내전이 발생했으며 전 세계 국가의 5분의 1이 적어도 10년 이상 내전을 경험했다.[6] 파벌에 따라 국가가 쪼개지는 이런 불상사는 종종 국가가 단일하고 균질한 '부족들'로 구성되어야 한다는 생각에서 비롯된다. 예를 들어, 임의로 그어진 국경 내에 여러 부족들을 모아놓은 '식민지 유산'이 이런 낭패를 불러왔다는 식이다. 물론 싱가포르나 말레이시아, 탄자니아처럼 서로 다른 '부족'들로 구성되었음에도 훌륭하게 운영되는 국가들도 있고 호주나 캐나다, 미국처럼 전 세계 이민자들이 모여 잘 살아가는 국가도 있다. 어쨌든 모든 국가는 어느 정도 여러 집단이 합쳐져 형성되었다. 극단적인 예로 아랍에미리트는 절대 다수를 차지하는 부족이 없고, 그곳에 사는 사람들이 모두 소수민족이다. 국가가 흔들리거나 실패할 때 원인은 다양성 자체가 아니라 공식적인 포용(개인이 어느 집단에 속하든 국가의 관점에서 공평하게 대우하는 것)이 충분히 이루어지지 않았기 때문이다.

불안한 정부는 특정 집단과 손잡음으로써 그 집단을 다른 집단들보다 편애한다. 그래서 불만을 키우고 한 집단을 다른 집단들과 대립시킨다. 그 결과 사람들은 친족관계에 기반한 신뢰할 수 있는 동맹에 의존하게 된다. 이와는 대조적으로, 국민으로부터 공식적인 포용의 의무를 위임받는 민주주의는 일반적으로 더 안정적이다. 하지만 민주주의는 복잡한 관료제가 뒷받침되어야 하며, 실패한 국가는 대체로 복잡한 관료제를 갖추지 못한 경우다.[7] 관료제는 기능적 국민국가의 결과일 뿐만 아니라, 사회 내의 기능적 복잡성을 만들어낸다. 다양한 집단을 하나의 기능적 시스템으로 통합하기 위해서는 복잡한 관료제가 작동해야 하지만, 그 과정에서 국민들의 다양성이 동등하게 포함되어야 한다. 각국은 다양한 방식으로 이 문제를 해결해왔다. 중국 위구르에서 일어나고 있는 무슬림 인종 청소부터, 캐나다나 스위스의 주州처럼 지방정부에 권력을 이양함으로써 국가 내 지역 문제에 대한 발언권과 권한을 부여하는 것까지 그 양상은 다양하다. 탄자니아는 다양한 부족, 언어, 문화를 동등하게 포용함으로써 100개 이상의 부족과 언어가 모자이크처럼 함께 어우러질 수 있었다. 의식적으로 다민족 통합을 추구해온 싱가포르에서는 결혼의 5분의 1 이상이 다른 인종 간 결혼이며, 그 결과 '친디안chindian'이라는 자녀 세대가 탄생했다.

집단 간 불공정한 위계질서는, 특히 식민지배에서와 같이 소수 집단이 다수에게 강요할 경우 국가 통합을 어렵게 만든다. 집단 사이에 본인이나 그 조상들이 어떻게 국가 정체성을 갖게 되었는지에 따라 집단 사이에 엄청난 불평등이 생겨난다. 많은 경우 원주민은 공식적인 시민권을 부여받지 못했다. 호주 원주민들은 1960년대에 이르러서야 그들의 조상이 발견해 6만 년 동안 살아온 땅의 시민권을 얻었다.

2021년 4월 크리스티 놈 주지사는 이런 트윗을 올렸다. "사우스다코타는 바이든 행정부가 이주시키고자 하는 불법 이민자들을 받아들이지 않을 것이다. 불법 이민자들에게 보내는 내 메시지는 이것이다. 미국인이 되면 연락하세요."

사우스다코타가 존재하게 된 것은 1860년부터 1920년까지 유럽에서 온 수천 명의 미등록 이민자들이 홈스테드법Homestead Act을 이용해 보상이나 배상 없이 아메리카 원주민으로부터 토지를 강탈했기 때문이다. 지도자의 이런 배타적인 태도는 시민권을 공유하고 있다는 의식을 약화시킴으로써 소속된 것으로 간주되는 주민과 그렇지 않은 주민 사이에 분열을 일으킨다.

관료제를 통한 국가의 공식적인 포용은, 특히 대규모 이민자가 유입되는 상황에서는 모든 시민에게 국가 정체성을 심어주는 출발점이다. 하지만 수십 년, 또는 수백 년에 걸친 부당함의 유산은 사회적·경제적·정치적으로 지속된다. 우리는 런던에서 태어나 사투리 없이 영국인의 억양으로 명료하게 말하는 의회 의원에게 그의 피부색을 근거로 본인을 영국인이라고 할 수 있는지 의문을 제기할 수 있는 시대에 살고 있다. 하지만 공식적으로 래미는 그에게 따져 물은 사람과 똑같은 영국 여권과 동등한 권리를 가지고 있다.

── 우리는 어떻게 자유로운 이동을 끝냈는가 ──

프랑스에서 처음 도입된 후 국민국가 모델이 확산되었고, 여권도 함께 확산되었다. 하지만 곧 문제가 생겼다. 산업혁명의 폭발적 활동으로 생산을 위한 노동, 무역, 돈의 자유로운 이동이 필요해지면서 여권의 요건이 완화되었다. 1972년에 영국 외무장관 그랜빌 백작은 이렇게 썼다. "모든 외국인은 이 나라에 제한 없이 입국하고 거주할 수 있는 권리를 가진다." 실제로 영국은 사람들에게 망명을 허용한 자랑스러운 역사를 가지고 있다. 1823년부터 외국인법이 제정되었던 1905년까지 단 한 명의 외국인도 입국을 거부당하거나 추방되지 않았다. 1853년 〈타임〉 사설은 "이 나라는 망명국가이며, 마지막 1온스와 피 한 방울까지 다해 망명을 지킬 것이다"라고 선언했다. 과거 영국은 오늘날의 '적대적 환경'과는 거리가 멀었다.

20세기에 접어들어서도 한참 동안 법 전문가들 사이에서 국가가 국민들의 나라 간 이동을 통제할 권리가 있는지에 대한 의견이 분분했다. 그 후 유럽을 전쟁으로 몰아넣은 민족주의는 외국인을 의심의 눈초리로 보게 만들었고 스파이에 대한 두려움까지 불러일으켰다. 여권 통제가 적용되었고, 지난 세기 동안 여권 통제는 더 제한적으로 변했으며 전 세계적으로 시행되었다. 국경은 존재 자체로 '타자화' 구조이고, 국가들은 내집단과 외집단 위계를 유지하기 위해 국경을 재빨리 이용했다. 예를 들어 미국의 중국인배제법(1882년), 백호주의정책(1973년까지 지속), 영국의 1962년 영연방이민자법(영국 외 지역에서 태어난 피부색이 짙은 사람들의 시민권을 사실상 축소) 등의 국경 정책이 시행되었다.

지난 수십 년 동안 전 세계적으로 국경은 더 제한적이 되었고, 이민, 특히 난민에 대한 수사는 더 적대적으로 바뀌었다. 일부 국가는 심지어 다른 국가에 돈을 주고 그들의 국경 내에 예비 이주민들을 수감하고 있다. 예를 들어 유럽연합은 국경을 넘지 못하도록 막아주는 대가로 리비아에게 보상금을 지급한다. (이 전략은 대개 실패로 돌아가지만, 북한은 예외다. 북한 지도부는 이런 국경 정책을 성공적으로 시행하고 있다.) 덴마크와 영국은 망명 신청자들을 르완다로 보내 신청 절차를 처리하는 계획을 추진하고 있으며, 호주는 망명 신청자들을 파푸아뉴기니와 나우루의 구금 시설로 추방한다. 그곳으로 보내진 망명 신청자들은 폭력이나 의료 서비스의 부족, 자살로 사망하지 않는다 해도 그곳에 수년 동안 방치된다.

이민자는 항상 안보를 위협하는 존재로 묘사되어 왔으며, 정치인이 국경을 강화하겠다고 공약하면 세계 어디서나 표심을 얻는다. 우리는 이민자가 일자리를 빼앗고 임금을 낮추고, 병원 치료에서부터 정부 혜택에 이르기까지 사회복지 서비스에 무임승차할 것이라는 말을 듣는다. 정치인들은 사람들의 이동에 대한 이런 수사를 독이 될 지경까지 허용했다. 2012년에 영국은 공식적으로 '적대적 환경'이라고 불리는 국경 정책을 도입했는데, 이 정책은 유엔 인권이사회로부터 외국인 혐오를 조장한다는 비판을 받았다. 사람들은 자신이 한 일 때문이 아니라 어디서 태어났고 누구인지 때문에 사람이 만들어낸 지리적 선을 넘지 못하게 되었다.

현재 80억 명이 출생이라는 우연에 의해 지구상의 지리적 위치에 갇혀 있다. 여권은 공평하게 발급되지 않고 특권은 공평하게 상속되지 않아서 어떤 사람들은 이 행성을 어느 누구의 방해도 받지 않고 자유롭게 탐험할 수 있는 반면, 어떤 사람들은 꼼짝도 할 수 없다. 벽을 세우고 이민자를 악마화하는 것은 죽음, 노예, 증오 범죄를 초래한다. 하지만 그것이 이민을 막지는 못한다. 사람들은 계속 이동할 것이고, 이동해야 한다. 이주는 피할 수 없으며 사람들은 선택의 여지가 없다. 이주는 촉진되어야 한다.

국경을 넘어

　유럽이 이민자들에 맞서 벌이는 전쟁의 최전선은 지중해다. 그곳에서는 이탈리아 군함이 순찰을 돌며 유럽연합으로 향하는 소형 선박을 가로채 북아프리카의 리비아 항구로 강제 송환하는 임무를 맡고 있다. 이들 군함 중 하나인 카프레라 호는 7,000명 이상을 태운 80여 척의 이주민 보트를 차단한 후, 이민을 반대하는 이탈리아 내무장관으로부터 "우리의 안보를 수호했다"는 찬사를 받았다. 2018년에 그는 트위터에 선원들과 함께 찍은 사진을 올리며 '영광입니다!'라는 말을 남겼다.[8] 하지만 같은 해 경찰은 카프레라 호를 조사하다가 선원들이 이탈리아에서 판매할 목적으로 리비아에서 수입한 70만 개비 이상의 밀수 담배와 기타 밀수품을 대량으로 발견했다. 추가 조사 결과, 이 밀수범들이 다른 군용선 여러 척을 동원해 수익성이 높은 사업을 벌이는 훨씬 더 큰 규모의 조직임이 밝혀졌다. 수사를 지휘한 경찰관 가브리엘레 가르가노 경정은 "지옥으로 내려가는 단테와 같은 심정이었다"고 밝혔다.

　이 사건은 오늘날 이주를 대하는 태도의 부조리함을 단적으로 보여준다. 이민 통제는 필수적인 일로 여겨지지만, 이런 국경 제한 조치가 물건에는 적용되지 않는다. 국경을 넘어 상품, 서비스, 돈을 이동시키는 데는 엄청난 노력이 들어간다. 이것은 큰 사업이다. 매년 110억 톤 이상의 물건이 전 세계로 운송되는데, 이는 1인당 연간 1.5톤에 해당하는 양이다. 반면 이 모든 경제 활동의 핵심인 사람은 오히려 자유롭게 이동할 수 없다. 인구구조가 변화함에 따라 노동력이 부족으로 큰 도전에 직면해 있는 선진국들이 일자리를 절실히 원하는 이주민을 고용하는 길은 막혀 있다.

비극은 아프리카 이주민들이 밀수업자들에게 막대한 '수입 관세'를 지불하고도 안전하게 국경을 건너지 못한다는 사실이다. 군사적 개입으로 몇몇은 익사했다. 안전하고 합법적인 이주 경로가 없다면 국가는 이주민이 납부하는 세금과 그들이 가져다주는 다른 풍성한 혜택을 놓치게 된다. 그리고 이주민들 역시 안전하고 안정된 곳에서 새로운 삶을 꾸릴 기회를 잃는다.

──────── 이주는 안보가 아니라 경제 문제────────

현재는 사람들의 전 세계적 이동을 감독하는 국제기구나 조직이 없다. 각국 정부는 국제이주기구에 소속되어 있지만, 이 기구는 실제 유엔 기구가 아니라 독립적인 '관련 조직'이라서 총회의 직접적인 감독을 받지 않는다. 따라서 이민을 받아들이는 국가들이 이민자들에게 제공할 기회나 활용할 수 있는 정책을 수립할 수 없다. 이민자 문제는 각국의 노동부가 아니라 외교부가 관리하기 때문에, 이민자와 취업 시장을 연결할 때 정보나 조율된 정책 없이 결정이 내려진다. 전 세계 노동력의 이동을 훨씬 더 효과적이고 효율적으로 관리할 수 있는 새로운 메커니즘이 필요하다. 결국 노동은 우리의 가장 큰 경제적 자원이기 때문이다. 노동력의 이동을 방해하면서 다른 자원과 상품의 이동을 위한 광범위한 무역 협정을 체결하는 것은 어불성설이다.

2018년 7월, 미국을 제외한 유엔 193개 회원국 전부가 안전하고 질서 있는 이주를 위한 유엔 세계협약Global Compact for Safe, Orderly and Regular Migration에 합의했다. 하지만 그해 12월 협약을 채택하는 기념식에서 164개국만 협약을 정식으로 채택했으며 헝가리, 오스트리아, 이탈리아, 폴란드, 슬로바키아, 칠레, 호주 등의 국가들은 채택을 거부했다. 이 협약은 법적 구속력이 없지만 모든 이주민이 보편적 인권을 누릴 자격이 있음을 강조하고 이주민과 그 가족에 대한 모든 형태의 차별을 없고자 한다. 이 문서는 의향서로 '국가가 자국의 이민 정책을 결정하는 주권적 권리를 재확인'한다. 따라서 이 문서는 약하고 목적에 부합하지 않는다.

국제이주기구에 따르면 2050년까지 최대 15억 명이 자신이 태어난 나라를 떠나야 한다. 그리고 다른 과학자 팀의 최근 분석은 2070년까지 그 수가 30억 명에 이를 것으로 추산한다.[9] 전 세계 난민의 대부분이 이미 남반구와 열대 지역 등 기후변화의 영향을 가장 많이 받는 곳에서 오고 있다. 이 장소들의 대부분, 특히 아프리카에서는 인구가 크게 증가하고 있어서 안전이나 새로운 기회를 찾아 떠나는 젊은이들이 크게 늘어나고 있다. 부유한 나라의 경우 이주로 노동력 부족을 상당 부분 해소한다. 사하라 사막 이남 아프리카에서만 앞으로 30년 동안 8,000만 명의 노동 인구가 추가된다는 사실을 생각해보라. 인도는 이미 미국이나 유럽연합 전체보다 더 많은 밀레니얼 세대를 보유하고 있으며, 중국도 마찬가지다. 전 세계 인구의 약 60퍼센트가 40세 미만이고, 그중 절반(그리고 점점 증가하고 있다)이 20세 이하다. 이들은 이번 세기 나머지 기간 동안 전 세계 인구의 대부분을 구성할 것이다. 이 젊고 열정적인 구직자 중 상당수는 세계가 뜨거워짐에 따라 이동해야 할 것이다. 이들을 경제 성장에 기여하게 할 것인가, 아니면 이들의 재능을 낭비할 것인가?

이주에 대한 논의는 앞으로 일어날 일에 대한 계획보다는 무엇을 허가해야 하는지에 머물러 있다. 국가들은 이주를 통제한다는 생각에서 벗어나 이주를 관리한다는 생각으로 나아가야 한다. 적어도 우리는 합법적인 경제활동과 노동력의 이주 및 이동을 위한 새로운 메커니즘이 필요하며, 여기에 위험으로부터 탈출해온 사람들에 대한 보호가 포함되면 더 좋다. 2022년 러시아가 우크라이나를 침공하고 며칠 만에 유럽연합 지도자들은 분쟁에서 탈출한 난민을 위한 열린 국경 정책을 시행하며, 그들에게 3년 동안 유럽연합 어디서든 일하며 살 수 있는 권리를 주고 주거, 교육, 교통 및 기타 필요를 지원했다. 이 정책이 여러 생명을 구했음은 물론이고, 장기간의 망명 절차를 밟을 필요가 없어진 난민들도 자력 구제가 용이해져서 지역사회의 도움을 받을 수 있는 곳으로 흩어질 수 있었다. 게다가 유럽연합 전역에서 사람들은 지역사회와 소셜미디어에서, 그리고 기관을 통해 난민을 수용하는 방법을 의논했다. 그들은 자신의 집에 남는 방을 제공하고, 옷과 장난감을 기부하고, 언어 캠프와 정신건강 프로그램을 지원했다. 이 모두는 열린 국경 정책 덕분에 합법이었다. 그리고 중앙정부, 수용 도시, 난민 모두의 부담을 덜어주었다.

이주민이 정착하는 곳마다 활발한 시장이 만들어지지만, 오늘날 정책은 이러한 시장의 범위와 잠재력을 제한한다. 이주는 자금과 인맥, 용기가 필요한 일이다. 이주는 가족과 익숙한 환경, 언어에서 떠나는 일이기 때문에, 적어도 초기에는 일정 수준의 어려움을 수반한다. 그리고 기본적인 의식주에 대한 불확실성도 따른다. 일부 국가에서는 일자리를 찾아 이동하는 것이 거의 불가능하고, 또 어떤 국가에서는 부모가 자녀를 남겨놓고 떠날 수밖에 없어서 자녀가 성장하는 것을 보지 못한다. 한 세대의 중국 어린이가 일주일에 한 번, 또는 일 년에 한 번 춘절 기간에만 부모를 보면서 성인이 되었다. 중국은 국내 이주자가 국제 이주자보다 세 배나 많다. 중국에서는 수백만 명의 사람들이 낡은 토지법 탓에, 그리고 도시에 사회주택이나 보육, 학교, 기타 공공시설이 부족하기 때문에 완전히 이주하지 못하고 시골과 도시 사이의 중간 지대에 갇힌다. 이런 시골 마을들은 유일한 사회보장 수단인 토지를 잃을까 봐 농장을 팔지 못하고 도시로 일하러 나간 노동자들의 송금으로 유지된다. 고립된 채 남겨진 아이들은 자신들도 겨우 십대임에도 나이 든 가족을 보살피는 가장이 된다. 이주 노동자들은 도시에서 집을 마련할 돈이 없기 때문에 은퇴하면, 다시 시골 마을로 돌아오는 악순환을 반복한다.

다른 경우도 있다. 이주민들은 밀입국 브로커에게 거액의 수수료를 지불하고 도시나 외국에 일자리를 구하지만, 곧 자신들이 노예와 다를 바 없는 상태라는 걸 알게 된다. 그들은 '계약'을 이행해야 여권을 돌려받아 집으로 돌아갈 수 있다. 그들이 버는 적은 금액만이 고국으로 보내진다. 아시아 건설 노동자와 중동과 유럽의 가사 노동자가 이런 형태의 노동자들이다. 이들은 거의 보호를 받지 못하고 성매매 산업이나 농장, 의류 공장에서 노예처럼 비인간적인 대우를 받으며 일한다.

국경이 엄격하게 통제되고 합법적인 경로를 이용하기가 매우 어려운 탓에 현재 수백만 명의 이주민이 끔찍한 상황에 처해 있다. 밀입국 브로커와 알선책에게 거액이 건네질 때조차 이주민들은 단지 잘못된 지역에서 태어났다는 이유만으로 신체적·성적 위험에 처한다. 그들 대부분은 우리 모두가 그렇듯이 부모의 집, 마을 또는 나라를 떠나 더 나은 삶을 살려는 사람이다. 또 일부는 목숨을 구하기 위해 이주하고 있다.

방글라데시의 번화한 해안 도시 콕스바자르에서 남쪽으로 차로 한 시간 반 거리에 세계 최대 난민촌 쿠투팔롱이 있다. 2017년에 숲으로 우거진 언덕이 몇 주에 걸쳐 개간되어, 세계 최빈국의 가장 가난한 지역이 미얀마에서 인종 학살을 피해 강을 건너온 약 100만 명의 로힝야족 거주지가 되었다.

광활한 게토는 사회적·환경적 재앙이다. 내가 그곳을 방문했을 당시는 건기였는데, 흙과 모래가 바람에 흩날려 언덕에서 흘러내리고 두꺼운 먼지가 사방을 뒤덮고 있었다. 난민촌에 들어서고 두 시간이 지나자 목이 타는 것처럼 따끔거렸다. 우기에는 상황이 더 안 좋다. 그때는 민둥산 언덕사면이 진흙탕이 되고, 난민촌 거주자들은 더러운 물속을 헤치고 다녀야 한다고 했다.

쿠투팔롱은 폴리에틸렌과 대나무로 지은 가건물들로 이루어진 도시로, 오수가 흐르는 골목길에 그런 가건물들이 여기저기 흩어져 있다. 절망에 빠진 영혼들이 그곳에 산다. 가족을 잃고, 부상을 입고, 희망이 사라진 사람들. 내가 만난 사람들은 저마다 끔찍한 트라우마와 상실에 관한 이야기를 가지고 있었지만, 그들에게 들은 가장 큰 고통은 일을 할 수 없다는 것이었다. 그곳의 남자와 여자, 어린이들은 사실상 죄수였고, 쉼터 옆 땅바닥에 할 일 없이 무료하게 앉아서 시간을 보냈다. 폭력, 특히 여성과 소녀들에 대한 폭력이 자주 일어났고 항상 인신매매의 위험이 도사리고 있었다. 난민촌에는 암시장이 번성해 있었지만, 그것은 방글라데시 사회에나, 취약한 난민촌 거주자에게나 아무런 도움이 되지 않았다. 그들은 착취당하고 짐짝 취급당할 뿐이었다.

쿠투팔롱에도 인구, 주택, 거리, 종교 및 사회적 건물이 있지만, 한 가지 결정적인 이유 때문에 도시로서 기능하지 못한다. 난민촌 밖으로 네트워크가 연결되지 않는 것이다. 도시가 경제적 허브 역할을 하는 것은 연결 노드가 집중되어 있기 때문이다. 사람들은 돈과 자원을 교환하고, 노동을 거래하며, 아이디어를 결합해 부분들의 합보다 더 큰 것을 만들어낸다. 이런 교류의 어떤 부분에 제약을 가하면 경제가 제한된다.

영국도 그 사실을 알게 되었다. 유럽연합과 이동의 자유를 중단하기 결정한 이후, 노동력이 부족해져서 식량에서부터 연료까지 모든 것의 가용성이 감소한 것이다. 보리스 존슨 총리는 이민자들을 헤로인에 비유하고 기업들이 "저임금, 저비용 이민에 중독"된 지 너무 오래되었다며 이제는 그것을 끊어야 한다고 불평했다. 하지만 그런 가운데도 배달 기사, 과일 따는 사람 같은 필수 노동력을 유치하기 위해 긴급 비자를 발급해야 했다. 2021년 영국 채용 및 고용연맹Recruitment and Employment Confederation의 고용시장 데이터는 영국에 노동자가 200만 명이나 부족하다고 밝혔다. 예측 가능한 경제적 결과였으나, 브렉시트로 인해 영국은 의도적으로 무역장벽을 친 유일한 서방 국가가 되었다.

방글라데시 정부는 많은 로힝야족을 수용했지만, 이들에게 난민 지위를 주지 않았다. 난민 지위가 없는 사람들은 난민촌을 떠나거나 일을 할 수 없고, 교육 기회도 제한된다. 로힝야족은 다른 나라의 민둥산 언덕에 갇혀 아무런 희망 없이 살아간다. 마치 방글라데시 정부가 원주민과 이주민 사이의 구분을 강화하려는 것처럼, 현재 이 취약한 무국적자들을 사이클론과 홍수가 잦은 뱅골 만의 고립된 섬으로 이주시키기 시작했다.

"우리는 시민권을 원해요"는 내가 쿠투팔롱의 주민들에게 반복적으로 들은 말이었다. 이렇듯 전 세계의 망명 신청자들은 중간지대에 갇혀 공식적으로 경제 활동을 하거나 사회에 참여하거나 삶을 꾸려가는 것이 금지된 채로 수 년을 보내고 있다. 이것은 망명 신청자들에게 낭비이고, 국가의 입장에서도 기회를 부담으로 바꾸는 일이다. 예를 들어 영국에는 망명 신청이 처리되기를 10년 이상 기다리고 있는 망명 신청자가 약 400명에 이른다.

다른 곳의 상황은 훨씬 더 심각하다. 나는 4개 대륙을 가로질러 여러 나라의 난민촌에서 사람들을 만났는데, 수백만 명이 중간지대에서 몇 세대에 걸쳐 불안한 삶을 살아가고 있다. 전 세계적으로 난민촌에 있는 사람들은 그들이 수단에서 왔든, 티베트에서 왔든, 또는 팔레스타인, 시리아, 엘살바도르, 이라크에서 왔든 관계없이 모두 같은 말을 했다. 그들은 존엄을 원했다. 즉 일해서 가족을 부양하고, 안전한 곳으로 이동해서 삶을 꾸려갈 수 있기를 원했다. 하지만 현재 너무 많은 국가들이 이 지극히 단순하고 상호 이익이 되는 소망을 실현 불가능하게 만들고 있다. 앞으로 환경이 변하면, 수백만 명이 추가로 이렇게 어디에도 속하지 않는 곳에 있어야 할 수도 있다. 전 세계적으로 국경 봉쇄와 적대적인 이민 정책은 역기능을 초래하고 있다. 그것은 누구에게도 이익이 되지 않는다.

우리는 역사상 가장 높은 수준의 인구 이동을 목격하고 있으며, 그 수는 앞으로 증가할 뿐 감소하지 않을 것이다. 2022년 전 세

인류세, 엑소더스

계 난민은 2010년 수치에서 두 배 이상 늘어나 1억 명을 넘었다. 그 중 절반이 어린이다. 등록된 난민은 전쟁이나 재난으로 고국을 떠나야 했던 사람들 중 극히 일부에 불과하다. 유엔난민기구UNHCR는 미등록된 난민이 전 세계적으로 3억 5,000만 명에 이르고 미국에만 무려 2,200만 명이 있다고 추산한다. 이 숫자에는 불법체류 노동자와 오래된 경로를 따라 국경을 넘나드는 사람들이 포함된다. 이들은 법적 인정과 사회적 지원이 없는 한계선상에 점점 더 내몰리고 있다. 현재 전 세계 어린이의 4분의 1(그중 절반이 아프리카인)이 '보이지 않는 존재'로 살아간다. 즉 존재한다는 공식 기록이 없다.

때로는 사람들이 분쟁과 박해, 자연재해 때문에 피난을 떠난다. 또 때로는 빈곤과 실직, 편견, 괴롭힘 등 사소하지만 불쾌한 사건들이 쌓이고 쌓여 떠날 때도 있다. 역경에 처한 어떤 사람이 '진정한' 난민인지, 즉 망명을 신청할 '자격'이 있는 '좋은 난민'인지 판별하는 기준이 항상 명확한 것은 아니다. 이런 잣대를 들이대는 것은 누구에게도 도움이 되지 않으며 우리 모두를 위축시킨다.

전 세계 42억 명이 빈곤에 처해 있고, 북반구의 부유한 나라와 남반구의 가난한 나라 사이의 소득격차가 계속 벌어지는 한, 사람들은 이주할 수밖에 없을 것이다. 그리고 기후 피해 지역에 사는 사람들은 억울하게 더 많은 영향을 받게 될 것이다. 전 세계 국가들은 난민의 망명을 받아들일 의무가 있지만, 1951년 난민협약에 명시된 난민의 법적 정의에 따르면 기후변화로 인해 고국을 떠나온 사람은 난민에 해당하지 않는다. 하지만 상황이 바뀌기 시작했다. 유엔자유권위원회는 2020년 기후 난민을 본국으로 돌려보낼 수 없다는 획기적인 판결을 내렸다.[10] 이는 어떤 국가가 기후 위기로 인해 생명이 위태로워진 나라로 난민을 돌려보낼 경우 인권 의무 위반에 해당한다는 뜻이다.[11] 기후 난민은 오늘날 500만 명에 달한다. 이미 정치적 박해로 난민이 된 사람의 수를 뛰어넘었다.

　난민과 이주민을 구별하는 것이 항상 간단하지는 않다. 고국에서 전쟁이나 가뭄을 피해 다른 나라에 망명을 신청한 사람은 그곳에서 난민 지위를 부여받을지도 모른다. 하지만 그들이 일자리를 구하거나 가족과 재회하기 위해 이주하는 경우, 이들은 '경제적 이주민'이 될 수 있다. 이 범주의 이민자는 정치적으로 환영받지 못하고, 잠재적으로 사회제도에 부담이 되는 존재로 여겨진다. 허리케인이 마을 전체를 휩쓸고 지나가는 비극적인 참사는 하루아침에 사람들을 난민으로 만들 수 있지만, 기후변화가 사람들의 삶에 미치는 영향은 대개 점진적이다. 흉작이나 견딜 수 없는 폭염이 거듭되어, 결국 사람들이 더 나은 곳을 찾아 떠나는 순간이 온다. 그런 사람들은 경제적 이주민으로 분류되지만, 그들도 그들의 조상들이 삶을 꾸렸던 인류세 이전 세계, 홀로세에서 온 난민이다. 홀로세 환경이 사라진 지금, 우리는 모두 인류세에 발을 딛고 있다. 그래서 21세기의 거주 가능한 땅에 대한 권리를 남들보다 먼저 주장할 수 있는 사람은 아무도 없다.

5

이주민의 부

최근 발명된 국경 통제와 국가 정체성, 이주민에 대한 우리의 태도는 우리 모두에게 크고 불필요한 불편을 초래하고 있다. 전 세계에 걸쳐 많은 사람들이 끔찍하고, 치명적인 상황에 갇혀 있다. 거기서 벗어날 수 있다면 그들은 자신들의 삶은 물론, 이주해간 안전한 지역의 사회와 경제를 개선하는 데 도움을 줄 수 있다.

이주민들은 경제, 혁신, 부를 확장시킨다. 이주민들은 사회에서 빼앗아가는 것보다 사회에 기여하는 바가 훨씬 더 많으며 일부는 도시로 이주하기 때문에 더 큰 시너지 효과를 낼 수 있다. 그리고 당연히 이민자들에게도 큰 혜택이 돌아간다. 지금껏 이주는 빈곤에서 벗어나는 가장 효과적인 경로였다. 조지메이슨대학교 경제학과 교수 브라이언 캐플란은 국경을 개방하면 사람들이 소득 기회가 있는 지역으로 이동할 수 있기 때문에 "지구상의 절대 빈곤이 빠르게 사라질 것"이라고 말한다.[1]

또한 이주민들은 그들이 떠나온 나라의 생계와 주거, 교육, 기회도 개선하는데, 이는 그들이 본국 사람들과 경제적으로 연결되어 있기 때문이다. 이주민이 형성하는 네트워크는 기술 이전과 무역, 투자뿐만 아니라 성장을 촉진하는 제도와 규범을 본국으로 이전하는 데도 도움이 된다. 한 연구는 인도 기업가가 미국에서 출원된 특허를 인용할 경우 인도계 공학자가 출원한 것을 인용할 가능성이 더 높다는 사실을 밝혀냈다.[2] 중국인의 특허 출원의 경우도 마찬가지였다. 지식의 흐름은 무작위적이지 않다. 이주민들이 만들고 유지하는 네트워크를 통해 흐른다. 숙련된 인력의 이주는 국가의 비교 우위를 만들어내고, 출신 국가의 경제를 활성화해 훈련과 교육에 대한 투자를 유도한다.

예를 들어 필리핀은 전문 교육을 받은 간호사로 높은 평판을 쌓았다. 전문 교육을 받은 간호사에 대한 세계적 수요는 공급을 초과한다. 고령화된 서방 국가에서는 치매 돌봄 간호사 부족하기 때문에 간호 교육을 받은 필리핀 사람은 이민을 통해 가난에서 벗어날 기회를 잡을 수 있다. 숙련된 전문직 노동자는 가난한 국가에서 일자리를 찾는 데 어려움을 겪는 경우가 많고, 따라서 그들을 필요로 하는 곳으로 이주함으로써 이익을 얻을 수 있다. 이런 선택지는 실제로 고등학교 이상의 교육에 대한 등록률을 높여 지역사회 전체의 교육 수준을 끌어올릴 수 있다. 한 연구에 따르면 이주가 증가하면 이주민의 필리핀 고향 마을의 중등학교 등록률이 3.5퍼센트 증가하는 것으로 나타났다. 그리고 출신 지역의 소득도 전반적으로 상승했다.[3] 하지만 출신 국가, 특히 규모가 작은 국가는 의사처럼 고도로 숙련된 인력의 이탈로 인해 어려움을 겪을 수 있다. 하지만 장기적으로 보면 이러한 '인재 유출'은 일반적인 현상이라기보다는 예외적인 현상이라는 걸 많은 증거들이 보여준다.[4] 그리고 이민은 오히려 출신국에 도움이 된다. 인재 유출이 우려되는 경우, 목적지 국가와 출발지 국가가 협력해 두 국가 모두에 도움이 되는 맞춤 기술을 찾으면 된다. 즉 목적지 국가에서는 간호사를 키워내는 교육에 투자하는 한편, 공급이 부족한 소아과 의사처럼 목적지 국가와 출발지 국가 모두에게 필요한 다양한 전문 분야에도 투자할 수 있을 것이다. 2050년까지 치매 환자가 전 세계적으로 네 배 증가할 것

인류세, 엑소더스

으로 예상되므로, 이런 투자를 통해 필리핀은 해당 전문 분야의 중심지가 될 수 있을 것이다. 국가 간 양자 협약을 통해 노동력이 부족한 목적지 국가가 노동력이 풍부한 출발지 국가에서 기능 및 기술에 투자하면 양국의 필요를 충족시킬 수 있을 뿐만 아니라 이민자 자신들에게도 도움이 될 것이다. 예를 들어 정원의 20퍼센트를 목적지 국가에 취업시켜준다고 약속한다면, 한 대학에서 키워내는 간호사의 50퍼센트를 지원할 수 있다. 이러한 협약에는 출발지 국가에 대한 다른 사회적 투자와 인프라 투자도 포함될 수 있다.

2018년에는 글로벌 기능 파트너십Global Skill Partnerships 모델이 정책으로 채택되어 글로벌 이주 협약Global Compact for Migration에 가입한 163개국이 이 정책에 합의했다.[5] 이 모델에 따라, 출발지 국가는 출발지 국가와 목적지 국가 모두에서 즉시 필요한 특정 기술을 교육한다. 교육생 중 일부는 고국에 남아 그 국가의 인적 자본을 늘리고, 다른 일부는 목적지 국가로 이주한다. 목적지 국가는 훈련에 필요한 기술과 재정을 제공하고, 자국에 최대한 기여하면서 빠르게 통합될 수 있는 기술 이민자를 받아들인다.

숙련된 이민자가 많이 생겨날 경우, 출발지 국가들은 이들이 되돌아오게 하기 위한 조치를 취할 수도 있다. 중국과 인도는 이민자 인재를 다시 끌어들이기 위해 연구개발 투자, 정책 변화, 새로운 제도 지원, 가족 혜택 등을 시도한다. 이민자들은 외국에 사는 동안 기술과 경험을 쌓아서 가치 있는 전문기술을 가지고 모국으로 돌아온다. 세계적 규모의 이주와 함께 지식의 세계적 단위 이전이 가속화되는 것은 중요한 혜택이며, 이번 세기에 새로운 녹색경제로의 전환과 빈곤 감소에 필수적인 부분이 될 것이다.

달리 말하면, 부유한 국가의 정부가 이민에 대한 장벽을 세움으로써 세계 최빈국 국민들의 자력 구제를 강제로 막고 있을 뿐만 아니라, 자국의 생산성도 저해하고 있다는 의미이기도 하다. 수많은 연구가 보여주듯이, 이민자를 수용하는 전략은 이주민을 막으려고 시도하는 것보다 훨씬 더 나은 전략이다. 전자는 국가(및 지역)의 안정을 유지하고 경제를 강화하지만, 후자는 갈등과 비극을 초래할 뿐이며 그 여파는 여러 세대에 걸쳐 지속될 수 있다. 200여 개국을 조사한 맥킨지글로벌연구소의 획기적인 보고서에 따르면, "이주민의 경제적·사회적 통합을 높이면 전 세계적으로 최대 1조 달러의 경제적 이득을 얻을 수 있는 토대가 마련될 수 있다"[6]고 한다.

몇 세기 전 유럽 일부 지역에서 공식적인 국경 통제가 도입되기 전까지 수천 년 동안 그랬던 것처럼 지구를 인류 공동체로 간주하면 어떨까? 노동의 전 세계적 자유무역을 가능하게 하는 것은 "정당할 뿐만 아니라 세계 번영을 이룩하는 가장 유망한 지름길"[7]이라고 캐플란은 말한다. 워싱턴 DC에 소재한 글로벌개발센터의 마이클 클레멘스는 세계 국경을 임시 이주 노동자에게까지 개방하면 전 세계 GDP가 두 배로 증가할 것이라고 추산한다. 게다가 문화적 다양성도 증가할 것이다. 지금은 전례 없는 환경 및 사회 문제를 해결하기 위해 그런 다양성이 어느 때보다 필요한 시기다.

국경을 없애면 전 세계적 기후변화의 스트레스와 충격에 인류가 더 유연하게 대처할 수 있을 것이다. 하지만 국경을 없애면 특히 목적지 국가의 일부 사회 부문에서 패배자들이 발생할 것이고, 따라서 이런 전환을 돕기 위해서는 긴급 복지 대책과 함께 강력하고 역동적인 사회정책이 필요할 것이다.

대규모 이주를 둘러싼 가장 큰 두려움 중 하나는 이민자들이 원주민의 일자리를 빼앗고 임금을 낮춘다는 생각이다. 이는 타당하게 들리지만 실제로는 그렇지 않다. 경제는 제로섬 게임이 아니기 때문이다. 우선 이민자들은 노동력에 훨씬 다양한 기술을 가져오고, 이는 경제 전반의 효율을 높여 더 많은 일자리를 창출한다. 또한 이민자들은 경제 규모도 키운다. 그들도 먹고, 쇼핑하고, 머리카락을 잘라야 하기 때문이다. 이민자들은 번 돈을 소비하고 세금을 냄으로써 새로운 일자리와 사업을 지원한다.

이민의 경제적 효과는 상당하고 즉각적이며, 놀랍도록 오래 지속된다. 한 연구에 따르면, 1860년에서 1920년 사이에 많은 이민자를 받은 미국 카운티들은 1930년에 일인당 제조업 생산량이 평균 57퍼센트 증가했고, 농업 생산액은 최대 58퍼센트 증가한 것으로 나타났다. 그리고 2000년에는 평균 소득과 교육 수준이 20퍼센트 높아지고, 실업률과 빈곤율도 낮아졌다.[8]

그럼에도 불구하고, 특히 저숙련 노동자의 유입을 둘러싸고 상당한 우려가 남아 있는데, 이는 그러한 일자리가 가장 폭넓은 원주민 집단, 특히 빈곤층에게 열려 있기 때문이다. '저숙련'과 '고숙련'이라는 용어는 정책입안자와 경제학자들이 한 직업에 필요한 정규교육 수준을 나타내기 위해 사용하는 표현이다. 흉부외과 의사와 같은 고숙련 직종은 여러 개의 학위가 필요한 반면, 저숙련 직종은 주로 육체노동과 관련이 있다. 하지만 현실에서 이 용어는 한 사람의 능력을 온전히 반영하지 못하고, 일할 의지라든지 학습 능력처럼 취업에 중요한 기타 많은 자질들을 무시한다. 그리고 이 용어가 직업의 가치를 반드시 반영하는 것도 아니다. 하지만 두 범주에 속하는 이민자 (그리고 원주민) 노동자들은 매우 다른 대우를 받는다.

많은 연구가 이민의 영향을 조사해왔고, 증거에 따르면 저숙련 이민자가 대규모로 유입되더라도 원주민의 임금이나 고용 전망에 부정적인 영향을 미치지 않으며 오히려 긍정적인 영향을 미치는 경우가 많다. 이민자가 거의 없는 도시와 이민자가 많은 도시에서 원주민이 받는 임금을 비교해보면, 이민자가 많은 곳의 임금이 훨씬 더 높다는 것을 알 수 있다. 이는 이민자들이 더 나은 선택지가 있는 지역으로 가려는 경향이 있고, 따라서 잘 운영되는 도시가 더 많은 이민자를 유치하기 때문이다. 하지만 이민자 자체가 경제에 미치는 영향도 있다.

1980년 4월에 피델 카스트로가 갑작스러운 발표를 통해 쿠바인들에게 봉쇄되었던 국경을 열기로 했다. 9월까지 적어도 12만 5,000명, 대부분 교육 수준이 매우 낮았던 사람들이 마이애미에 도착했고, 그곳의 노동 시장은 적어도 7퍼센트가량 팽창했다. 캘리포니아대학교 버클리캠퍼스의 노동경제학자 데이비드 카드는 이 대규모 이민이 마이애미의 임금에 미친 영향을 이민 이전, 이민 기간, 몇 년 후를 비교해 조사하고, 이것을 규모가 비슷한 미국 내 다른 도시들(애틀랜타, 휴스턴, 로스앤젤레스, 탬파)의 임금 변동과도 비교했다. 이민자들은 쿠바와 가장 가까운 육지라는 점 때문에 마이애미를 선택했을 뿐이고 카스트로의 발표가 갑작스러웠기 때문에, 마이애미의 노동자와 기업들은 대응할 시간이 없었다.

카드의 연구에 따르면, 원주민의 임금은 가장 숙련도가 낮은 노동자들의 경우에도 대규모 이민자 유입으로 인해 부정적인 영향을 받지 않은 것으로 나타났다. 그 뒤로 실시된 전 세계의 다른 수많은 연구들에서도 결론은 같았다. 이민자가 원주민의 일자리를 뺏거나 임금을 낮추었다는 증거는 없다. 이 중에는 1962년에 알제리가 독립한 후 프랑스로 '송환된' 알제리 이민자를 조사한 연구도 있고, 1990년대에 소련에서 국경 통제가 완화되면서 소련을 빠져

나온 대규모 이주(4년 만에 이스라엘 인구가 12퍼센트나 증가했다)를 조사한 연구도 있었다. 또 다른 연구는 1994년부터 1998년까지 전 세계에서 덴마크로 유입된 이민자들을 조사했다. 캘리포니아대학교 데이비스캠퍼스의 지오반니 페리 교수가 실시한 한 연구에 따르면, 1990년부터 2007년까지 미국으로 유입된 이민자들이 평균 임금을 5,100달러 증가시켰으며, 이는 같은 기간 동안 전체 임금 상승의 총 4분의 1에 해당하는 수치다.[9]

　이런 연구들과 함께 최근 계속 쏟아져 나오는 증거에도 불구하고, 아직도 이민자가 일자리를 위협할까 봐 두려워하는 사람들이 있다. 아마도 이민자들의 유입이 나의 일자리를 위협하지 않는다는 결론이 직관에 반하기 때문일 것이다. 일반적으로 공급이 많을수록 가격은 내려간다. 이것이 수요와 공급의 법칙이다. 하지만 이 법칙은 몇 가지 이유로 일자리와 임금에는 적용되지 않는다.[10] 첫째로, 이민자가 원주민에 합류함에 따라 일어나는 노동력 공급 증가는 수요 증가로 상쇄된다. 이민자들이 상품과 서비스에 돈을 쓰고 이는 비즈니스를 활성화하기 때문이다. 이런 보상 효과를 확인해보려면 보상 효과가 존재하지 않는 사례를 살펴보면 된다. 짧은 기간 동안 체코인들이 국경 근처 독일 도시에서 거주는 못 하는 대신 일할 수 있었다. 그런데 이들은 전체 노동력의 10퍼센트를 차지할 정도로 많았다. 이러한 외국인 통근 노동자들은 해당 도시의 임금에 거의 영향을 미치지 않았지만, 일자리에는 큰 영향을 미쳐 원주민 고용을 크게 감소시켰다. 이는 체코 노동자들이 목적지 국가에서 소비하지 않고, 번 돈을 모두 고국으로 가져간 탓이었다. 그들은 이민자가 아니었기 때문이다.

　저숙련 노동자의 이주가 일자리를 늘리는 또 다른 이유는 기계화와 자동화의 도입을 늦추기 때문이다. 둘 다 막대한 자본과 교육이 필요하고 흔히 공급망에 변화를 가져온다. 특히 농장과 공장에서 일하는 저임금 노동자를 쉽게 구할 수 있으면 노동력을 절감하는 기술이 해당 업계의 사장들에게 외면받기 십상이다. 반면 이민자들을 추방하거나 입국 금지하면, 이들에게 크게 의존했던 업종은 기계화로 전환하고 해당 유형의 생산만을 전문적으로 하게 된다. 예를 들어 1964년 멕시코 농장 노동자들이 캘리포니아에서 추방되었을 때, 2년 만에 토마토 수확은 100퍼센트 수작업에서 완전히 기계화되었다. 같은 기간 캘리포니아에서는 양상추, 아스파라거스, 딸기 등 기계화가 불가능한 작물은 생산이 중단됐다. 즉 모든 노동자가 할 수 있는 직종의 일자리가 이민자가 떠나자 크게 감소한 것이다.

또 이주민은 노동 시장의 재편을 촉발하는데, 이는 대부분의 경우 원주민에게 이익이다. 일반적으로 저숙련 이민자들은 주로 육체노동을 하고, 현지 언어를 구사할 수 있고 경험이 많은 원주민 노동자들은 의사소통 능력이 필요한 직종으로 업그레이드해서 더 높은 임금을 받게 된다. 이런 종류의 직업적 업그레이드가 덴마크 연구에서 확인되었고, 20세기 초 유럽에서 미국으로 대규모 이주가 있었을 때도 나타났다. 다시 말해, 이민자와 원주민은 일자리를 놓고 직접 경쟁하지 않으며 다양한 능력과 기술, 지식이 전반적으로 노동생산성을 높여 모두에게 이익을 가져다준다. 일반적으로 이민이 증가하면 노동자들이 수요와 기술에 더 효율적으로 대응하여 경제 전반에 걸쳐 생산성이 촉진된다. 노동력 증가는 이윤을 증가시키고 이는 더 많은 생산에 투자될 수 있다.

중요한 것은 이민자들이 할 수 있는 일자리의 대부분이 원주민이 기피하지만 더 넓은 경제의 수레바퀴를 돌리는 직종이라는 점이다. 그리고 이민자들이 보수를 받고 보육, 노약자 돌보기, 청소, 요리 등의 일을 맡아주면, 이전에 이런 일을 무보수로 하던 원주민들이 취업, 또는 재취업할 수 있게 된다. 이 때문에 가부장적 구조를 가지고 있는 국가에서도 이민자가 주변에 많아지면 고학력 여성들이 노동에 참여하게 된다.

게다가 진취적인 이민자들은 창업을 통해 더 많은 이민자와 원주민을 고용한다. 이런 사업 중 일부는 사회적·경제적·문화적 생산성을 높여 완전히 새로운 경제를 이끌어간다. 차이나타운, 리틀 그리스, 리틀 이탈리아를 생각해보라. 과거에는 대부분의 이민자들이 가장 가난하고 못 배운 사람들이었다. 이들은 빈곤을 벗어나기 위해 다른 곳으로 이동하는 데 가진 돈을 몽땅 지불해도 잃을 게 거의 없는 사람들이었다. 지금은 국경 통제와 이민 통제 때문에 부유한 사람들만이 비용을 감당할 수 있으며, 숙련된 기술을 지니고 의욕적인 사람들만이 가난한 세계에서 다른 국가들로 합법적으로 입국할 수 있다. 이민자들 중 상당수가 특별한 재능과 야망, 지식을 지니고 있다. 그들, 또는 그들의 자식은 일자리를 만들어내는 기업가, 혁신가가 되어 목적지 국가의 경제를 이끌어간다. 많은 이민자들이 유명인사가 되었다. 이민자와 그들의 자식이 설립한 기업이 미국 상위 25개 기업 중 절반 이상을 차지하고 있는데, 상당수가 구글, 야후, 크래프트 푸드, 테슬라 등 유명한 브랜드다. 실리콘밸리는 '기술의 제네바'라고 할 수 있다. 창업자의 절반이 이민자고, 직원의 3분의 2가 이민자다. 헨리 포드는 이민자의 아들이었고, 스티브 잡스의 아버지는 시리아 출신이었으며, 화이자의 코로나19 백신은 독일로 이주한 터키인과 미국으로 이주한 헝가리인이 만들었다.

생산적인 경제와 활기찬 사회를 위해서는 다양한 기술과 재능이 필요하다. 이는 과일 따는 사람부터 컴퓨터 프로그래머까지, 트럭 운전사부터 발레리나까지 모든 사람을 뜻한다.

─────── 인구 감소 위기 ───────

1950년에는 여성이 평생 동안 평균 4.7명의 아이를 낳았다. 2020년 출산율은 거의 절반인 여성 한 명당 평균 2.4명으로 떨어졌다. 하지만 이 숫자는 국가들 사이의 큰 편차를 감추고 있다. 서아프리카 니제르의 출산율은 7.1명이지만, 지중해의 키프로스 섬에서는 여성이 평균 1명을 낳는다. 유럽은 출산율이 평균 1.7명으로 큰 문제가 되고 있다.

유럽 인구는 2050년까지 10퍼센트 감소할 것으로 예상된다. 또한 인구가 노령화되고 있다. 2060년에는 노인과 어린이가 노동 연령대 인구보다 5분의 1가량 더 많아질 것이다. 독일만 해도 이를 상쇄하기 위해 매년 50만 명의 이민자를 받아들여야 한다. 영국 통계청에 따르면, 영국의 인구 증가 역시 전적으로 국제 이민에 기인한다. 영국의 출산율은 1.7명에 불과하다.[11] 향후 몇십 년에 대한 가장 긍정적인 전망도 유럽의 노동 가능 인구가 3분의 1가량 감소할 것이라고 예상한다. 이미 폴란드에서 쿠바, 그리고 2018년에 거의 45만 명이 감소한 일본에 이르기까지 20여 개국이 매년 인구 감소를 겪고 있다. 이러한 국가들에서 여성은 인구를 유지하는 데 필요한 출산율인 평균 2.1명보다 적은 아이를 낳는다. 기대 수명이 꾸준히 증가하지 않는다면 인구 감소가 훨씬 더 가파르겠지만, 곧 그 속도를 따라잡을 것이다. 일본은 2100년이 되면 현재 1억 2,800만 명인 인구가 5,300만 명 이하로 줄어들 전망이다.

　이러한 변화는 글로벌 사회를 근본적으로 바꿀 것이다. 전후 '경제 기적'에 힘입어 일부 국가들에서 일어난 전후 베이비붐은 1960년대에 정치적·경제적 영향력을 지닌 젊은이들이 지배하는 세계를 창조했다. 이로 인해 10년에 걸쳐 거대한 사회적 변화와 혼란이 일어났다. 베이비붐 세대의 인구 증가는 세대를 거듭하며 여전히 명맥을 유지하고 있다. 하지만 우리는 분명, 노인이 부와 권력을 쥔 노령화 세계로 접어들고 있다. 영국에서는 베이비부머 다섯 중 한 명이 백만장자다.[12] 2065년이 되면 인구의 4분의 1이상이 65세를 넘길 것이다. 노령 사회는 일반적으로 폭력과 전쟁이 덜 발생하지만, 비협력적이고 더 보수적이다. 브렉시트, 트럼프, 에르도안 정권을 탄생시킨 것이 바로 노인 유권자들이었다.

　이런 인구통계학적 문제는 전 세계 대부분 국가에 영향을 미치는 중대한 위기다. 젊은 노동자들이 점점 증가하는 노인과 병이나 장애 때문에 일할 수 없는 사람들을 부양할 수 없으면, 사회는 제 기능을 할 수 없고 경제는 정체되거나 붕괴할 것이다. 중국은 2025년경 인구가 정점을 찍고 감소하는 전환점에 도달할 것으로 예상된다. 출산율이 낮아진다는 것은 경제성장이 둔화되고 그다음에는 하락할 것이라는 뜻이다. 중국의 출산율은 여성 한 명당 1.3명으로 떨어졌고, 신랑의 노부모를 돌보기 위해 벌써 이웃나라의 가난한 시골 동네에서 신부를 수입하고 때로는 납치까지 하고 있다. 다른 나라들의 출산율 감소도 심각하다. 인도의 출산율은 인구 대체율인 2.1명에서 계속 떨어지고 있고, 세계에서 다섯 번째로 인구가 많은 나라 브라질도 출산율이 1.8명에 불과하다. 러시아는 인구 감소로 시골 마을에서 젊은이가 사라졌고, 유럽에서는 마을 전체가 매물로 나오거나 누군가 되살려주기를 바라는 마음으로 집을 무료로 제공하는 일이 일어나고 있다. 인구가 줄어드는 도시는 투자도 줄어들어 쇠퇴 속도가 빨라지고 새로운 주민의 유입이 다시 줄어드는 악순환이 반복된다. 미국에서도 뉴욕, 산호세, 보스턴과 같은 도시들은 급격한 마이너스 성장을 겪고 있다. 유럽연합에서는 도시의 20퍼센트가 줄어드는, 엄청난 도전에 직면해 있다.[13]

결과적으로, 인구 감소로 인해 미국은 2030년까지 적어도 3,500만 명의 노동자가 더 필요할 것이고, 유럽연합은 2050년까지 8,000만 명의 노동자가 더 필요하며, 일본은 1,700만 명의 노동자가 더 있어야 기존의 생활수준과 사회복지를 유지할 수 있다. 이들 국가는 경제 침체기에도 상당한 노동력 부족에 시달렸으나 '불법' 이민자들을 사면해 노동력 부족을 어느 정도 해소했다. 하지만 머지않아 각 국가들은 숙련 이민자는 말할 것도 없고 저숙련 이민자들을 유치하기 위해 경쟁해야 할 것이다. 일반적 인식과 달리, 호주 같은 국가에서 운영되는 점수제 이민 시스템(기술에 따라 점수를 주고 점수가 충분할 경우 입국 허가가 주어진다)을 통해 입국하는 이민자 대부분은 선망되는 '고숙련' 이민자의 가족 자격으로 입국하지만 실제로는 저숙련 노동자라는 점에 주목할 필요가 있다. 유럽으로의 이주는 대부분 가사노동에 종사하는 여성들이 주도한다.

세계에서 가장 가난한 일부 지역, 특히 아프리카에서는 인구가 계속 증가하고 있지만, 많은 국가에서 인구증가율이 떨어지고 있다. 아프리카는 환경 재앙으로 인해 시골에서 가난하게 살아가는 젊은이들이 폭증하는 삼중고를 겪게 될 것이다. 세계 인구의 거의

4분의 1이 거주하는 남아시아도 비슷한 문제에 직면해 있다. 세계 은행은 이 지역이 머지않아 세계에서 가장 높은 식량 불안을 겪게 될 것이라고 밝혔다. 세계은행에 따르면 이미 850만 명이 페르시아 만으로 피난을 떠났으며, 곧 3,600만 명이 뒤따를 것이다. 많은 사 람이 인도 갠지스강 계곡에 정착할 것으로 예상되지만 이것도 임시 방편일 수밖에 없다. 이번 세기말이 되면 폭염과 습도 때문에 이 지 역도 거주할 수 없는 곳이 될 것이기 때문이다.

해결책은 너무 뻔해서 굳이 말할 필요도 없지만, 진지한 정책 으로 논의되는 경우는 드물다. 그것은 바로, 모두의 이익을 위해 사 람들의 이주를 돕는 것이다.

기후 스트레스와 억압적인 정권 등의 압력을 받는 많은 국가 에는 빈곤에 시달리는 수많은 청년 실업자들이 있는데, 이는 갈등 을 유발한다. 인구가 감소하는 선진국으로 안전하게 이주할 수 있 는 경로를 만들면, 대부분 고학력자인 이 청년들이 생산적인 삶을 꾸려가는 데 도움이 될 것이다. 2015년에서 2016년까지 시리아내 전 당시 독일과 스웨덴은 대량의 난민을 받아들여 혜택을 누렸다. 해당 국가의 언어를 구사하는 난민은 1퍼센트에 불과했지만, 대다 수가 새로운 터전에서 일자리를 구할 수 있었다. 민족 간 긴장이 고 조되었음에도 2021년 선거 결과는 반이민 극우정당의 인기가 크게 감소했음을 보여주었다.

독일이 100만 명의 난민을 받아들인 것은 인도주의 위기에 대 한 관대한 대응이기도 했지만, 경제적 측면에서도 현명한 결정이었 다. 당시 독일은 경제 호황기에 접어들고 있었는데, 터키 이민자들 이 고국으로 돌아가면서 발생한 노동력 부족을 메워야 했기 때문이 다. 스웨덴도 학교와 축구팀을 재개하는 등 인구가 감소한 마을을 되살릴 수 있는 기회를 잡았다. 현재 스웨덴이 직면한 가장 큰 두려움은 이민자들이 시리아로 돌아가는 것이다. 이는 경제적 절박함에서 비롯된 두려움인데, 고령화되는 인구구조에서 노인 부양 비율을 낮게 유지하기 위해서는 이민을 늘릴 수밖에 없기 때문이다. 나는 우크라이나 난민들이 호스트 국가에 정착하게 되면 장기적으로 이들 나라에도 경제적으로 이익이 될 것이라고 믿어 의심치 않는다.

물론 이주는 이민자 당사자에게도 이익이다. 세계은행에 따르면, 가난한 나라에서 부유한 나라로 이주하는 이민자는 평균적으로 본국에서보다 3~6배 많은 소득을 올릴 수 있다. 나이지리아의 비숙련 노동자는 나이지리아에서보다 미국에서 1,000퍼센트 더 많은 소득을 올리고, 멕시코 노동자는 평균 150퍼센트 더 많이 번다. 높은 임금은 이주의 동인 중 하나지만, 이동성을 통해 얻을 수 있는 기회는 단순히 금전적인 것 이상의 의미를 갖는다. 부유한 국가는 우수한 제도, 부패가 덜한 정부, 효율적인 시장, 잘 운영되는 글로벌 기업을 보유하고 있으며 무엇보다 안전하다. 이러한 환경은 노동자들이 같은 일을 하더라도 가난한 나라보다 부유한 나라에서 더 생산성이 높아진다는 의미다. 과학자들이 부유한 나라에서 더 생산적인 이유는 장비가 더 좋고 자금 지원이 안정적이며, 더 다양한 전문 지식을 활용할 수 있는 데다 협업의 기회가 많기 때문이다. 부유한 나라의 건설 노동자들이 더 나은 건물을 짓는 것은 더 나은 공구와 고품질 자재, 안정적인 전기와 물 공급, 안전과 품질에 관한 더 엄격하고 강제성 있는 규제가 있기 때문이다.

세계은행 연구에 따르면, 부유한 국가들이 이민을 통해 인구를 3퍼센트씩만 늘리면 10년 이내에 전 세계 GDP가 3,560억 달러 이상 증가할 것이라고 밝혔다. 수석 연구원 마이클 클레멘스는 국경이 모두 개방될 경우 아무나 주워갈 수 있는 "1억 달러짜리 지폐가 길바닥에 놓여 있는 것과 같다"고 말했다.[14] 옳은 말이다. 경제를 성장시키려면 생산성을 높여야 하는데, 그렇게 하는 한 가지 방법이 노동력을 늘리는 것이기 때문이다.

유엔 국제노동기구가 유럽 15개국을 대상으로 실시한 연구에 따르면, 한 국가의 인구가 이민을 통해 1퍼센트 증가할 때마다 GDP가 1.25~1.5퍼센트 성장하는 것으로 나타났다.[15] 호주는 2009년 세계 경제 불황기에도 이민자를 받아들여(호주인 네 명 중 한 명이 해외에서 태어났다[16]) GDP를 3퍼센트 성장시킬 수 있었다.

따라서 이민은 개인들만이 아니라 사회를 위한 적응 전략이기도 하다. 한 연구에 따르면, 기후변화의 경제적 비용 중 상당 부분은 단순히 경제 활동을 이전하는 것만으로도 완화할 수 있다고 한다.[17] 현재 전 세계 생산의 90퍼센트가 전 세계 땅의 10퍼센트만 사용하므로, 기후 위험에 직면한 10퍼센트를 90퍼센트 내의 더 쾌적한 환경으로 옮기는 것은 합리적이며 충분히 실행 가능한 일이다. 연구자들은 다양한 온도 상승 시나리오에서 세계 경제를 모델링했다. 한 시나리오에서는 사람들이 전 세계를 자유롭게 이동할 수 있게 하고 다른 시나리오에서는 이동을 제한했다. 첫 번째 시나리오에서는 많은 사람들이 북쪽으로 이동했기 때문에 복지 손실이 적었다. 적도 온도가 2도(북극의 경우 6도)가량 비교적 적게 상승할 경우,

이번 세기말에는 농업과 제조업의 평균 위치가 북쪽으로 10도 정도 이동하게 된다. 이는 오슬로가 프랑크푸르트의 기후를 갖게 되고, 시카고가 댈러스의 기후를 갖게 되는 것이다. 기온이 더 많이 상승하면 위치 이동의 폭도 커진다.

하지만 이동을 제한한 두 번째 시나리오에서는 복지 비용이 급격히 증가했다. 연구자들이 45도선(미국 북부와 남유럽을 통과하는 선)에 경직된 국경을 설정하고 그 위에 약 10억 명, 그 아래 약 60억 명을 거주하게 했더니, 국경 위쪽은 농업 생산성이 증가한 반면 국경 아래쪽은 곧 5퍼센트 더 가난해졌다. 다시 말해, 이주를 촉진하면 경제를 더 탄력적으로 만들 수 있다.

오늘날 시골 생활이 단일 원인 중 가장 큰 사망 원인으로 꼽힌다. 의료 서비스와 깨끗한 물, 위생을 누릴 수 없고, 빈곤과 영양실조를 겪을 확률이 높으며, 생계가 불안한 탓이다. 국제농업개발기금(IFAD)에 따르면, 전 세계 인구의 4분의 3이 시골 지역에 거주하고 있으며 평균적으로 이곳 임금은 도시보다 1.5배 낮다. 이 문제는 도시 이주로 해결할 수 있다.

오늘날 수억 명의 사람들이 조상 대대로 살아온 마을을 떠나 인구가 급격히 불어나는 도시로 이주함에 따라 인류는 역사상 가장 큰 규모의 이주를 겪고 있다. 즉 강력한 세대 간 네트워크와 식량을 손수 기를 수 있는 가족 소유의 땅이 있지만, 안정적인 임금이나 발전 기회가 거의 없어서 점점 빈곤해지는 곳을 떠난다는 뜻이다. 세대를 거듭할수록 가족 소유의 땅은 점점 더 작은 구획으로 쪼개지는 데다, 점점 악화되는 환경 조건 속에서 식량을 재배해야 한다. 이것만으로도 절망적인 사람들이 성공을 찾아 떠나기에 충분하다. 2100년이 되면 거의 모든 사람이 도시인이 될 것이다.

일자리를 찾아 도시로 떠나는 이들은 대개 처음에는 영구적으로 이주하지 않는다. 그들은 이주한 곳에서 돈을 벌어서 고향에 있는 가족에게 보낸다. 그 돈은 노부모, 가족에게 맡겨둔 자식, 어린 형제자매를 포함한 가족을 먹여살리는 데 쓰인다. 이러한 도시 이주자들이 고향으로 송금하는 돈은 많은 국가의 농업경제를 살리는 원동력이다. 팬데믹 기간 동안 감소하기는 했지만 전 세계 송금액은 연간 5,500억 달러에 이른다. 솔직히 이주민이 보내는 돈이 없다면 지구 남반구의 많은 시골 마을은 유지되지 못하고 이미 버려졌을 것이다.

이렇게 고향으로 보내진 돈은 이주민의 직계 가족을 훨씬 넘어서는 광범위한 혜택을 가져다준다. 가나에서는 해외 친척의 도움을 받는 가정의 아이들이 그렇지 않은 경우보다 중등학교에 다닐 확률이 54퍼센트 더 높다. 학교 자체도 송금 덕분에 지어지거나 유지되는 경우가 많다. 그리고 본국으로 송금된 돈을 가지고 사람들은 집을 짓고, 직원을 고용하는 사업을 시작하고, 기계에 투자하거나 장비를 업그레이드할 수 있다. 여기서 핵심은 순환 네트워크다. 이 네트워크는 이주를 촉진하고, 이주를 통해 호스트와 본국 집단을 번영하게 만든다. 사람과 자원의 이런 순환과 이동은 지속가능한 이주의 매우 중요한 부분이며, 성공적인 정책을 마련하기 위해서는 반드시 고려해야 할 요소다.[18]

이주하는 사람들은 그들이 도착한 곳에서 더 다양한 기회의 도시를 만들어 다른 사람들의 이주를 용이하게 하는 동시에 그들이 떠나온 고향 마을의 생계, 주거, 교육 기회를 개선한다. 연구에 따르면 해외 대학에 진학한 이민자들은 고국에 있는 사람들이 학교에 가도록 장려하고, 민주국가로 이주한 사람들은 친구와 가족에게 투표를 독려하는 등 고국의 민주주의를 촉진하는 데 도움을 주는 것으로 나타났다. 말리에서 실시한 한 연구에 따르면, 귀국한 이민자의 투표율이 훨씬 높았으며 귀국한 사람이 많은 지역에서는 비이주민의 투표율도 상승했다.

실제로 이주는 한 국가가 거의 모든 개발 지표를 달성할 수 있도록 돕는 가장 효과적인 방법이며, 정치적으로는 그리 매력적이지 않을지 몰라도 원조보다 훨씬 합리적이다. 개발도상국의 경우 송금으로 받는 금액이 부유한 국가로부터 원조로 받는 금액보다 평균 2.5배나 많았다. 예를 들어 나이지리아는 2018년에 해외에서 일하는 이민자들로부터 243억 달러를 송금받았는데, 이는 개발 원조로 받은 금액의 8배, 외국인 투자로 받은 금액의 10배가 넘는다. 원조로 받은 돈은 행정 급여, 캠페인, 구호 요원들을 위한 사륜구동 차량 구입 등에 사용된다. 하지만 송금액은 개발 원조와 달리 비싼 송금 수수료와 환전 수수료를 감안하더라도 수혜자에게 직접 전달되어 사람들의 삶을 개선하는 데 쓰인다. 유네스코는 이런 수수료를 낮추면 교육에 대한 민간 지출을 연간 10억 달러까지 늘릴 수 있다고 추산한다.

그럼에도 불구하고 부유한 국가들이 이주를 억제하기 위해 내놓은 인도적인 아이디어 중 하나는 '근본 원인'을 해결하는 것이었다. 이 목적을 위해 유럽연합은 아프리카 원조를 위해 수십억 유로 규모의 기금을 조성했다. 하지만 여러 연구에 따르면 가난한 국가에 대한 원조나 경제 개발이 이주를 줄이지 않으며 오히려 반대 결과를 낳기도 하는 것으로 드러났다. 이주는 실제로 개발의 궤적을 따라간다. 즉 가난한 나라가 부유해짐에 따라 이민 비율이 증가한다. 이는 대체로 부유한 나라로 이주하는 데 많은 돈이 들기 때문일

것이다. 밀입국, 비행기 티켓, 고등 교육 등의 경로를 통한 출국에
는 많은 비용이 든다. 극빈층은 이런 비용을 감당할 수 없지만, 감
당할 수 있는 사람들은 이 비용을 미래에 대한 투자로 여길 수 있
다. 국가가 부유해질수록 더 많은 사람들이 이러한 투자를 감당할
수 있게 되고, 이는 일인당 연평균 소득이 약 1만 달러에 도달할 때
까지 계속된다. 이 시점에 이르면 부유한 국가와 비교해 소득이 조
금만 높아도 이주에 따르는 비용과 변화를 바람직하지 않다고 생각
하게 된다. 현재 사하라 사막 이남 아프리카의 평균 소득은 1만 달
러의 3분의 1수준이다.

그렇다고 해서 개발 원조를 포기해야 한다는 말은 아니다. 개
발 원조는 가난한 나라의 보건과 교육을 개선하는 데 필수적이며,
이는 특히 부유한 나라들이 과거에 식민 지배, 자원 수탈, 기타 정
책을 통해 이 나라들을 빈곤하게 만드는 데 일조했음을 고려하면
그들이 해야 할 의무이기도 하다. 하지만 이민을 막으려고 원조를
늘리는 것은 마치 사람들이 학교에 가지 못하게 하려고 교과서를
더 많이 인쇄하는 것이나 마찬가지다. 잘못된 생각이다. 한 연구에
따르면, 이라크와 같은 국가에서 유럽연합 국가로 오는 이민자 한
명을 막기 위해서는 180만 달러의 원조가 필요하고, 공식 경로를
통해 오는 이주민을 막으려면 1인당 400만에서 700만 달러 가량의
훨씬 더 많은 비용이 든다.[19]

게다가 우리가 전 세계 생산성을 순전히 경제적 관점에서만
본다면, 노동력은 인류가 소유한 가장 중요한 재화다. 나이지리아
사람들이 일자리가 있는 곳으로 이주할 수 있게 돕는 대신 나이지
리아에 돈을 보내는 것은 사막에서 농사를 짓거나 남극에 공장을
짓고 자동차를 생산하는 것만큼이나 합리적이지 않다. 마찬가지로

네덜란드나 캐나다의 확립된 제도와 평화, 번영, 훌륭한 거버넌스를 수단이나 예멘에 이식하는 것은 노동자와 그 가족을 더 생산적인 국가로 이주시키는 것보다 훨씬 더 어렵고 비효율적이다. 이주는 불가피할 뿐만 아니라 장려되어야 한다. 우리가 이 지구에 사는 한정된 수십 년 동안, 사람들은 더 나은 기회가 있는 곳으로 자유롭게 이동할 수 있어야 한다. 출생의 우연에 발이 묶여서는 안 된다.

오늘날 우리 세계는 이런 유연한 국경과 거리가 멀다. 그러면 잘 관리되는 세계 이동 시스템을 어떻게 마련할 수 있을까? 기후변화와 마찬가지로 대규모 이주도 세계적 수준에서 관리해야 할 문제다. 인간 활동의 세계화와 우리가 직면한 문제의 전 지구적 규모에 비추어볼 때, 지금 우리에게는 행동에 나설 수 있는 새로운 협력 기구가 필요하다. 지난 10년간 글로벌 기구의 권한이 약해진 결과를 우리는 몸소 경험했다. 세계는 온실가스 배출을 막기 위한 행동에 나서는 데 실패했으며, 지구 남반구 사람들에게 코로나 백신을 적시에 접종하는 데 실패했다. 우리는 이를 교훈으로 삼아 국제 문제들에 대한 세계적 협력을 강화해야 한다.

이상적으로는 모든 이주민이 고국을 떠나기 전에 일자리를 구하는 것이 좋지만, 현실에서는 많은 사람들이 갑자기 발생한 기상이변 때문에 어쩔 수 없이 이주하게 될 것이다. 이 문제를 해결하는 한 가지 방법은 실질적인 권한을 지닌 유엔 이주기구를 창설해 각국 정부가 난민을 수용하도록 강제하고(지금도 각국 정부는 그렇게 하도록 요구받지만 하지 않는 경우가 많다), 기후변화 탓에 점점 더 힘든 상황에 놓이고 있는 사람들이 대처 불가능한 위기에 이르기 전에 그들을 재배치할 수 있는 합리적인 계획에 합의하는 것이다. 그리고 이주, 보상, 자금, 귀환에 관한 장단기 전략 모두를 관리하는 것이다.

이 기구는 정부 간 지원을 받아 설립해야 하고, 국제 공무원 컨소시엄이 전문가(사회과학자, 도시계획가, 기후 모델을 만드는 연구자)의 자문을 받아 운영해야 하며, 모든 국가가 기여하는 국제 '조세' 제도로 비용을 전액 충당해야 한다.

한 가지 아이디어는 각국이 이주 할당제에 동의하고, 대도시에 대한 투자를 포함해 새로운 이주민을 받아들이는 데 드는 초기비용, 단기적 비용, 그리고 사회 경제적 통합 비용을 마련하기 위해 사전 합의된 기금(또는 대출)을 받는 것이다. 이 중 일부는 출발지 국가가 부담할 수도 있다. 유럽연합은 지난 몇 년 동안 난민과 망명신청자들을 위한 일종의 할당제를 추진하려 했지만 헝가리와 폴란드를 포함한 일부 회원국(아이러니하게도 이주민의 입장에서 보면 가장 선호도가 떨어지는 국가들)의 방해로 무산되었다. 결과적으로 유럽연합의 망명 절차는 완전히 망가졌고, 이주민을 경제적 도움이 되는 기여자로 환영하기는커녕 국경을 맞대고 있는 몇몇 남쪽 국가들이 감당해야 할 사회·경제적 부담으로 만들어버렸다. 이주민들은 인맥이 있는 곳에서 겨우 입에 풀칠하며 살거나 아니면 잊힌 존재로 고립되어 살아간다. 앞서 설명했듯이 이들은 종종 부적절하게 수용소에 수년 동안 수감되고, 현지인들의 분노를 사며, 많은 사람들이 억울하게 죽어간다.

대신 모든 사람에게 출생 시 부여되는 시민권 외에 유엔 시민권을 줄 수 있을 것이다. 난민 캠프에서 태어나 서류가 없는 사람이나, 이번 세기 후반이면 사라질 작은 섬나라의 시민 같은 일부 사람들에게는 유엔 시민권이 국제적 인정과 지원을 받을 수 있는 유일한 방법일 수 있다. 여권은 무국적자 여권을 기반으로 발급될 것이다. 이 무국적자 여권은 초대 국제난민고등판무관이었던 노르웨이의 극지 탐험가 프리드쇼프 난센의 이름을 따 '난센여권'이라고도 불린다. 국제적으로 인정받는 난민 이동 서류 50만 장이 1922년부터 1938년까지 제1차 세계대전 이후 발급되었으며, 주로 아르메니아와 러시아 난민에게 발급되었다. 헝가리 출신의 저명한 사진기자 로버트 카파도 난센여권 소지자였다.

난센여권의 유효 기간은 최대 1년이었지만 갱신할 수 있었다. 난센여권 소지자는 일자리를 찾아 다른 국가로 이동할 수 있었고, 이를 통해 과밀화된 지역의 압력을 완화하는 데 도움이 되었다. 그리고 (당시) 국제연맹 회원국들 사이에 난민을 더 '공평하게' 분배할 수 있었으며, 각 국가들은 국경을 출입하는 난민을 추적할 수도 있었다. 난민 입장에서 보면, 난센여권은 새로운 시민권을 취득하기 전까지 망명 국가에서 누릴 수 있는 권한에 더해 새로운 형태의 국제적 보호를 제공했다. 난센여권제도에는 감탄할 만한 점이 많다. 특히 난민과 기타 이주민이 안전하게 국경을 넘지 못하거나 일자리를 찾지 못하고 발이 묶여 있는 오늘날의 관점에서 보면 말이다. 이주민이 일자리가 있는 곳으로 자유롭게 이동할 수 있도록 이동성을 보장하는 난센식 제도는 안전하고 적극적으로 관리되는 이주를 위해 필수적이다. 그리고 변화하는 인구통계학적 요구를 관리하는 데 필요한 데이터를 각국에 제공하는 데도 도움이 된다. 무엇보다 유엔 시민 제도를 시행할 수 있는 것이 장점이다.

사람들은 (이상적으로) 출발지 국가에서 이주를 신청하고, 할당제에 따라 안전한 도시에서 거주 비자를 발급받게 될 것이다. 선망되는 기술이나 부를 가진 이주민은 목적지 도시를 선택하는 것이 훨씬 쉬울 수밖에 없지만, 할당제는 도움이 필요한 모든 사람에게 안전한 보금자리를 보장해야 할 것이다. 임시 비자, 직업 비자, 또

인류세, 엑소더스

는 이민 추첨과 같은 제도를 사용하면 할당제 내에서 이민자를 배분할 수 있다. 미국, 영국, 캐나다를 포함한 많은 국가에서 이미 이민추첨제를 사용하고 있다.

이주의 규모와 진행 속도를 고려할 때 이주민들은 새로운 도시를 건설하거나 기존 도시를 확장하는 데 참여해야 할 것이다. 비자는 나이, 기능, 능력에 따라 건설, 돌봄, 쓰레기 및 폐기물 관리, 야생동물 복원, 기타 국가가 필요로 하는 직종에서 주당 일정 시간씩 2~5년 동안 사회봉사를 하도록 하는 요건을 포함할 수 있다. 교육과 급여가 제공되고, 이주자에게 주택과 사업 공간에 대한 소유권 옵션이 주어질 수도 있다. 특히 원주민도 이런 프로그램에 참여한다면 새로운 시민의 사회·문화적 전환을 용이하게 함으로써 진보적인 시민 사회를 구축하는 데 도움이 될 것이다.

전 세계적으로 구속력이 있는 협정을 체결하는 것이 어렵다는 점을 감안하면, 더 이상 미적거려서는 안 된다. 특히 문화적, 또는 역사적 연고가 이미 존재하는 경우에는 양자 간 협약 또는 지역 간 협약을 추진할 필요가 있다. 예를 들어 태평양 국가들은 이미 호주 및 뉴질랜드와 협약을 맺었고, 다른 지역 집단들은 호혜적 노동권, 기능 및 자격 인정, 이동의 자유에 관한 협정을 체결했다. 가장 좋은 모델은 회원국 간에 무역과 노동을 포함한 이동의 자유를 보장하는 유럽연합이다. 만일 스페인 남부에 견딜 수 없는 폭염이 이어질 경우 주민들은 영향을 덜 받는 지역을 찾아 북쪽으로 자유롭게 이동할 수 있을 것이다. 아프리카 대륙도 아젠다 2063 개발 이니셔티브의 일환으로 모든 국가들 사이에 유사한 자유이동 시스템을 구축하기 위해 노력하고 있다. 여기에는 아프리카 연합 여권과 자유무역 협정이 포함된다. 자유무역 협정은 현재 55개국 가운데 54개국

(에르트리아를 제외하고)이 서명해 상당히 진전된 단계에 와 있다. 그리고 자유이동규약은 이보다는 더디게 진행되고 있어서 지금까지 33개국이 서명했지만, 몇몇 국가는 도착 시 바로 비자를 발급하기 시작했다. 분석가들은 자유무역과 이동 혁명이 아프리카 대륙의 경제를 탈바꿈시킬 것이고, 이를 통해 아프리카의 급증하는 청년 인구가 새로운 일자리를 찾을 것으로 기대한다. 유럽연합의 경우, 자유로운 이동 덕분에 유럽의 평균 실업률이 6퍼센트 감소했다.

2032년 미래의 어느날, 아제이 파텔은 이주를 신청하고 있다. 인도 구라자트주 시골에서 쌀농사를 짓던 이 가족은 가뭄과 해수면 상승으로 토양의 염도가 높아져 농사를 지을 수 없게 되자 처음에는 아메다바드 시로 이주했다가, 그다음에는 뭄바이로 갔다. 그와 그의 아내는 십대 자녀 셋을 두고 있고, 빈민가에서 노점상을 하며 살고 있다. 빈민가는 현재 빈번하게 발생하는 폭풍우로 인해 정기적으로 침수되고 있으며, 주기적으로 발생하는 폭염이 치명적인 환경 조건을 만들고 있다. 2020년에는 이 빈민가가 도시의 다른 지역보다 6도 높았지만, 요즘은 비가 내린 후의 습도까지 보태져 치명적인 상황이 되었다. 파텔은 뭄바이에 있는 유엔 이민국에 가족 이민신청서를 제출하면서 가족의 능력을 포함한 세부 정보를 기재하고, 희망하는 세 곳의 도시로 맨체스터(먼 친척이 사는 곳), 글래스고(친구가 사는 곳), 그리고 오타와(장남이 다닐 저렴한 비즈니스 스쿨이 있는 곳)를 적었다. 인도 시민권 말고도 유엔 여권을 발급받으면 이 가족은 어느 국가든 입국할 수 있으며, 일하면서 가족들과 생활할 수 있다. 하지만 반드시 사회보장 지원을 받게 되는 건 아니다. 그러기 위해서는 도시 배정을 기다려야 한다.

인류세, 엑소더스

파텔 가족은 몇 달 만에 애버딘에 5년간 머물 수 있는 이주 비자를 받았다. 그들은 그 결정을 수락하거나 항소할 수 있다. 또는 거부하고 다른 곳에 지원할 수도 있다. 그들은 수락하기로 결정했다. 이 비자에는 조건이 따른다. 파텔 부부는 정부가 지정한 부문 중 하나에서 적어도 2년 동안 일해야 하며 여기에는 초기 교육을 받는 기간이 포함될 수 있다. 이 일자리는 모든 유엔 여권 소지자에게 열려 있지만, 시민과 이주 비자 소지자에게 우선적으로 제공된다. 자녀들은 학교에 다니거나 직업 훈련을 받아야 한다. 그들 가족은 첫 2년 중 적어도 20개월 동안은 그 나라에 머물러야 한다. 그 대가로 가족은 애버딘으로 가는 교통편과 주택, 의료, 어학 수업 및 기타 지원을 받는다. 2년 후에는 원하는 직업을 선택할 수 있다. 파텔은 소매점에서 일하다 나중에 자신의 상점을 열고 싶어 한다. 5년이 끝나면 시민권을 신청할 수 있으며, 시민권을 받으면 원주민과 동일한 권리를 갖게 된다. 유엔 여권을 소지한 난민도 애버딘에서 살고 일할 수 있지만, 이주 신청에 실패하면 우선적으로 일자리를 배정받거나 무료 공공 서비스를 받을 수 없다. 한편 도시들도 할당제에 따라 일할 수 없는 난민들도 온정적으로 받아들이고 지원해야만 한다.

파텔은 건물의 에너지 효율을 개선하는 일을 찾았고, 그의 아내는 사회복지 보조원으로 일하고 있다. 둘 다 무료 어학 교육을 받고 있으며, 얼마 전부터 파텔은 신규 이민자 교육을 돕고 있다. 그의 아내는 간병인이 되기 위해 파트타임 과정에 등록했다. 파텔은 동료 몇 명과 함께 단열재를 공급하는 상점을 열기를 희망하고 있다. 자녀들은 학교에 다닌다.

이것은 가상 시나리오로, 규칙과 제약이 따르는 한 가지 모델을 보여줄 뿐이다. 이런 모델 하에서 이주민은 위험과 빈곤에서 벗어나 자신의 삶을 꾸려나가는 동시에 새로운 사회에 기여할 수 있으며, 회의적인 수용자 집단과 잘 섞일 수 있는 적응 기간을 가질 수 있다. 그리고 전 세계 기후 피해 지역의 도시들은 거주할 수 없는 조건에 사는 소수의 사람들에게 홍수나 폭풍을 견디는 건물, 혹은 에어컨 등을 지원하는 데 재정을 집중할 수 있다. 뭄바이의 경우, 앞으로 수십 년 동안 우리가 직면할 기후 조건에서는 2,000만 명이 넘는 인구를 안전하게 수용하고 먹일 수 없다. 따라서 인구 대다수가 이주해야 할 것이다. 이런 시나리오에서 호스트 도시들은 성장해 나가면서 더 많은 인구를 더 잘 통합할 수 있는 한편, 기후 적응 프로그램과 인프라 개선에 필요한 노동력 수요를 충족할 수 있다.

이 모델에는 많은 대안이 존재한다. 앞으로 수십 년 동안 대규모 인구 이동을 관리하려면, 더 덥고 적대적인 환경에 적응하는 과제를 해결하면서도 인간의 존엄을 지킬 수 있는 방법을 미리 계획해야 한다.

6

새로운

코스모폴리탄

준비가 잘 되었든 안 되었든 사람들은 이동하고 있다. 우리는 이런 흐름에 대비할 수 있고, 또 대비해야만 한다.

절박한 이민자들을 미국이나 유럽, 호주에서 쫓아낼 인도적인 방법은 없다. 북유럽과 캐나다처럼 기후 면에서 운이 좋은, 아직 살 만한 지역에 거주하는 사람들이 담장을 쌓거나 총을 겨누어 이민자를 막을 수는 없다. 이민자들은 너무도 많고, 아무리 막아도 계속 올 것이다. 다른 선택의 여지가 없기 때문이다. 우리에게 남겨진 문제는 그들을 도울 것인가, 아니면 가만히 서서 그들이 죽어가는 것을 지켜볼 것인가다.

이 말이 무섭게 들린다면 그것은 그동안 이주에 대해 들어온 이야기가 주로 외국인 난민의 위협에 초점을 맞춰왔기 때문이다. 사람들의 지속적인 이주를 기회나 실용성, 불가피한 현실로 보는 시선은 많지 않다. 우리는 이주에 대한 서사를 바꿔야 하고, 누구나 이 서사의 일부임을 인식해야 한다. 우리는 일과 즐거움을 위해, 자녀에게 더 나은 기회를 주기 위해 이주한다. 운이 나쁜 경우, 위험을 피하기 위해 이주한다. 사람들은 준비가 되었든 안 되었든 이주하고 있다.

2021년 11월, 정원을 초과해 이주민을 태우고 프랑스에서 영국으로 향하던 보트 가운데 한 척이 영국해협을 건너다 침몰했다. 이 사고로 어린이 3명을 포함한 27명이 차가운 물속에서 숨졌다.

피할 수 있었던 이 비극에 일부 사람들은 고소해했으며, 어부들은 항구를 봉쇄해 곤경에 처한 이주민들의 구조를 막았다. 영국으로 망명 신청할 수 있는 모든 경로를 차단한 영국 정부는 이주민들을 태운 이 작은 배들을 프랑스로 돌려보내기 위해 군대를 배치하는 방안까지 논의했다. 사망자들에 대한 온라인 뉴스 기사에는 혐오 댓글이 달렸고, 언론사에서 댓글 기능을 차단하자 해당 기사는 웃는 이모티콘과 함께 페이스북으로 퍼 날라졌다.

기자 에드 맥코넬은 익사한 사람들의 소식에 웃는 이모티콘을 올리며 반응한 사람들을 추적해 그 이유를 물어보기로 했다.[1] 맥코넬이 마주한 혐오 댓글 중에는 이민자들이 강간범, 살인자, 테러리스트이고, 우리나라를 약탈하고, 일자리를 빼앗고, 국민건강보험에 부담을 준다는 주장이 있었다. 또한 망명 신청자에게는 어느 국가든 망명을 신청할 수 있는 법적 권리가 있다는 사실을 알지 못하거나 알아도 부정하는 사람들이 있었다.

수십 년에 걸친 반이민적 수사修辭와 그릇된 정보로 인해 부유한 나라에 사는 사람들은 이주에 관한 기본적인 사실조차 제대로 알지 못한다. 이탈리아에서 실시한 설문조사에 따르면, 이탈리아 국민들은 이탈리아 인구의 26퍼센트가 이민자라고 생각하지만 실제 이민자는 10퍼센트에 불과한 것으로 나타났다. 또한 사람들은 이민자에 대한 인종차별적이고 편견에 사로잡힌 표현을, 특히 저명한 정치인들이 반복적으로 사용할 경우 곧이곧대로 믿는다. 이런 표현들 가운데 하나가 이민자들은 대개 폭력적이고 위험한 범죄자라는 것이다. 서구 국가들의 조사에 따르면 이민자들은 가난하고, 교육 수준이 낮고, 실업 상태이거나 수당으로 생활하며, 이슬람교도에 남성일 가능성이 높다는 인식이 국민들 사이에 널리 퍼져 있다. 하지만 실제 현실을 보면, 기독교인은 전 세계 인구의 3분의 1에 불과하지만, 세계 이민자의 절반이 기독교인이며 미국에 거주하는 외국 출신 이주자의 4분의 3, 유럽연합에 거주하는 이주자의 56퍼센트가 기독교인이다. 전 세계 이민자의 27퍼센트만이 이슬람교도이며, 이들은 사우디아라비아나 러시아로 이주하는 경우가 가장 많다.

이민자들이 수당을 받기 위해 부유한 나라로 이주한다는 생각도 근거가 없다. 대다수 이민자들은 일자리를 찾아 움직이고 수당이 가장 많은 나라가 아니라 일자리가 있는 나라로 이주하는 경향이 있다. 이주민의 3분의 1 이상이 사회적 수당이 거의 없거나 전혀 제공되지 않는 개발도상국들 사이를, 단순히 일자리를 찾아 옮겨다닌다는 사실을 명심해야 한다. 게다가 부유한 국가로 이주하는 이민자들은 자국민보다 수당을 받을 가능성이 적은데, 이는 그들이 젊고 건강하게 일을 하는 동안만 해당 국가에 머무르다가 사회보장 혜택이 필요한 나이가 되기 전에 고국으로 돌아가는 경향이 있기 때문이다. 또한 많은 부유한 국가가 이민을 통제하고 있어서 수당을 신청할 수조차 없다. 그래서 '불법' 이민자들은 세금을 꼬박꼬박 납부하면서도 발각될까 봐 두려워서 수당을 신청하지 않는다. 미국에서는 고용주가 이민자를 대신해 지불했지만 이민자가 찾아가지 않은 사회보장보험료 덕분에 1990년대에만 국고가 최소 200억 달러 이상 증가했다. 반면 2020년 트럼프 정부 때는 취업비자제한조치로 인해 미국 경제가 1,000억 달러의 손실을 입었다.[2] 경제협력개발기구(OECD)는 이민자들이 적어도 받는 혜택만큼 세금을 납부하고 있다고 계산한다. 실제로 영국예산책임청은 영국이 이민자를 두 배로 받아들이면 국가 부채를 크게 줄일 수 있다고 계산했다.

범죄와 폭력에 대한 우려도 마찬가지로 근거가 없다. 연구조사에 따르면, 범죄 증가와 이주 패턴 사이에는 아무런 연관성이 없었다. 예외적으로, 영국에 취업 허가를 받지 못한 망명 신청자가 몰려들어 경범죄가 약간 증가한 몇몇 사례가 있긴 했다. 그러나 미국 이민자들은 미국에서 태어난 사람들보다 범죄를 저지를 확률이 훨씬 낮다. 실제로 한 연구는 1990년대에 이민자 증가가 그 기간 발생한 전반적인 범죄율 하락을 주도했을지도 모른다는 결과를 내놓았다.[3]

오늘날 유럽에서 아시아, 그리고 미국에 이르기까지 우리는 이민자에 대한 강한 적대감을 경험하고 있다. 지난 10년 동안 이민자를 줄이고 국경을 강화하겠다는 정치 공약은 진보적 민주주의 국가의 자유주의 정부에서조차 표심을 얻었다. 한편, 포퓰리즘에 편승하는 민족주의 지도자들은 외국인 노동자나 난민에 대해 점점 강경한 태도를 취하고 있다. 국경을 넘어 미국으로 온 멕시코인들이 대거 구금되고, 유럽연합을 탈퇴한 영국에서는 이민자들에 대한 적대적 환경이 조성되었다. 2021년 겨울 벨라루스에서는 중동 난민을 무기로 이용하는 등 이민 문제가 공공의 위협—즉 위기—으로 불거졌고, 이는 반이민 운동과 극우 정당을 등장시켰다.

이런 현상들은 대부분 유럽으로 들어오는 망명 신청자 수가 실제로 감소한 시기에 발생했다. (2011년부터 2015년까지 5년 동안 유럽은 엄청난 수의 시리아 난민을 받아들였음에도 20세기 마지막 5년보다 망명 신청자가 적었다.) 유럽연합에 망명을 신청하는 사람의 수는 매년 변동이 있지만 보통 수십만 건 정도 접수된다.[4] 그러므로 4억 4,500만 인구의 유럽연합이 이민자들에게 포위되었다고 말하기는 어렵다. 하지만 2022년 유럽연합은 위기의 문턱에 서 있었다. 러시아―우크라이나 전쟁으로 인해 수백만 명이 우크라이나에서 이웃 국가들로 피난을 떠났고, 가장 가까운 국가는 가장 강경한 반이민 정책을 펼쳤던 국가였다. 흥미롭게도 폴란드와 헝가리처럼 이민에 적대적이었던 국가들이 몇 년 전 겪었던 '이주민 위기' 때보다 수십 배 더 많은 우크라이나 난민을 관대하게 받아들였다.

유럽 20개국을 대상으로 한 연구에 따르면, 한 국가의 이주민 수와 이주민에 대한 긍정적인 태도 사이에는 강한 상관성이 있는 것으로 나타났다. 연구자들은 "이주민 비율이 미미한 국가가 이주민에게 가장 적대적인 반면, 이주민 비율이 높은 국가는 가장 관용적인 것으로 나타났다"고 밝혔다.[5]

이 연구는 이주민 위기가 낮은 제도적 신뢰, 사회적 고립, 정치적 불만 등 이민과 무관한 요인에서 비롯된다는 걸 보여준다. 연구자들은 제도적 신뢰와 사회적 포용력이 낮은 국가가 이주를 가장 두려워한다는 사실을 발견했다. 흔히 극우 및 포퓰리스트 집단은 전통적으로 좌파의 경제사회정책인 고용 유지, 복지 지원과 연관시켜 이민을 반대하는데, 이는 노동계급이 직면한 사회문제의 책임이 이민자에게 있다는 인식을 심어준다. 연구자들은 "반이민 태도는 이주민과 거의 관련이 없다"고 썼다.

그럼에도 불구하고 반이민적 태도는 우리 사회 전반에 퍼져 정책에 영향을 미치고 있다. 이런 태도는 국가들이 고작 수만 건 이하의 망명 신청을 받고 있는 지금도 이미 문제가 되고 있다. 앞으로 수십 년 내에 많은 국가가 적어도 수십만 건의 망명 신청을 받게 될 것이다. 러시아의 우크라이나 침공으로 첫 3주 동안 1,000만 명의 난민이 발생한 것을 생각해보라. 특히 인구가 적고 균질한 지역에서 대규모 이주를 우려하는 것은 당연한 현상이다. 대규모 기후 이주가 이주민 집단과 수용자 집단 모두에게 평화롭고 성공적으로 이루어지려면 이런 두려움은 반드시 해결되어야 할 중요한 문제다.

잘 관리하면 대량 이주는 삶의 일부가 될 것이며, 균질한 시대를 기억하지 못하는 세대에게는 국제 사회가 특별한 문제로 부각되지 않을 것이다. 젊은 도시인들은 이미 조부모 세대보다 훨씬 더 다양한 사회에 잘 적응하고 있으며, 이는 어느 정도 인구구조 변화가 낳은 결과다. 미국에서 전후 베이비부머 세대는 백인 외 구성원이 겨우 18퍼센트였던 반면, 1997년부터 2012년까지 출생한 Z세대는 거의 절반이 흑인이나 라틴계, 아시아계다. 젊은 세대는 국적을 인종의 관점에서 보지 않으며, 설문조사에 따르면 40대 이하에서 국적이 중요하다고 생각하는 미국인이 절반도 되지 않았고 국적을 정하는 데 출생국가가 중요하다고 생각하는 사람의 비율은 20퍼센트에 불과했다.[6]

이번 세기는 모든 것이 변할 것이다. 앞으로 수십 년간 일어날 환경 변화는 식량 공급 문제와 기타 중대한 도전을 초래할 것이며, 추가로 사회정치적 혼란을 야기할 것이다. 따라서 우리는 미래를 바라볼 때, 지금을 비교 기준으로 삼아서는 안 된다. 우리가 비교해야 할 두 가지 선택지는 기후변화에 따른 인프라의 변화, (돌발적인 홍수와 격렬한 폭풍을 동반하는) 더 더운 환경, 식량 부족, 노동력 감소와 노인 돌봄의 부족, 남반구에 증가하는 분쟁, 테러, 기근, 죽음이 화면으로 생중계되며 불러일으키는 사회적 공포에 휘말린 미래 도시인가, 아니면 불행은 훨씬 적지만 더 많은 외국인이 더 밀집된 도시인가다.

후자가 모두에게 훨씬 낫다. 하지만 그렇게 한다고 해서 아무 문제가 없을 것이란 뜻은 아니다. 특히 지금까지 인구 구성이 균질한 지역에서 집단과 자신을 동일시하며 살아왔던 사람들은 아시아, 아프리카 또는 라틴아메리카의 많은 이민자들이 자신의 마을로 이주하여 마을이 도시가 될 때 발생할 문화 상실을 걱정할 수 있다. 또는 번영을 누리던 작은 마을이 남반구 국가들에서 이주해온 많은 가난한 사람들의 피난처가 될 수도 있다. 결국 대규모 이동에는 많은 변화가 따를 수밖에 없기 때문에, 사람들이 불편함과 불안감을 느끼는 것은 당연하다. 이러한 전환을 잘 관리하는 것이 성공의 열쇠이며, 그러기 위해서는 갈등이 발생하기 전에 우려를 해결해야 한다.

따라서 이민과 관련한 몇 가지 두려움을 자세히 살펴보고 이를 반박해 보겠다. 두려움을 유발하는 분명한 요인들이 몇 가지 있다. 이주민이 들어와 그 지역의 주택, 학교, 보건 의료 및 기타 사회보장 서비스 공급이 부족해지면 수용자 집단이 어려움을 겪을 수 있다. 이 문제를 피하기 위해서는 정부가 신중한 계획과 적절한 투자를 통해 인구 증가에 따른 비용과 사회보장 서비스 제공을 관리해야 한다. 많은 국가가 아직 자국민에게도 사회보장 서비스를 제대로 제공하지 못하고 있다는 점을 고려하면, 이 문제를 해결하지 않는 한 긴장은 계속 높아질 수밖에 없다. 예를 들어 미국은 예산의 15퍼센트만을 사회보장 서비스에 지출하고 있는데, 이는 유럽연합 국가들의 평균 지출의 절반에 불과하다. 사회보장 서비스는 모든 나라에서 증가해야 하지만, 공급이 턱없이 부족해서 보편적인 의료 서비스조차 제공되지 않는 미국에서는 더욱 절실하다.

사회 변화는 정말 어렵다. 다양성이 혁신을 촉진하고 더 생산적인 결과를 낳는다 해도, 별도로 정신적 에너지가 많이 들기 때문이다. 모두가 비슷하게 생각하고 행동할 때 거기에 따르는 것은 어렵지 않다. 하지만 다른 관점을 이해하는 것, 다른 아이디어를 새로운 관점에서 생각한다는 것은 큰 보상이 따른다 해도 힘든 일일 수 있다. 따라서 수용자 집단과 이주민 집단에 시간과 돈을 투자해 다문화 사회로의 전환을 도와야 한다. 누구나 이용할 수 있는 무료 언어 교육, 신규 이민자를 위한 멘토링이나 지원 사업을 운영하면 도움이 될 것이다.

실패한 국가로부터의 대규모 이민이 범죄와 테러를 증가시킬지도 모른다는 두려움이 널리 퍼져 있다. 즉 이민자들이 들어올 때 민족 분쟁도 딸려 온다는 두려움이다. 그래서 많은 국가가 테러 공격을 막기 위해 더 엄격한 이민과 비자 정책을 펼치지만, 실제로 나타나는 결과는 그 반대다. 30년간 145개국을 대상으로 조사한 대규모 연구에 따르면, 이주는 테러 공격을 증가시키기보다 오히려 감소시킬 가능성이 더 높다.[7] 조사를 실시한 과학자들은 무엇보다 이주가 경제성장률을 높였기 때문이라고 설명한다. 몇몇 유럽 국가들에서 이주민 집단이 현지인보다 경범죄율이 더 높은 경우도 있었지만, 이런 현상은 젊은 남성이 이주민의 높은 비율을 차지하는 곳에서만 국한되어 나타났다. 이 경우도 같은 연령 집단과 비교했더니 이주민이 현지인 또래보다 문제를 일으킬 가능성이 더 높지 않았다. 잘 정착해서 일자리를 구한 이주민들은 극단주의자나 테러리스트가 될 가능성이 낮다. 오히려 이민에 대한 두려움이 해결되지 않은 현지인 집단이 백인 우월주의자와 같은 자체 테러리스트를 만들어낼 위험이 있다.

특히 인구가 비교적 적고 균질한 유럽과 북아시아 일부 지역에서는 피부색이 짙은 사람들이 대규모로 유입되면, 문자 그대로 국가의 얼굴이 바뀔까 봐 우려하는 사람들이 있다. 그런 일은 실제로 일어날 것이고 이전에도 일어난 적이 있다. 앞서 살펴보았듯이 유럽인의 옅은 피부색은 인류 진화사에서 비교적 최근에 나타난 현상이다. 원래 유럽인과 영국인은 약 5,000년 전 옅은 피부색의 유라시아 스텝 사람들이 점령하기 전까지 피부색이 짙었다. 그리고 16세기에 유럽인과 영국인 후손들이 아메리카 대륙을 점령하기 전까지 그곳 원주민들의 피부색도 짙었다. 이후 인구 증가로 인해 1900년에는 피부색이 옅은 유럽인이 전 세계 인구의 4분의 1을 차지했다. 이는 아프리카 인구의 세 배였다.

하지만 2050년이 되면, 유럽인은 세계 인구의 7퍼센트에 불과할 것이고, 피부색이 짙은 아프리카인이 3분의 1을 차지할 것이다. 이것이 바로 앞에서 살펴본 인구구조 변화의 결과, 즉 오늘날 유럽인이 아프리카인들보다 아이를 적게 낳고 있기 때문에 일어날 일이다. 모든 지역의 도시는 이미 다문화 사회를 구성하고 있다. 예를 들어 런던 인구의 40퍼센트가 이미 짙은 피부색을 가지고 있다. 2040년에는 미국인 대다수가 짙은 피부색을 지닐 것이다.[8] 이미 많은 도시와 카운티가 그렇게 되었다. 복수의 연구에 따르면, 다인종 도시에 사는 사람들이 모든 피부색의 이민자를 더 잘 수용하는 반면, 피부색이 짙은 사람과의 접촉이 부족한 '백인' 밀집 지역에 사는 사람들은 이민자에 대해 적대적인 것으로 나타났다.

이러한 사회적 전환에 대한 두려움은 반이민 정서를 부추긴다. 의도적이고 편향적인 정책, 그리고 사회 전반에 퍼진 무의식적 편견이 반이민 정서를 조장한다. 당신이 개인적으로는 외국인이나 피부색이 짙은 사람에게 적대적인 편견을 품고 있지 않더라도 주변에 그런 사람이 분명히 있을 것이고, 당신이 살고 있는 사회는 제도적·구조적으로 검은 피부보다 하얀 피부를 선호할 가능성이 높다.

이런 편향은 사회를 좀먹는 문제이기에 그냥 두어서는 안 된다. 난민이 유럽인과 외모나 옷차림이 비슷한 흰 피부의 유럽인이었을 때만큼 유럽연합의 망명 정책이 관대했던 적이 없었다는 사실은 주목할 만하다.

　피부색이 짙은 사람들에 대한 두려움과 편견은 실재하고 무시할 수 없다. 그러므로 열대 지역에서 북부 국가로의 대규모 이주가 성공하기 위해서는 이 문제를 구조적으로 해결해야 한다. 러시아가 우크라이나를 침공했을 때 우크라이나에서 거주하며 공부하던 아프리카와 아시아 이주민들은 그 나라를 탈출할 때 국경에서 매우 다른 대접을 받았다. 유럽연합 지도자들이 우크라이나를 탈출하는 모든 난민에게 국적과 무관하게 망명을 허용하겠다고 밝혔음에도, 피부색이 어두운 사람들은 새로운 거주 국가에서는 말할 것도 없고 우크라이나를 떠날 때조차 상당한 어려움과 고초를 겪어야만 했다. 오늘날 반이민 수사의 대부분이 자국 '인종'이 다른 '인종'에게 압도당할 것이라는 (주로 나이 든 사람들의) 두려움을 이용하지만, 앞서 살펴보았다시피 이것은 생물학적으로 말도 안 되는 소리다. 당신이 옅은 피부에 파란 눈, 밝은 모발을 가지고 있다면 전 세계적으로 소수에 속하겠지만 이러한 외모가 사라지지는 않을 것이다. 이런 특징을 지닌 사람들은 계속 태어날 것이다. 하지만 당신의 자식이나 손자는 더 짙은 피부색을 타고날지도 모른다. 따라서 지금과 같은 전환기에 가장 관심을 가져야 일은 식이보충제를 통해 사람들이 충분한 양의 비타민D를 유지하도록 하는 것이다.

　편견은 대개 두려움에서 나오는 방어기제임을 알아야 한다. 이민자들에게 기회를 제공하는 매우 세계화된 세계는 다른 한편으로는 세계시민이라는 글로벌 엘리트를 만들어냈다. 이들은 여권,

금전적 특권, 교육 덕분에 남들보다 세계를 쉽게 이동한다. 이는 마치 정주 세계를 떠나 세계화된 세계 자체로 이주한 것처럼 보일 수 있다. 한곳에 머무르며 근근이 살아가는 사람들은 이동하는 인류의 격류 앞에서 무력감을 느낀다. 서구 사회는 능력주의 신화를 고집하는 탓에, 어쩌다 보니 쉽게 이동할 수 있게 된 사람들이 자신들은 이런 특권―그리고 그것과 함께 계몽된 자유주의 정치관과 이민자에 대한 수용적인 태도―을 노력으로 얻어낸 반면, 직업과 삶이 정체된 사람들은 가치가 없고 게으르며 행동과 생각이 뒤처져 있다고 생각한다. 이런 생각 자체가 도전이 필요한 편견이다.

마찬가지로 어려움을 겪거나 직업을 잃으면 우리는 구조적 불평등이나 자신을 탓하기보다 이민자들을 탓하기 쉽다. 이런 식으로 동기화된 믿음은 난민 어린이가 안전한 장소를 찾아 떠돌다가 죽을 때 그들을 구조하지 않은 부자 나라를 탓하기보다 아이와 함께 있던 무력한 어른들을 탓하는 지경까지 이르러 인종차별을 합리화하게 된다. 문제는 이주가 아니라 잘못 설계된 정책이다. 두려움에서 나오는 편견의 해결책은 임금이 감소했거나 실업률이 높은 동네에 사는 '뒤처진' 자국민의 절망과 분노를 해결하는 것이다. 그러기 위해서는 사람들이 존엄한 삶을 살도록 돕고 불평등을 감소시키기 위한 사회정책을 설계하고 실행해야 한다. 그리고 세금을 재분배의 도구로 잘 활용해야 한다. 예를 들어 최고 세율을 높이면 세후 불평등만이 아니라 세전 불평등도 줄어든다. 세금 탓에 고액 연봉이 무의미해지기 때문이다. 심각한 불평등은 기술 발전이나 자본주의(또는 어떤 다른 경제 제도)의 불가피한 결과가 아니라 사회정책의 실패다. 부유세를 부과하고 탈세를 막는 데 실패한 것이다. 곧 급속히 진행될 대규모 이주 과정에서 편견을 타파하고 포용적 태도를 장려하기 위해서는 현명한 정책이 필요하다.

포용이 핵심이다. 그렇다면 출신 국가가 같은 이주민들끼리 모아서 수용하는 게 좋을까? 그것이 게토를 만들어 원주민 이탈('백인 탈주'라고도 한다)을 초래할 위험이 있더라도? 아니면 싱가포르처럼 국민의 80퍼센트를 공공주택에 수용하고 엄격한 할당제를 통해 각 건물에 다양한 민족이 섞여 살게 하는 게 좋을까? 전 세계 연구에 따르면, 둘 다 필요하다. 한편으로는 분리를 막기 위한 노력이 필요하다. 즉 저소득층을 위한 공공주택을 건설하고 그들을 도시 전체에 분산 배치함으로써 '순수한' 부자만 거주하거나 자국민만 사는 동네가 생기지 않도록 해야 한다. 다른 한편으로는 이주민들이 사회관계망의 이점을 누릴 수 있게 해주어야 한다. 즉 출신지가 비슷한 사람들을 같은 도시로 이주시키면 사회·경제적 복지에 큰 도움이 된다. 새로 도착한 이민자들을 사회의 일원으로 통합하기 위해서는 지원이 필요하다. 이민자 포용 프로그램이 여기에 도움이 된다. 베르가모는 이탈리아에서 망명 신청자들을 위한 통합 아카데미를 운영한다. 이 일 년짜리 '신병 훈련소'는 언어 교육, 지역 내 공장과 기업에서의 인턴십, 무료 지역사회 서비스를 제공한다. 이 프로그램은 제복 착용 같은 엄격한 정책을 추구하고 망명(국제적 인권에 해당한다)을 받아준 것에 대해 이주민이 감사를 표해야 한다는 메시지를 은연중에 내비침으로써 비판받기도 했지만, 이민자들이 새로운 정착지에서 일자리를 찾을 수 있도록 도왔고, 무엇보다 인도주의적 논리를 넘어 이민자가 사회의 유용하고 가치 있는 일원이라는 점을 반이민 정서가 강한 정부와 대중에게 설득하는 데 큰 기여를 했다.

대규모 이주는 국민들이 감내할 수 있는 수준을 넘어서는 급진적 변화 가능성에 대한 두려움을 불러일으킨다. 예를 들어 반이민 운동가들은 이슬람 정권이 민주적인 절차를 통해 선출될 수도 있다는 점을 자주 지적한다. 하지만 일반적으로는 국가 구성원이 다양할수록 덜 극단주의적인 정권이 집권한다. 근본주의적인 정권이나 사회적으로 퇴행적인 정권이 들어서는 것을 정책적으로 막을 방법이 있다. 그중 하나는 이민자들에게 투표권을 부여하기까지 몇 년의 유예 기간을 두어서 이민자 집단과 수용자 집단이 문화적으로 서로 적응할 수 있도록 하는 것이다.[9] 사회에 수용된 이민자 자녀들(2세대)은 일반적으로 부모보다 정치적·성적·종교적으로 더 자유주의적이다. 하지만 소외와 배타적인 사회적 태도는 이민 2세대와 3세대를 극단주의 이데올로기에 물들게 할 수 있다.

앞으로 상황은 변할 것이다. 2020년대의 영국은 1950년대의 영국이 아니며 2070년대의 영국도 아닐 것이다. 19세기 미국은 20세기나 21세기의 미국이 아니다. 장소는 변하고 이민자들은 그 변화에 큰 역할을 한다. 문화적 확장과 변화를 받아들이지 않으면 정체되는 데 그치지 않고 퇴보하고, 극단적인 경우 절멸에 이를 수도 있음을 고에스키모인들이 보여주었다.

대규모 이주는 격변일 테지만 재앙일 필요는 없으며, 오히려 좋은 일이 될 수도 있다. 이주를 통해 다른 문화의 눈으로 한 사회, 즉 새로운 고향을 바라보는 경험은 창의적 기폭제가 될 수도 있다. 음악과 요리, 언어 등은 모두 이주를 통해 다양해지고, 이러한 다양성은 국가를 풍요롭게 함으로써 더 포용력 있고 관용적이며 흥미로운 도시를 만들어낸다. 물론 문화적 손실도 일부 생길 것이다. 유행에 뒤떨어지는 국가적 관습과 전통은 다른 혁신으로 대체될 것이다. 최근 영국에서 가장 인기 있는 음식으로 스파게티 볼로냐와 치킨 티카 마살라를 꼽을 수 있다. 한때 런던에서 인기가 많았던 장어 젤리 같은 토속 요리는 이제 찾아보기 힘들다. 1922년에 태어난 이민자였던 내 할머니는 새로운 고향에서도 극도로 보수적인 입맛을 유지하며 어린 시절 먹었던 중부 유럽의 음식만을 드셨다. 반면 할아버지는 가능한 한 다양한 나라의 음식을 맛보았다. 어떤 사람들은 다양성 증가로 인해 번창할 것이다. 하지만 어떤 사람은 익숙한 문화를 어떤 형태로든 계속 누릴 수 있다는 안심이 필요하다. 이런 전환은 한 문화에서 다른 문화로의 갑작스러운 변화가 아니라, 서로 다른 전통과 사상이 섞이며 서로를 풍요롭게 하는 문화적 융합이다.

대규모 이주는 성공할 수 있다. 이 글을 쓰는 지금으로서는 유럽연합이 우크라이나의 파괴된 도시들에서 유입되는 수백만 명의 난민을 얼마나 성공적으로 관리할 수 있을지 말하기 어렵다. 하지만 지난 30년 동안 중국에서 약 4억 명의 인구가 도시로 이주했다. 이것을 가능하게 한 대규모 건축 공사와 인프라 건설이 중국을 탈바꿈시켜 오늘날은 도시가 전체 국토의 60퍼센트를 차지하는 나라가 되었다. 중국은 전례 없는 도시 이주를 추진하면서 다른 지역에서 도시화를 망쳤던, 가난에 찌든 거대한 빈민가의 폭증을 피할 수 있었다. 비결은 이주민들을 인구가 많지만 빈민가는 거의 없는 중소도시로 유입시키는 것이었다. 이주할 수 있는 지역을 엄격히 제한함으로써 논란을 불러일으키기도 했던 후커우 제도(신분과 거주지를 증명하기 위한 제도)가 큰 역할을 했고, 공공서비스와 많은 행정 기능을 지방 정부에 위임한 것도 도움이 되었다.[10] 이를 통해 지방 정부는 이주민 집단이 정착할 곳과 정착 방법을 결정하는 데 필요한 권한을 가질 수 있었고, 인구구조의 급격한 변화를 효과적으로 관리하고 실업률을 낮출 수 있었다. 또한 중국은 도시 개발을 위한 토지 공간 사용에도 신중을 기했다. 현재 중국의 도시들은 국토 면적의 약 4.4퍼센트를 차지한다. 중국은 우리가 이주자들을 위한 대규모 도시를 빠르게 건설할 수 있다는 걸 보여주었다. 전 세계적 이주를 수용하기 위해서는 북위도 전역에 이런 수준의 야심 찬 계획이 필요하다. 필요시 빠르게 적응하고 건설할 수 있음을 우리 모두에게 이미 보여주었다. 2020년 팬데믹 기간에 런던은 단 9일 만에 텅 빈 건물을 4,000명의 환자를 수용하는 병원으로 개조했고, 중국 우한은 열흘 만에 맨땅에 1,000개 병상을 갖춘 병원을 지었다.

전후의 기관들은 국제사회를 위해 건설되었지만 이제 우리는 세계화된 사회에 살고 있다. 다시 말해, 현대 세계는 국제주의*라는 이념을 중심으로 구축되었는데, 이는 본질적으로 서구의 부자 국가들이 서로를 돕는 네트워크였다. 이 네트워크는 확장되어야 한다. 그 자체로 도전이겠지만, 그 결과가 파국은 아닐 것이다. 우리는 이 새로운 세계를 인간과 자연이 번성하는 곳으로 만들 수 있다. 앞으로 우리가 더 덥고 밀집된 세계에서 한정된 거주지와 자원으로 살아가야 한다는 문제의식은 그동안 대체로 태어난 곳의 지리적·정치적 조건이 한 사람의 삶의 기회를 결정했던 상황에 관해 비판적으로 성찰할 기회를 준다.

다가오는 격변은 모든 이주민이 가진 세계시민으로서의 권리

---

* 　국제주의internationalism는 국가 간의 연대와 협력에 중점을 둘 뿐 주권적 성격을 인정하는 반면, 세계주의globalism는 국가의 주권적 표현이 희석되었음을 강조할 뿐만 아니라 이러한 희석에서 발생하는 갈등도 보여준다.

를 인정하고 보호함으로써 이러한 불평등을 해소할 기회가 될 것이다. 우리 사이에는 차이보다 공통점이 더 많다는 것을 인정할 기회다. 이것이 비현실적이거나 불가능한 일로 보인다면, 2020년 팬데믹 기간 동안 우리 모두가 나서서 몇 주 만에 엄청난 사회적 변화를 이루어냈다는 사실을 생각해보라. 이런 협력은 대체로 갈등이나 권위적 리더십이 없이 이루어졌다. 그리고 여러 국가가 약과 백신을 개발하고 과학적 데이터와 보건 활동을 공유하기 위해 도모한 협력도 생각해보라. 아스트라제네카 같은 대기업, 게이츠재단 같은 비정부기구와 함께 전 세계인은 백신이 한 회사나 부유한 국가의 특허 안에 갇혀서는 안 되며, 세계에서 가장 가난한 사람들에게도 백신이 제공되어야 한다고 주장했다. 물론 저항이 있었고 불평등이 존재한 것도 분명한 사실이지만, 바이러스가 처음 확인된 지 2년 만에 10억 회 분량의 예방 백신이 배포되어 전 세계 빈곤층의 절반 이상이 백신을 접종받았다.

우리는 이미 해낸 경험이 있으니 또 다시 해낼 수 있다. 우리는 생명을 구하기 위해 대규모로 협력할 수 있다. 앞서 살펴보았듯이 이주는 협력의 어머니이자 자식이다.

───────── **국가를 재창조하다** ─────────

인간의 진화 과정에서 갈등보다 협력이 더 중요했다는 사실을 기억하라. 역설적이게도 그것이 인종주의와 부족주의를 부르기도 하지만, 어쨌든 우리는 뛰어난 협력자들이다. 하지만 지금은 전례를 찾을 수 없는 시기다. 어떤 국가안보 위협도 전 지구적 기후변화

인류세, 엑소더스

가 가져올 대규모 이주 등의 사회적 파장에 비견할 만한 것은 없다. 폭염은 이미 전쟁보다 더 많은 사람을 죽이고 있다.

　우리 종의 협력 능력이 지금만큼 필요한 적은 없었고, 지금만큼 큰 시험대에 오른 적도 없었다. 우리가 처한 위기의 규모는 그에 걸맞은 글로벌 협력을 새롭게 요구한다. 그중 하나가 국제시민권과 이주 및 생물권을 관리할 글로벌 기구다. 우리 세금으로 운영되고 국민국가들이 책임지는 새로운 권위가 필요하다. 정치 이론가 데이비드 헬드David Held는 세계화의 진전으로 이제 우리는 국경을 벗어나 '중첩하는 운명 공동체' 속에 살고 있으며, 전 지구적 차원에서 세계시민을 위한 민주주의를 만들어가야 한다고 주장했다.[11] 현재 유엔은 국민국가에 대한 집행 권한이 없지만, 우리가 지구 온도를 낮추고, 대기 중 이산화탄소 농도를 낮추고 생물 다양성을 회복하려면, 세계시민의 위임을 받아 규제하고 관리할 당국이 있어야 한다. 즉 강제력을 갖춘 일종의 글로벌 거버넌스가 필요하다는 뜻이다.

　이런 글로벌 거버넌스를 뒷받침하는 강력한 국가들도 필요하다. 왜냐하면 개인과 사회의 욕구나 필요는 서로 긴장을 빚으며, 이는 전 세계는 고사하고 작고 긴밀하게 연결된 집단에서조차 조정이 어렵기 때문이다. 당신이 수천 마일 떨어진 도시로 목숨을 걸고 이주하기로 선택할 때, 한 번도 가보지 않은 나라에 사는, 이름도 얼굴도 모르는 낯선 사람을 배려하기는 어렵다. 사실은 도로 건너편에 사는 모르는 사람의 필요를 고려하는 것조차 쉽지 않다. 따라서 낯선 사람들 간에 협력을 이끌어내고 모두가 성공할 수 있는 강한 사회를 육성할 수 있는 구조와 제도를 갖춘 국민국가가 필요하다. 우리는 사회의 다른 구성원들과 협력하는 것이 당연할 만큼 유전적으로 서로 긴밀한 관계가 아닌데도 불구하고 마치 가족처럼 협력한다. 우리는 사회의 이익을 위해 매일 개인의 시간과 에너지, 자원을 조금씩 기꺼이 희생한다. 우리를 이렇게 하는 이유는 그것이 우리의 사회이고, 우리의 사회적 가족이고, 우리의 국민국가이기 때문이다. 국민국가의 발명은 우리를 지금처럼 잘 협력할 수 있게 만든 매우 강력한 도구였다. 정치학자 데이비드 밀러가 말하듯 "국가는 협력하는 공동체"다.[12]

그런데 우리는 이제 국제주의와 민족주의를 융합할 필요가 있다. 강력한 국민국가만이 기후변화에서 살아남을 수 있는 거버넌스 시스템을 구축할 수 있다. 강력한 국민국가만이 다양한 지역과 문화에서 유입되는 대규모 이민자들을 관리할 수 있다. 최근 수십 년 동안 세계화의 성장으로 국제주의가 강해졌다. 런던 시민은 영국의 작은 시골 마을에서 온 사람보다 암스테르담 시민이나 대만 시민과 더 많은 동질감을 느낀다. 성공한 많은 도시인에게는 이것이 아무런 문제가 되지 않을지도 모르지만, 시골 지역 거주자들은 상실감을 느낄 수 있다. 사람들은 소속감이 필요한데, 대규모 산업 및 노조가 쇠퇴하고 사회적 공간과 문화적 전통이 사라짐에 따라 많은 사람들이 국가로부터 버림받았다고 느낀다. 이 느낌은 이민자에 대한 편견으로 이어질 수 있는 반감과 두려움을 낳는다. 개인의 자율성을 중시하는 자유주의는 국가 정체성 상실을 해결하지 못했고, 그 빈자리를 포퓰리즘 서사와 이데올로기가 채우게 되었다.

대신 우리는 국민국가를 재창조해야 한다. 이 국민국가는 혈통이나 피부색, 분열을 조장하는 기타 (무의미한) 특징에 기반을 두지 않는 포용적인 국가여야 한다. 우리는 동질감을 느낄 필요가 있다. 공동의 사회적 프로젝트, 언어 및 문화적 사업을 기반으로 유대감을 느낄 필요가 있다. 애국심은 정체성의 원천이 될 정도로 사람들에게 중요하다. 따라서 국가의 공기, 땅, 물, 그리고 이것들을 지키는 것이 중요하다는 생각에서 시작하는 것도 좋다. 우리 모두는 환경 위협에 직면해 있으므로, 기후변화와의 싸움에 군대와 기타 안보기관의 참여를 요청하면 이념적 다리를 놓을 수 있다. 또한 젊은 시민과 이민자들이 재난 구호, 자연 복원, 농업과 사회적 시도를 돕는 국가적 봉사에 참여하면 연대를 형성하는 또 하나의 계기를 만들 수 있다. 그리고 우리는 환경적으로나 사회적으로 유익하면서도 시민들에게 자부심과 존경심을 불러일으킬 수 있는 새로운 국가 전통을 복원하거나 새로 발명할 필요가 있다. 여기에는 함께 노래하고 창작하고 운동하고 공연하는 사회단체와 클럽이 포함될 수 있는데, 거기에 참여하는 회원들은 평생 소속감을 느낄 수 있을 것이다. 전통은 어려운 시기에 존엄을 유지하는 데 도움이 되고, 이민자들이 흡수할 수 있는 애국적 의미를 제공할 것이다. 우리는 지역적 연결을 강화하는 동시에 더 크고 공평한 글로벌 네트워크를 구축해야 한다. 이러한 새로운 애국 서사는 공동선에 기반을 둔 시민 민족주의*를 추구할 것이다. 여기에는 권리와 의무가 있다. 자연에 대한, 그리고 국가적으로(또는 국제적으로) 중요한 의미를 지닌 장소를 보호, 보존하는 일에 문화적 애착을 가지고 열정적으로 임해야 한다. 그리고 우리가 우러러 볼 영웅들도 사회의 국제적 성격을 반영하여 선정되어야 한다.

예를 들어 코스타리카는 '좋은 삶'이라는 뜻을 지닌 '푸라 비다pura vida'라는 용어를 국가 정신, 만트라, 그리고 정체성으로 받아

---

* 공동의 시민권citizenship과 공동의 정치 제도에만 의거하는 '시민적 민족주의civic nationalism'. 이는 종족적 민족주의ethnic nationalism과 대비되는 개념.

들였다. 이 표현은 1970년대부터 널리 사용되기 시작했는데, 이 시기는 이웃 국가인 과테말라, 니카라과, 엘살바도르에서 폭력적 분쟁을 피해 도망친 난민들이 코스타리카로 쏟아져 들어왔을 때였다. 상비군이 없는 대신 자연 보호와 복원, 보건과 교육을 포함한 사회서비스에 투자해온 중앙아메리카의 작은 국가 코스타리카는 이 문구를 빌어 새로운 이민자들에게 자국의 성격과 국민성을 알렸다. "이 문구를 사용하는 누군가는 공동의 이념과 정체성을 암시하는 동시에 그 말을 함으로써 정체성을 구축하는 것"이라고 뉴욕대학교의 안나 마리 트레스터가 설명한다. "언어는 자아를 구성하는 매우 중요한 도구다."[13]

국가적 자긍심이 '자신의 국가'를 다른 국가보다 우월하게 여기는 것을 뜻할 필요도, 의미와 권력을 중앙집중화하는 것을 뜻할 필요도 없다. 그런 자긍심은 오히려 전통을 계승하고, 지역성을 존중하고, 새로운 시민의 막대한 문화적 가치를 인식할 때 생긴다. 유럽연합은 효과적인 초국가적 정체성의 대표적 사례다. 유럽연합이 잘 작동하는 이유는 시민들이 스스로를 유럽인이라고 느끼며 유럽연합의 가치와 동일시하면서도 동시에, 국가정체성을 포기하거나, 역사적으로 정의내려진 좁은 의미의 순수한 민족에 대한 정의에 공식적으로 충성을 맹세할 필요가 없기 때문이다. 개별 국가에도 같은 개념을 적용할 필요가 있다. 예를 들어 런던의 차이나타운은 많은 사람이 찾는 관광 명소이며 리틀인디아도 마찬가지다. 설령 중국계 영국인과 인도계 영국인이 종종 편견과 사회경제적 불이익에 직면한다 해도, 이들도 영국의 국가 정체성의 일부다.

국가가 분열을 조장하는 부족주의에 얽매이지 않고 국민 모두에게 국가적 자긍심을 심어주려면 불평등을 줄여야 한다. 국가는 국민이 투자받고 있다는 기분이 들도록 국민에게 투자해야 한다. 즉 소수의 글로벌 귀족이 아닌 모두의 이익을 위해 사회적 환경적 규제를 적용함으로써 자유시장 자본주의에 규제와 제약을 가해야 한다. 유럽연합과 미국에서 제안된 그린뉴딜은 경제를 회복하고 일자리와 존엄성을 제공하는 동시에 환경 변화라는 더 큰 사회적 프로젝트로 사람들을 통합하기 위한 정책의 한 가지 사례.

사람들이 태어난 지역에 고정되어 있다는 생각을 마음속에서 지우려고 노력하라. 마치 태어난 지역이 한 인간으로서의 가치나 개인으로서의 권리에 영향을 미치는 것처럼, 국적이 지도 위에 그어진 임의적인 선 이상의 것을 의미하는 것처럼 생각하지 않도록 노력하라.

우리가 안전한 집에 편안히 앉아 있는 동안, 수백만 명의 이주민들이 똑같은 상태를 간절히 원하고 있다. 일할 기회, 새로운 사회에 기여할 기회, 가족의 인간다운 삶을 간절히 원하고 있다. 이들 중 상당수는 고향을 떠나게 되리라고는 꿈에도 생각지 못했던 고학력 전문직 종사자들이다. 점점 많은 사람들이 이 대열에 합류할 것이다. 지금 있는 곳에 계속 머무르기에는 비용이 너무 많이 들거나, 머물기 어렵거나, 위험한 시점이 올 수 있다. 당신 집에 화재보험을 들 수 없다거나 홍수를 겪은 후 집을 수리하는 데 너무 많은 비용이 든다거나, 너무 더워서 1년 내내 집안에서 에어컨을 켜놔야 한다거나, 당신이 사는 지역이 살기 힘들어져서 사업체와 상점이 문을 닫고 주택 대부분이 텅 비는 때가 오면, 당신 역시 다른 곳으로 이주해야 할 것이다. 당신과 당신의 가족을 위해 생존 가능한 삶을 구축할 수 있는 어딘가로.

7

지구의

피난처

앞으로 이주는 우연이든 의도이든 세계를 재구성할 것이다. 의도적인 편이 훨씬 낫다. 온도가 섭씨 3~4도 상승한 세계에서 인류가 생존하기 위해서는 과감한 계획이 필요하고, 이 계획에는 극북 지역에 거대한 새 도시를 건설하는 동시에 열대의 넓은 면적을 포기하고 새로운 형태의 농업에 의존하는 방안이 포함되어야 한다. 또한 변화한 지구와 급변하는 인구구조에 적응하는 것도 필요하다.

우리의 미래는 인류가 이 전례 없는 협력을 해낼 수 있느냐, 즉 정치적 지도와 지리적 위치를 분리할 수 있느냐에 달려 있다. 비현실적인 이야기로 들릴지 모르지만, 우리는 세계를 새롭게 바라보고 정치가 아니라 지질학과 지리학, 생태학을 기반으로 새로운 계획을 개발할 필요가 있다. 다시 말해 담수 자원이 어디에 있는지, 어디가 우리에게 안전한 온도인지, 태양 에너지와 풍력 에너지를 가장 많이 얻을 수 있는 곳이 어디인지 파악한 다음에 이것들을 바탕으로 인구와 식량, 에너지 생산을 계획해야 한다.

만약 일인당 20제곱미터의 공간(이는 영국 건축규제에서 허용하는 일인당 최소 거주 공간의 두 배 이상이다)을 허용한다면, 110억 인구가 살기 위해서는 22만 제곱킬로미터의 땅이 필요하다.[1] 그렇다면 지구상의 모든 사람을 한 나라에 수용할 충분한 공간이 존재한다. 캐나다 한 곳만 해도 표면적이 990만 제곱킬로미터니까. 물론 내 의도는 터무니없는 계획을 제안하려는 게 아니라, 어느 한 나라가 '꼭 차서' 이주민을 더 받을 수 없다고 주장할 때 이런 생각을 해볼 필요가 있다는 것이다.

그러면 자비로운 '인류 보존주의자'의 눈으로 세계를 새롭게 바라보고, 앞으로 수십 년 동안 이 까다로운 종 전체를 이주시키기에 가장 좋은 장소가 어디인지 찾아보자.

나쁜 소식은 기후변화의 영향에서 자유로운 곳이 지구상 어디에도 없다는 것이다. 모든 곳이 기후변화로 인해 어떤 종류의 변화를 겪을 것이다. 직접적인 영향을 받을 수도 있고, 세계적으로 상호 연결된 생물물리학 및 사회경제적 시스템의 일부로서 간접적인 영향을 받을 수도 있다. 기상이변은 이미 전 세계에서 일어나고 있으며 앞으로는 '안전한' 지역을 강타할 것이다. 하지만 일부 지역은 이런 변화에 더 쉽게 적응할 수 있는 반면, 다른 지역들은 상당히 빠르게 살 수 없는 곳으로 바뀔 것이다. 2100년이 되면 지구는 다른 행성이 되어 있을 것이다. 따라서 앞으로 우리가 살 수 있는 곳들이 어디인지 살펴보도록 하자.

지구가열화와 함께 우리 종에 적합한 기온의 지리적 위치가 북쪽으로 이동하고 있고, 사람들도 그것을 따라 이동할 것이다. 2020년의 한 연구에 따르면, 인간의 생산성에 최적인 기후, 즉 농업과 비농업 생산에 모두 가장 적합한 조건은 평균 11~15도였다. 인류의 모든 문명은 물론, 수천 년에 걸쳐 사람들은 이 생태적 위치에 모여 살았다. 그러므로 우리의 농작물, 가축, 기타 경제적 관행이 이 조건에 알맞게 적응되어 있다는 건 그리 놀라운 일이 아니다. 연구자들은 인구 증가와 온난화 시나리오에 따라 "앞으로 10~30억 명이 지난 6,000년 동안 인류가 살아왔던 기후 조건에서 벗어나 살게 될 것으로 예상된다"고 밝혔다. 그런데 "이주하지 않으면 세계 인구의 3분의 1이 29도가 넘는 평균 기온을 경험하게 될 것"이라고 덧붙였다. "현재는 이런 온도가 지구 표면적의 0.8퍼센트에서만 나타나며, 대부분이 사하라 사막에 집중되어 있다."[2]

일반적으로 우리는 적도와 해안, 작은 섬(섬의 크기가 줄어들 것이기 때문에), 그리고 건조 지역이나 사막 지역을 벗어나 이동해야 할 것이다. 열대우림과 삼림지대도 화재 위험 때문에 피해야 할 곳이다. 사람들은 내륙과 호수, 고지대, 북위도 지역으로 이동할 것이다. 지구의 지도를 살펴보면, 육지가 주로 북반구에 분포해 있음을 알 수 있다. 육지 면적의 3분의 1 미만이 남반구에 있고, 그 대부분도 열대나 남극에 있다. 따라서 기후 이주민이 남반구에서 피난처를 찾을 수 있는 범위는 제한적이다. 파타고니아는 선택지가 될 수 있다. 파타고니아도 이미 가뭄을 겪고 있지만, 이번 세기에는 농업과 거주가 가능할 것이다. 하지만 이주민을 위한 기회의 땅은 주로 북반구에 있다. 더 안전한 북반구 지역들도 온도가 상승할 것이고 고위도는 적도보다 더 빨리 상승하겠지만 그렇다고 해도 여전히 평균 기온은 열대보다 훨씬 낮을 테니까. 물론 기후 교란으로 점점 흔해지는 기상이변에서 자유로운 곳은 아무 데도 없다. 캐나다 브리티시컬럼비아는 2021년에 기온이 50도까지 치솟아 사하라 사막보다 더 더웠고, 그 몇 달 뒤에는 치명적인 홍수와 산사태가 닥쳐 수천 명의 이재민이 발생했다. 시베리아 툰드라는 현재 불타고 있으며, 영구동토는 얼음이 녹아 인프라를 건설하기에 불안정한 땅이되고 있다.

다행히도 북위도 지역에는 효과적인 제도와 안정된 정부를 갖춘 부유한 나라들이 있어서, 이번 세기의 도전에 사회적·기술적 측면에서 탄력적으로 대응할 수 있을 것이다. 하지만 문제는 이 국가들의 상당수도 이미 이민 문제로 정치적 어려움을 겪고 있다는 것이다. 가장 많은 난민을 수용하고 있는 가난한 국가의 경우 그 정도가 훨씬 심각하다. 앞으로 75년 동안 겪게 될 대규모 기후 이주에 비하면, 아무것도 아닌 수준임에도 벌써 이주 '위기'를 겪고 있다. 그렇다 해도 열대를 거주 가능한 장소로 되돌리는 것보다 앞으로 몇 년 동안 정치·사회적 사고방식을 바꾸는 쪽이 더 실현 가능성이 높다. 유럽 대부분의 국가들이 현재 농작물을 수확하기 위해서 수만 명의 이주 노동자에게 의존하고 있음을 떠올려보라. 북쪽 지역의 농업 조건이 개선되면, 노동력 수요는 증가할 수밖에 없다.

새로운 북쪽의 도시들

북위 45도선 북쪽 지역은 21세기에 호황을 누리는 안식처가 될 것이다. 이 지역은 지구 전체 면적의 15퍼센트를 차지하지만, 얼음이 덮여 있지 않은 땅만 놓고 보면 29퍼센트를 차지하고 있다. 그럼에도 현재는 전 세계 인구(그나마도 노령 인구)의 극히 일부만이 그곳에 거주하고 있기 때문이다. 또한 이 지역은 평균기온 약 13도라는, 인간의 생산성에 최적인 기후 조건에 진입하고 있다.

앞으로 캐나다와 미국의 오대호 지역 같은 내륙의 호수 시스템으로 이주민이 대거 유입되면서 과거 이 지역에서 이탈한 인구를 되돌려놓을 것이다. 광대한 수역이 이 지역을 상당히 온화하게 유지시켜줄 것이기 때문이다. 슈피리어 호숫가에 위치한 미네소타주 덜루스는 '미국에서 위기에 가장 강한 도시'라고 광고하는 것처럼,

이미 변동하는 수위에 대응해 조치를 취하고 있다. 그밖에 미니애폴리스와 매디슨을 포함한 호수 주변의 중서부, 북부 도시들도 좋은 목적지가 될 것이다. 하지만 중서부와 남부 도시들은 극심한 폭염에 직면해 있다. 노트르담대학교의 글로벌 적응 이니셔티브Global Adaption Initiative의 연구자들은 "2040년 극심한 폭염에 직면할 가능성이 가장 높은 상위 10개 도시 중 8개가 중서부에 위치하고 있다"고 결론지었다. 여기에는 디트로이트에서 그랜드래피즈에 이르는 도시들이 포함된다. 동쪽으로 갈수록 위험도가 높아지지만, 뉴욕주의 버팔로와 캐나다의 토론토, 오타와는 해안 지역에서 오는 이주민들에게 안전한 선택지가 될 것이다.

해안 지역이어도 일부 도시들은 준비와 적응을 통해 살아남을 수 있을 것이다. 예를 들어 보스턴은 충분히 북쪽에 있어서 예상되는 폭염을 피할 수 있으며, 도시계획가들은 도로를 높이고, 해안 방벽을 쌓고, 홍수를 흡수하는 습지를 도입하는 등 세부적인 전략을 세워두었다. 뉴욕시도 위협에 직면해 있지만 버리기에는 너무 중요한 도시이기에 광범위한 대책을 수립하고 있다. 하지만 이런 대책들이 얼마나 효과가 있을지는 미지수다. 해안 도시 중에서도 충분히 북쪽에 위치해 있고 해수면 상승에 따른 폭풍과 해일을 막아줄 가파른 해안을 보유하고 있는 곳들은 좀 더 안전할 것이다.

미국의 나머지 지역 대부분이 이런저런 이유로 문제에 처할 것이다. 중앙 회랑 지역(미국 중부와 서부에 놓인 철도 노선 지대-옮긴이)은 점점 토네이도가 심해질 것이고, 42도선 이남은 폭염과 산불, 가뭄에 시달릴 것이다. 해안 지역은 홍수와 해안 침식, 담수 오염의 문제를 겪게 될 것이다. 오늘날 각광받는 지역인 플로리다와 캘리포니아, 하와이 등은 점점 버려질 것이고, 대신 예전보다 쾌적해진 과거 '러스트 벨트' 지역의 도시들이 새로운 이민자들로 구성된 다문화 사회가 활기를 불어넣음에 따라 르네상스를 맞이할 것이다.

알래스카가 미국에서 가장 살기 좋은 곳이 될 것이다. 사람들로 북적이는 인류세의 새로운 북극으로 향하는 수백만 이주민을 수용하기 위해서는 그곳에 도시를 건설할 필요가 있다. 2017년에 미국 환경보호청이 발표한 기후 회복력 평가 지표는 알래스카 코디액 섬을 미국에서 기후이변을 겪을 위험이 가장 낮은 곳으로 꼽았다.[3] 기후 모델 분석에 따르면, 2047년에 알래스카는 오늘날 플로리다와 비슷한 월평균 기온이 된다.[4] 하지만 다른 곳들과 마찬가지로 위치가 중요하다. 알래스카 뉴톡 마을의 주민들은 현재 다른 곳으로 이주하고 있다. 녹고 있는 영구동토와 증가하는 지반 침식 때문에 마을의 일부가 유실되었기 때문이다.[5] 대륙빙상의 후퇴와 툰드라의 해빙은 이미 토착민 마을에 큰 문제를 일으키고 있으며, 그들의 생활방식은 돌이킬 수 없는 수준으로 변하고 있다. (현재 얼어 있는 툰드라에 숨어 노출되기만을 기다리는 미지의 병원균을 비롯한 다른 위험들은 말할 것도 없고) 토착민과 토착 야생동물은 삶의 터전 상실이라는 끔찍한 현실을 맞고 있지만, 다른 한편으로 북극은 거대한 개발 기회를 맞고 있다. 격동의 21세기, 인류가 살기 좋은 지구를 회복하기 위해 노력하는 동안 열대 이주민들은 바로 이곳에 새로운 삶의 터전을 마련할 것이다. 토착민의 자치 공동체가 남반구 이주민의 유입을 환영할 것인지, 아니면 오랜 폭력적인 침입의 역사를 가진 이주민을 거부할지는 두고 볼 일이다. 하지만 사람들은 북쪽으로 이동할 것이고, 그들을 어딘가에서는 수용해야만 한다.

농업이 새롭게 가능해지고 북극해 항로North Sea Passage가 북적거리게 되면, 북극 지역은 완전히 탈바꿈할 것이다. 지구상에서 남극

대륙 다음으로 가장 큰 그린란드 빙상이 녹아내리면 사람들이 거주하고, 농사짓고, 광물을 채굴할 수 있는 새로운 땅이 드러날 것이다. 그린란드, 러시아, 미국, 캐나다의 북극 빙상 밑에는 농경에 적합한 토양과 도시를 건설할 수 있는 땅이 있어서, 이곳에 북극 도시들을 연결하는 허브가 탄생할 것이다.

누크가 향후 몇십 년에 걸쳐 그런 도시 중 하나로 빠르게 성장할 것이다. 덴마크 자치령 그린란드의 수도 누크는 북극권 바로 밑에 자리 잡고 있으며, 벌써 주민들이 "추웠던 옛날"을 이야기할 정도로 기후변화의 영향이 뚜렷하다. 그린란드 내륙의 한 과학 관측소의 기록에 따르면 1991년부터 2003년까지 여름철 평균 기온이 무려 11도 가까이 상승했다.[6] 이곳의 어업은 활황을 구가하고 있다. 얼음이 줄어들어 어선들이 일 년 내내 해안 가까이에서 조업할 수 있고, 해수 온도 상승으로 새로운 어종이 그린란드 해역으로 북상하고 있기 때문이다. 넙치와 대구는 크기도 커져서 어획량 증가에 더해 상업적 가치까지 높아지고 있다. 게다가 빙상이 후퇴하며 드러난 땅은 새로운 농업 기회를 열어주고 있다. 경작 가능한 기간이 길어지고 관개용수가 풍부해진 덕분이다. 누크의 농부들은 현재 감자, 무, 브로콜리 등의 새로운 작물을 수확하고 있다. 후퇴하는 빙상은 또한 광업과 석유 채굴을 포함한 해안 탐사의 기회도 열어주고 있다. 누크는 실질적·경제적 이익을 눈앞에 두고 있다. 그린란드는 이미 다섯 개의 수력발전소를 보유하고 풍부한 빙하수를 전력으로 전환하고 있다. 예측에 따르면, 2100년 그린란드에 숲까지 조성될 전망이다.[7] 그린란드는 지구에서 가장 살기 좋은 땅이 될 것이다.

마찬가지로 캐나다, 시베리아, 러시아의 다른 지역들, 아이슬란드, 북유럽 국가들, 스코틀랜드도 지구온난화로 혜택을 볼 것으로 예측된다. 이 지역의 가장 유명한 과학자 중 한 명이 이미 1세기 전에 이 같은 변화를 예측했다. 스웨덴 화학자 스반테 아레니우스는 이산화탄소 배출이 지구온난화의 원인임을 입증한 지 10년 후인 1908년, 화석 연료를 태움으로써 "우리는 특히 지구의 추운 지역에서 더 온화하고 살기 좋은 기후가 펼쳐지는 시대를 맞이하게 될 것이다. 그때가 되면 지구가 지금보다 훨씬 더 풍성한 작물을 생산하여 빠르게 증가하는 인류에게 도움을 주게 될 것"이라고 썼다.[8]

극지방 주변에 지구온난화가 크게 증폭될 것을 고려한 예측에 따르면, 북극의 순 일차생산량, 즉 매년 성장하는 식물의 양은 극도로 추운 겨울이 사라지는 2080년에 이르러 거의 두 배로 증가할 것이다.[9] (북극의 겨울철 평균 기온은 이미 지구 온도가 2도 상승하는 시나리오에서 IPCC가 예측한 수준을 넘어서고 있다.) 북유럽 국가들은 북대서양 해류의 영향으로 벌써 따뜻한 기온을 누리고 있지만, 앞으로는 겨울에 영하 40도 밑으로 떨어지는 대륙 기온도 완화되어 내륙 지역이 더 살기 좋아질 것이다.

실제로 스탠퍼드대학교의 한 연구에 따르면, 지구온난화로 스웨덴의 일인당 GDP가 이미 25퍼센트 증가했다. 지금까지 온실가스를 가장 많이 배출한 국가들이 "지구온난화가 일어나지 않았을 경우보다 일인당 GDP가 평균 약 10퍼센트 더 높은 반면, 가장 적게 배출한 국가들은 약 25퍼센트 하락했다"고 연구자들은 밝혔다.[10] 열대 이주민을 북쪽 경제에 편입시켜야 하는 도덕적 논거는 분명하다. 연구자들은 지구온난화로 인해 인도의 일인당 GDP는 31퍼센트, 나이지리아는 29퍼센트, 인도네시아는 27퍼센트, 브라질은 25퍼센트 뒤처졌다고 밝힌다. 이 네 국가는 세계 인구의 약 4

분의 1을 차지하므로 지구 온도가 2~4도 상승하면 경제적 여파가 훨씬 더 심각할 것이다. 그렇게 되면 아프리카, 라틴아메리카, 남아시아, 동남아시아 거주자들은 거주 가능한 북부 지역으로 이주해야 할 것이다.

북유럽 국가들의 경우 기후변화 취약성은 비교적 낮은 반면, 적응 가능성이 높다. 특히 기존 농지를 중심으로 경작 가능한 기간이 크게 늘어날 것이고,[11] 새로운 동식물 종이 번성할 것이다. 연구에 따르면 북부에서는 임업만 해도 3분의 1가량 증가할 가능성이 있다. 자작나무 숲은 이미 매년 40~50미터씩 북쪽으로 전진하면서 생태계를 바꾸고 영구동토를 녹이고 있다.[12] 그리고 겨울이 따뜻해져서 난방 수요가 줄어듦에 따라 해당 지역의 전기 사용량은 유럽에서 가장 크게 감소할 전망이다.[13]

유럽 최대 빙하 근처, 그림 같은 장소에 위치한 아이슬란드 남동부의 작은 해안 도시 회픈은 또 다른 승자가 될 것이다. 오늘날 이 도시는 랍스터 잡이와 관광업에 의존해 살아가고 있지만, 앞으로는 산업의 폭이 다양하게 확대될 것이다. 아이슬란드는 해수면이 낮아지고 있는데, 대륙판을 누르고 있던 무거운 빙하가 녹으면서 땅이 다시 떠오르고 있기 때문이다. 스코틀랜드도 마지막 빙하기가 끝난 지 한참이 지났지만 아직도 땅이 솟아오르고 있다. 현재 아이슬란드의 남동 해안이 특히 빠르게 상승하고 있으며, 얼음이 사라진 북서항로(북극을 관통해 대서양과 태평양을 잇는 항로)에 상업 교통량이 증가함에 따라 회픈의 항구가 유리한 입지에 놓이게 되었다. 물론 북극해는 앞으로도 겨울이면 계속 얼 것이다. 하지만 급격한 해빙으로 인해 거의 일년 내내 북서항로가 열려 배가 다닐 수 있을 것이고, 이는 운송 시간을 약 40퍼센트 단축할 것이다. 그 결과 무역과 관광, 어업, 여행이 더 쉬워질 뿐만 아니라 광물 탐사 기회도 새롭게 열릴 것이다.

좋은 위치에 자리 잡고 있는, 캐나다의 또 다른 항구 도시 매니토바주 처칠도 기후변화로 큰 혜택을 누릴 것이다. 북방림과 북극 툰드라, 그리고 허드슨 만 사이에 위치한 이 척박한 전초기지는 주민이 1,100명에 불과하고 전적으로 북극곰 관광에 의존해 살아간다. 1990년에 미국 화물회사 옴니트랙스OmniTrax가 캐나다 정부로부터 7달러에 항구를 매입했을 정도로 처칠의 땅은 척박한 곳으로 여겨졌다. 하지만 적극적인 이주 프로그램을 통해 전 세계로부터 이주민과 기업을 유치함으로써 새롭게 개발된 이 도시는 활기를 되찾은 허드슨 만의 항구를 통해 앞으로 국제 무역을 지원할 수 있을 것이다. 캐나다 북부에서 유일하게 수심이 깊어서 상업용 항구로 활용 중인 처칠은 상하이에서 오는 화물선이 북서항로에서 정박하고 하역하는 주요 지점이 될 수 있다. 처칠은 복원된 철도 노선을 통해 위니펙과 캐나다 나머지 지역을 연결하고 미국과도 연결된다. 또한 캐나다에서 가장 최근에 생긴 주이자 빠르게 성장하고 있는 이누이트 자치령 누나부트 준주에서 불과 100킬로미터 남짓 떨어져 있다. 이곳의 관광 산업은 세계 최고 수준이고, 물이 풍부한 데다 겨울은 온난하다.

처칠은 호황을 누리는 도시가 될 수 있다. 실제로 캐나다는 이민자들의 주요 목적지가 될 것이고, 정부는 2100년까지 이곳 인구를 세 배 늘리는 것을 목표로 이민 유치에 투자하고 있다. 현재 캐나다는 인구를 3,700만에서 1억 명으로 늘리는 것을 목표로 매년 40만 명의 새로운 이민자를 받아들이고 있다. 2021년 12월 캐나다 이민부 장관 션 프레이저는 "캐나다는 이민을 기반으로 건설된 나라이고, 우리는 캐나다가 성공하기 위해 필요한 이민자들을 계속해서 안전하게 맞이할 것입니다"라고 말했다. "나는 40만 1,000명의 새로운 이웃들이 이 나라 전역에 퍼져나가며 지역사회에 제공할 놀라운 기여를 하루빨리 보고 싶어서 견딜 수가 없습니다."[14]

최근에 캐나다로 온 이민자들 대부분은 인도, 중국, 필리핀 등 기후 위협에 놓인 아시아 국가에서 유입되었다. 스탠퍼드대학교의 식량안보 및 환경센터 부소장 마셜 버크는 지구가열화로 인해 경작 가능한 기간이 크게 늘어나고, 인프라 비용이 감소하고, 해상 운송이 증가함에 따라 캐나다의 평균 소득이 250퍼센트 증가할 수 있다고 계산했다.[15] 안정되고 청렴한 민주주의를 운영하고 있으며 세계 담수 가운데 5분의 1을 보유한 데다 420만 제곱킬로미터의 신규 경작지가 생긴 덕분에 이번 세기 후반이면 캐나다가 새로운 곡창지대로 떠오를 전망이다.

러시아도 또 다른 승자가 될 것이다. 러시아의 2020년 국가행동계획에는 기후가열화의 '이점들을 활용하는' 방법이 명시적으로 기술되어 있다. 미국 국가정보위원회에 따르면, 러시아는 '점점 가열화되는 기후에서 가장 큰 이익을 얻을 수 있는 잠재력'을 지니고 있다. 지구 육지 면적의 10퍼센트 이상을 점유하고 있는 나라 러시아는 이미 세계 최대 밀 수출국이다. 기후변화로 인해 이 나라의 농업 지배력은 더욱 커질 것이다. 전 세계에 식량을 공급할 수 있는 국가는 오늘날의 정치적 지형과 상관없이 큰 영향력을 행사할 수 있다. 토양 속 탄소 농도가 세계 최대인 영구동토가 물러나면서 영양분이 풍부한 원시 경작지가 드러나고 있다. 하지만 이것은 재앙적 수준으로 탄소가 배출될 위험도 동시에 갖고 있다. 상세한 모델링 연구에 따르면, 2080년까지 시베리아 영구동토의 절반 이상이 사라질 것이고, 유라시아 대륙에 걸쳐 있는 이 거대한 국가의 가장 척박한 3분의 1이 문명에 '완전히 취약한' 기후에서 '매우 유리한' 기후로 바뀔 것이다.[16] 기후 측면에서 보면 얼어붙은 북부는 더 매력적인 장소로 바뀔 것이고 더 많은 인구를 부양할 수 있을 것이다. 러시아 북부와 동부 지역에 경작 가능한 기간이 길어지면, 사하 공화국의 수도 야쿠츠크 같은 곳은 앞으로 매우 생산적인 땅이 될 것이다. 야쿠츠크는 이미 세계 최대 다이아몬드 생산지이고, 금과 기타 광물 매장량도 풍부하다. 시베리아 영구동토 지대의 후퇴는 광물 채굴 붐을 일으킬 것이다. 2050년이 되면 영구동토는 100마일 이상 후퇴해 있을 것이다.

이처럼 엄청난 잠재력이 존재함에도 불구하고, 영구동토와 빙하 도로의 상실은 러시아 내륙의 대도시들을 포함해 많은 거주지에 큰 문제가 될 것이다. 그리고 정도는 덜하지만 캐나다도 같은 문제를 겪을 것이다. 기본적으로 딱딱하게 얼어붙은 늪지대인 영구동토는 건물, 도로, 철로, 기타 인프라의 좋은 토대가 되었다. 하지만 영구동토가 녹아 다시 늪지대가 되면 그럴 수 없다. 2022년 평가에 따르면, 현재 영구동토 위에 건설된 인프라의 거의 70퍼센트가 2050년까지 지표면 해빙으로 인해 위험에 처할 것으로 예측된다.[17] 이 문제를 해결할 효과적인 공학적 기술은 있지만 상당히 많은 비용이 든다. 연구자들은 2060년까지 연간 350억 달러 이상이 소요될 것으로 추산한다. 인구 밀도가 낮은 캐나다 노스웨스트 준주는 이미 영구동토 피해로 인해 연간 4,100만 달러를 지출하고 있는데 이는 주민 한 명당 약 900달러에 해당한다.[18]

스탈린의 수용소 프로그램으로 건설된 시베리아의 많은 마을들은 항공편을 이용하지 않으면, 일 년 중 얼음도로가 만들어지는 몇 달을 제외하면 접근이 불가능하다. 날씨가 더워져 얼음도로가 생성되지 않으면 이 마을들은 사실상 고립될 것이다. 러시아 내륙은 저위도의 기후 피해 지역들처럼 사람들이 빠져나갈 가능성이 높은 반면, 해안 도시들은 호황을 누릴 것으로 보인다. 하지만 시간이 지나면 해빙된 늪지가 안정화되어 배수나 건설, 또는 농업에 활용할 수 있는 땅이 될 것이다. 러시아도 (2020년에서 2021년 사이에 인구가 100만 명 가까이 줄었지만, 지금까지는 외국인 혐오가 너무 심해서 이민을 받아들이지 않았다.[19]) 급격한 인구 감소에 직면하면서 방침을 바꾸고 있다. 러시아는 인구 증가 없이는 이미 약화된 지정학적 영향력마저 잃게 될 뿐만 아니라 경제력도 쇠퇴할 수밖에 없다는 사실을 인식하고 있다. 러시아 동부의 황무지가 농지로 바뀌면서 현재는 주로 중국에서 온 이주 노동자들이 밀과 옥수수, 콩을 재배하고 있다. 2020년 블라디미르 푸틴은 이주민들이 러시아인이 되기를 희망할 경우 이중 국적을 허용했다. 하지만 러시아의 군사 작전으로 촉발된 경제 제재는 러시아의 선호도를 높이는 데 그다지 도움이 되지 않을 것이다.

그 밖의 다른 지역에도 도시가 새로 생기거나 확장될 것이다. 스코틀랜드, 아일랜드, 에스토니아, 그리고 강으로 둘러싸인 프랑스의 카르카손처럼 물이 풍부한 고지대가 이런 장소에 포함된다. 앞서 말했듯이 지구 남반구는 북반구에 비해 육지가 훨씬 적다. 하지만 파타고니아, 태즈메이니아, 뉴질랜드 그리고 남극 서해안의 앞으로 얼음이 사라질 지역들은 도시로서의 잠재력을 품고 있다. 남극에서만 이번 세기말까지 최대 1만 7,000평방킬로미터의 얼음 없는 새로운 땅이 나타날 것으로 예상된다. 이곳들은 개발 기회가 풍부한 곳이지만, 나는 지구에서 야생으로 남아 있는 마지막 대륙이 소중한 자연 보호구역으로 남기를 간절히 바란다.

다른 곳에서는 사람들이 더 높은 지대로 이주할 것이다. 하지만 이런 지역들 역시 점점 더워지고 있으며, 무엇보다 얼음이 녹고 있어서 얼마 후면 담수를 구할 수 없게 될 것이다. 앞으로 이주민이 유입될 고지대로는 북아메리카의 로키 산맥과 유럽의 알프스 인근 지역이 있다. 예를 들어 스위스에는 호수와 고지대가 있다. 미국에서는 해발 1,600미터가 넘는 로키산맥 동쪽 기슭의 볼더와 그 옆의 덴버에 이미 많은 이주민들이 모여들고 있다. 슬로베니아의 수도 류블랴나 역시 풍부한 지하 대수층과 농업이 발달한 고산 지역이다.

지구 온도가 1.2도 상승한 현재, 많은 산악도시들이 이미 기후 이주민들의 피난처가 되었다. 하지만 온도가 더 높아지면 이곳들도 피난처로 적합하지 않다. 콜롬비아의 도시 메데인(해발 1,500미터의 안데스 산맥 고원 지대에 있다—옮긴이)은 담수가 풍부하고 주변을 비옥한 농경지가 둘러싸고 있다. 그래서 콜롬비아의 건조하고 척박한 지역에서 수천 명의 사람들이 모여들고 있다. 하지만 메데인은 열대에 위치해 있어서 머지않아 기후변화의 타격을 심하게 받을 것이다. 무엇보다 폭풍우가 더 강력해지면서 홍수와 산사태가 일어나 구조물을 붕괴시킬 위험이 있다. 메데인은 인프라의 회복력을 개선하기 위해 노력해왔지만, 기후 충격이 심해지면서 애초에 취약했던 사회제도까지도 위험에 처해 있는 실정이다. 콜롬비아는 수십 년간 반란과 폭력 사태를 겪어왔으며 여전히 매우 가난하다. 대부분의 라틴아메리카 지역들과 마찬가지로 이 나라도 이주자를 받기보다는 발생시킬 가능성이 높다.

사람들은 더 안전한 장소를 고를 테고, 이왕이면 훌륭한 국정 운영과 높은 생산성, 그리고 풍부한 자원을 갖춘 지역으로 가는 편

인류세, 엑소더스

이 훨씬 낫다. 다행히 이런 조건을 동시에 충족하는 장소는 많다. 이런 이주민들 가운데 일부는 빠르게 확장되고 있는 기존 도시와 마을로 향할 것이다. 한편, 러시아의 시베리아와 그린란드 같은 지역에는 완전히 새로운 도시를 건설해야 할 것이다.

국경을 열다

하지만 이주에 적합한 장소를 찾는 것은 이주를 위해 할 일 중 첫 번째 단계에 불과하다. 텐트를 철수하고 떠나면 그만이었던 조상들과 달리, 우리는 복잡한 사회적 그물망에 속해 있고 그것은 일종의 족쇄가 될 수 있다. 인류의 이주, 특히 전례 없는 규모의 격변에 대비해 우리는 영토, 국경, 그리고 우리가 만들어놓은 21세기 세계의 관점에서, 이번 세기의 대규모 이주가 어떻게 작동할지 살펴볼 필요가 있다.

수억 명의 이주민이 안전하게 정착하려면, 현존하는 국가들이 보유한 토지를 국제적 합의를 통해 강제 매입할 필요가 있다. 해당 국가에는 보상과 함께 새로운 도시와 그 도시의 산업에 대한 지분이 주어질 것이다. 또한 새로운 종류의 국제 시민권도 필요할 것이다. 이는 지구가열화라는 위기에서 기후가 회복될 때까지, 더 풍요롭고 안전한 위도의 국가들이 가난하고 취약한 국가의 '돌봄 국가'가 된다는 뜻이다. 그러기 위해서는 전세 낸 도시들, 국가 안의 국가, 또는 200개 국민국가 중 일부가 소멸하고 나머지 국가들이 지역적·지정학적 실체로 통합되는 것이 필요하다. 비교적 최근에 생긴 개념인 오늘날의 국민국가, 국경, 여권에 대한 많은 대안이 존재한다.

예를 들어 전 세계적인 이동의 자유를 제도화하면 수십억 명의 삶을 개선할 수 있을 뿐만 아니라 국가 경제가 활성화될 것이다. 국경을 개방하면 몇백만에서 10억 명 이상으로 추정되는 대규모 이동이 발생할 것이고, 이는 전 세계 GDP를 수십조 달러 증가시킬 것이다.

하지만 국경을 연다고 해서 국경이 없어지는 것도, 국민국가가 폐지되는 것도 아니다. 지구 시스템에 일어날 엄청난 교란에 대비해야 하는 짧은 시간 동안 우리의 지정학적 시스템을 완전히 포기하는 것은 현명하지 못한 일이다. 따지고 보면 우리가 선택한 이주 목적지의 가장 큰 매력은 국민국가의 기능이기 때문이다. 이주민을 유치하고 유지할 수 있는 번영의 장소로 만든 제도와 법치, 투자 결정, 인프라, 그리고 기타 정책들이 바로 그것이다. 부유한 국가의 노동자들이 돈을 더 많이 버는 이유는 평화와 번영을 촉진하는 발전된 제도를 운영하는 사회에 살고 있기 때문이다. 분명 어떤 국가는 다른 국가들보다 잘 운영된다.

방글라데시나 베트남 같은 몇몇 국가에서는 인구의 상당수가 다른 나라로 이주할 것이고, 경우에 따라서는 기존 국민보다 그 수가 더 많아질 수 있다는 점을 고려하면, 이들을 자국민의 정치 구조에 단순히 흡수하기보다는 대표성을 부여해야 한다. 지능적인 법 구조를 통해 이 과정을 신중하고 세심하게 관리해야만 이민자들이 스스로를 가치 있게 느끼고 존엄성을 유지할 수 있으며, 동시에 기존 국민이 밀려나거나 압도당하는 느낌을 받지 않을 수 있다. 예를 들어, 2100년에 캐나다는 이민자와 기존 국민의 비율이 2대 1에 이를 것이다. 캐나다의 성공 열쇠는 기존의 정치 사회적 시스템을 유

인류세, 엑소더스

지하는 것이지만, 새로운 시민의 사회 문화적 필요를 인식하는 것도 그에 못지않게 중요하다.

우리가 물려받은 국가 기반 지정학적 시스템에 대한 대안들도 있다. 예를 들어 고대 그리스와 르네상스 시기의 이탈리아에서 흔히 볼 수 있었던 작지만 강력한 도시국가가 있다. 오늘날 싱가포르가 여기에 해당하고, 두바이, 마카오, 홍콩도 비슷한 경우다. 앞으로 수십 년 동안 초대형 도시들은 노동, 국경, 비자 정책을 포함한 자율성을 확대하여 사실상 도시국가가 될 것이다. 설령 다른 기능을 위해서 더 큰 국가의 일부로 귀속된다고 하더라도 말이다. 또 하나의 선택지는 무역과 노동의 자유로운 이동과 통치권을 갖는 새로운 지역 연합이다. 단일 통화를 사용하고 제한된 통치권을 지니고 있는 유럽연합이 성공적인 사례다. 아프리카 연합 같은 다른 연합체들이 그 뒤를 따를 것이다. 앞으로 수십 년 내에 북유럽 국가, 그린란드, 아이슬란드, 캐나다를 포함한 극지방 국가들이 그런 연합을 결성할 수 있을 것이다. 이들은 이민 관리, 공유하는 생태계, 광물 채굴 및 해운 등에 대한 합의된 정책을 가질 것이다. 기후가 변하고 이주가 증가함에 따라 국경을 공유하는 국가들이 관계를 강화하고 노동과 상품에서부터 에너지와 자원에 이르기까지 다양한 문제에 대한 해결책을 찾고 공동의 회복력을 확보하는 것은 지극히 합리적인 일이다.

전세 도시

또 다른 선택지는 인접한 관할권과는 다른 규칙에 따라 설립되고 운영되는 전세 도시다. 전세 도시는 가난한 국가의 개발을 촉진하기 위한 새로운 유형의 거버넌스 구조로 노벨상을 받은 경제학자 폴 로머가 2009년에 처음 제안한 개념이다. 그의 설계에 따르면, 가난한 국가는 스위스처럼 부유하고 잘 운영되는 국가에 영토를 기부하여 더 효과적인 통치를 받는다. 로머의 아이디어는 전세 도시의 시민들은 훌륭한 거버넌스, 안전, 부의 혜택을 누리고, 호스트 국가는 세금과 더불어 자국 내에 잘 발달된 경제 허브를 갖는 이점을 누린다는 것이다. 그리고 통치하는 국가는 투자 기회와 비교적 값싼 노동력 및 자원을 얻을 수 있다.

이 아이디어는 중국 선전과 아랍에미리트 두바이 등의 도시를 빠르게 변화시킨 '경제특구' 개념과 크게 다르지 않다. 경제특구는 기본적으로 한 국가 내에 특별한 비즈니스 정책과 법을 운용하는 지역이다. 목표는 외국인 투자를 유치하고, 무역과 고용을 늘리는 것이다. 비슷한 성공 사례로 싱가포르와 홍콩을 들 수 있는데, 더 나은 법 제도, 낮은 부패도, 강력한 법치, 유능한 행정을 바탕으로 이들 도시는 부유해졌다. 특히 싱가포르와 홍콩은 전략적 위치의 이점도 누린다. 두 도시는 각각 말라카 해협과 주강 삼각주를 통과하는 대규모 무역 흐름을 통제하는 관문이다.

물론 로머의 모델은 도래할 수십 년의 요구에 적합하지 않을 것이다. 대규모 인구가 기후 피해 지역에서 이주해올 것이기 때문이다. 그리고 가난한 국가 입장에서도 빈곤에서 벗어나기 위해 주권을 내준다는 생각은 그리 달갑지 않을 것이다. 그럼에도 불구하고 주민들이 기후 영향에서 벗어날 수 있는 경제발전 모델로 민간 전세 도시가 이미 추진되고 있다. 온두라스는 초기 단계의 전세 도시를 만들었다. 카리브해 로아탄 섬의 빈 땅 58에이커에 프로스페

인류세, 엑소더스

라 ZEDE(Zone for Employment and Economic Development, '고용 및 경제개발 지구'의 약자)라는 신생 전세 도시를 만들었다. 아직은 건물 세 채밖에 없지만, 2025년까지 주민을 1만 명으로 늘릴 계획이다. 시민은 사회 계약에 서명하고 상당한 액수의 가입비를 내면 자유주의적 꿈에 동참할 수 있다.[20]

이 개념은 시스테딩 운동과 몇 가지 공통점이 있다. 시스테딩 운동은 공해상에 독립적으로 생활이 가능한 수상 도시를 건설하려는 움직임으로, 자유주의 집단이자 슈퍼리치 '프레퍼족(지구종말을 준비하는 집단)'들이 주축이다. 시스테딩 연구소는 2008년에 샌프란시스코에서 무정부 자본주의자이자 구글 소프트웨어 엔지니어 패트리 프리드먼이 "다양한 사회적·정치적·법적 시스템으로 실험과 혁신을 가능하게 하는 영구적이고 자율적인 해양 공동체를 건설하기 위해" 페이팔의 억만장자 피터 틸의 투자를 받아 설립한 단체다. 그들이 계획하고 있는 아이디어 중에는 해수에서 탄산칼슘을 채취해 3D 프린터로 출력한 '인공 산호' 도시를 창조하는 것도 있다. 이는 초고층건물을 거꾸로 세워놓은 '해상마천루' 형태로, 바다의 지열 에너지로 구동된다. 이 에너지의 일부는 '지구에서 가장 가난한 10억 명'이 일하는 농장에서 해초를 재배하기 위해 심해의 영양분을 수면으로 끌어올리는 데 사용될 예정인데, "수상 사회에서 난민들이 경제적으로 생존해야" 하므로 이 계획은 환영받을 것이다. 시스테딩 운동가들은 이 수상 유토피아가 지구의 큰 문제를 해결하는 한편, "정치로부터 인류를 해방시킬 것"이라고 주장한다. 하지만, 회의론자들은 여기서 오히려 디스토피아의 냄새를 맡는다.

이 그룹의 첫 번째 사업인 프랑스령 폴리네시아의 수상 전세 도시는 오염, 혼란, 환경 파괴를 우려한 프랑스령 폴리네시아 주민들의 부정적인 반응 때문에 계획 단계에서 중단되었다. 한 타이티 텔레비전 진행자는 이 상황을 〈스타워즈〉에서 사악한 은하제국이 무고한 외계 종족 이워크를 억압해가며 비밀리에 데스스타를 건설한 것에 비유하기도 했다.[21]

비트코인 업계의 거물 채드 엘와토프스키와 그의 파트너 수프라니 텝넷은 이에 굴하지 않고 2019년에 태국 푸켓 해안에 시스테드 가옥을 지었다. 하지만 태국 정부가 사형까지도 가능한 주권 침해 혐의로 이들을 기소했고, 부부는 간발의 차로 태국 해경을 따돌리고 도주했다. 이들은 현재 파나마 정부의 동의를 얻어 카리브해 연안에서 새로 설립한 회사 오션 빌더스를 통해 다른 시스테딩 프로젝트를 진행하고 있다.

파나마 프로젝트나 온두라스 전세 도시가 성공하더라도, 기후변화의 취약성을 고려할 때 열대 카리브해는 이상적이지 않은 위치다. 하지만 충분한 자금과 공학 기술이 있다면, 이 지역에도 소규모 인구가 생존 가능한 집을 건설할 수는 있을 것이다. 하지만 이러한 사례에서 확인할 수 있는 더 중요한 메시지는 계획되지 않은 이주의 미래가 어떤 모습일지 보여준다는 점이다. 그런 미래가 펼쳐진다면 소수의 부유한 엘리트 집단이 돈과 권력을 이용해 살기 좋고 고립된 섬을 준비하는 동안 수억 명의 사람들은 자신들이 아무것도 기여하지 않은 치명적인 환경에 발이 묶이게 될 것이다. 이러한 시나리오는 이미 수많은 공상과학소설에서 다뤄졌기 때문에 상상력 부족이라는 변명은 통하지 않는다. 이 시나리오가 공상과학소설로만 남게 하는 것은 우리 몫이다. 우리는 부유한 소수의 '프레퍼족'들이 피난처를 준비하는 데서 보여준 것과 같은 수준의 야망을 가지고 대규모 생존을 위한 계획을 세워야 한다.

시리아 난민 위기가 한창이던 2015년, 이집트의 억만장자 나기브 사위리스가 각각 3만 명 가량의 난민을 수용할 수 있는, 그리스의 작은 섬 몇 개를 매입하겠다고 제안했다. 사위리스는 자신에게 섬을 팔 의향이 있는 개인들과 그들이 소유한 그리스 섬 23곳의 목록을 작성해 알렉시스 치프라스 그리스 총리와 유엔난민기구 UNHCR에 전달했다. 그의 제안은 난민들에게 임시 거처 건설을 돕고, 나중에 시리나 분쟁이 끝나면 그 시설을 관광용으로 사용하자는 것이었다. 사위리스는 자본금 1억 달러 규모의 주식회사를 설립해 공공 기부를 받을 계획이었다. 이 프로젝트는 아직 진전이 없다. 하지만 이주 물결을 일으킬 기상이변에 대한 임시 대책으로, 민간 투자와 공공의 지원을 결합해 개인 소유 섬에 난민 피난처를 건설하는 방법은 생각해볼 만한 것이다. 그렇지만 장기적으로 사람들은 고립된 섬에서 살아갈 수 없고, 더 넓은 사회에 수용되어야 한다.

전세 도시의 역할은 분명히 있지만, 애초에 구상된 것처럼 위험한 적도 벨트는 적합한 장소가 아니다. 대신 전세 도시는 더 높은 위도에 건설되어야 하며, 더 많은 사람들이 이주할 수 있는, 본국에서 운영하지만 다른 국가 내의 임대 또는 매입으로 확보한 토지에 위치하는 위성도시들에 초점을 맞춰야 한다. 이 모델의 전세 도시는 나이지리아나 방글라데시, 또는 몰디브 같은 국가들에게 좋은 해법일 수 있다. 이런 국가들은 캐나다나 러시아, 그린란드 같은 국가에서 땅을 매입하거나 임대해, 가령 99년 동안 거주할 수 있는 영토를 확보할 수 있을 것이다. 나이지리아는 인구가 러시아와 캐나다를 합친 것보다 훨씬 많지만(2050년까지 4억 명에 이를 것), 러시아와 캐나다는 광대한 국토를 보유하고 있다. 행정은 나이지리아가 운영하고 러시아나 캐나다는 농산물을 통해 '세금'을 부과할 수 있다. 임대 기간이 끝나면 임대를 연장하거나, 이전 소유주에게 토지를 반환할 수 있다. 시민들은 새로운 국가의 시민으로 남거나, 수십 년에 걸친 기후 복원을 통해 거주하기에 충분히 안전해진 모국으로 돌아갈 수도 있다.

이런 이야기가 터무니없게 들릴지도 모르지만, 이미 영토를 매입하거나 임대한 사례가 있다. 영국은 중국으로부터 홍콩을 99년 동안 임대했고, 미국은 1867년에 러시아로부터 알래스카를 매입하는 등 다른 국가로부터 국토의 대부분을 매입했다. 거주할 수 없는 땅이 점점 늘어남에 따라 여러 국가들은 안전한 장소를 찾아 이동하는 대규모 인구를 어떻게 관리할지에 대한 어려운 선택에 직면할 것이다. 많은 사람들이 지구 북반구의 기존 정치 체제에 흡수될 것이다. 따라서 캐나다와 러시아 같은 국가의 힘과 생산성이 확대될 것이다. 또 다른 사람들은 기존 국민국가들을 재배치하는 것이 더 공평하고 바람직한 해법이라고 생각하고, 19세기 식민지 확장의 역전된 형태를 추구할 수도 있다(이번에는 강제 점령이 아닌 영토의 임대나 매입을 통해). 2014년 태평양의 작은 섬나라 키리바시는 해수면 상승으로 점점 살 수 없는 곳이 되자 피지의 정글 지역 20제곱킬로미터를 매입했다. 아노테 통 대통령은 그 영토를 처음에는 농업에 사용할 것이라고 밝혔다. 그는 "모두가 이 땅으로 이주해야 하는 상황이 일어나지 않기를 바라지만, 어쩔 수 없다면 그렇게 할 수도 있다"고 말했다.

전세 도시의 후보지 중 하나는, 농업 잠재력과 풍부한 광물 자원을 보유하고 있으며 인구 감소 도시들이 밀집해 있는 광대한 러시아 북동부 지역이다. 인도나 방글라데시 같은 국가가 전세 도시를 위해 토지를 임대하면, 중국 침략을 두려워하는 러시아는 주권을 보호할 수 있고, 생산성이 회복되면 유용한 세수를 확보할 수 있을 것이다. 인구가 감소하고 있는 러시아는 구소련의 이웃국가 출신 이민자를 선호하지만, 극동지역은 중국 자금으로 넘쳐나고 있어서 러시아 북동부가 다시 한번 중국의 만주가 되고, 중국은 실크로드 이니셔티브를 통해 이 지역을 채우기 위해 이주민을 유치하게 될지도 모른다.

사람들에게 힘을 실어주자

이주의 가장 큰 문제는 이주가 너무 많은 것이 아니라, 국경 내에서조차 이주가 충분히 이루어지지 않는다는 것이다.

이번 세기에 이주의 근거는 분명하다. 우리가 환경 변화와 빈곤, 세계적 불평등에서 살아남기 위해서는 이주가 필수적이다. 하지만 우리 중 이주를 원하는 사람은 많지 않다. 따라서 이주를 장려하고 지원하는 것이 정책의 우선순위가 되어야 한다. 연구에 따르면, 사람들에게 이주를 강요하거나 인센티브를 제공하는 것보다는 장애물을 제거하는 것이 훨씬 더 좋은 방법이다.

태어난 곳이 아닌, 다른 곳에 살고 있는 사람들의 대부분은 인구학자들이 '가구 형성'이라고 부르는 과정을 통해 이주했다. 다시 말해 한 가구의 구성원이 부모의 집을 떠나 다른 곳에서 다른 누군가와 새로운 가정을 꾸린 것이다. 하지만 서양에서는 여러 세대가 함께 사는 가구가 최근 수십 년 동안 크게 감소했기 때문에 이런 경우는 보기 힘들어졌다. 사람들은 일자리나 학업 등 매력적인 기회가 있는 곳에서 새로운 가정을 꾸린다. 경제적 차이는 수년에 걸쳐 가난한 지역에서 부유한 지역으로 인구를 이동시킨다. 예를 들어 영국에서 지난 몇십 년 동안 남동쪽으로 이주하는 인구 이동이 있었다. 더 작은 국가에서는 이러한 이동의 대부분이 국경을 건너는 것이지만, 중국과 인도 같은 큰 국가에서는 이런 대규모 이동이 주로 국내에서 일어난다. 국가 간 이주민은 전 세계 인구의 3.5퍼센트에 불과하다. 오늘날 가장 큰 국제적 흐름은 멕시코 국경을 넘어 미국으로, 방글라데시 국경을 넘어 인도로 향하는 것이다(하지만 이들 중 상당수는 미등록 이주다).

이번 세기의 기후변화는 경제 지형을 바꿔놓을 것이다. 대부분의 이주는 일자리를 찾기 위한 이동이며 이주민의 대부분은 노동 연령대의 성인이다. 유럽연합은 가장 인기 있는 목적지 중 하나다. 그렇다 해도 유럽 인구의 극히 일부만이 이민자다. 유럽인들은 그들의 해안으로 밀려오는 아프리카 이주민의 '물결'에 대해 이야기하지만, 실상은 아프리카인의 단 2.5퍼센트만이 외국에 거주하며, 이 중 절반 이하만이 실제로 아프리카를 떠난다는 사실에 주목할 필요가 있다. 더 많은 수입을 올릴 수 있음에도 불구하고, 실제로 이주하는 사람이 거의 없다. 한 가지 문제는 물론 국경의 제약이다. 이는 가난한 국가에서 부유한 국가로 이주하는 것이 매우 어렵고 비용도 많이 들기 때문이다. 매우 가치 있는 전문 기술을 가지고 있거나, 합법적 이민자의 가족이 아니라면 말이다. 하지만 이것은 이야기의 일부에 불과하다. 유럽연합 내 이동을 보라. 유럽연합 회원국 간에는 사실상 국경이 없다. 독일은 그리스보다 임금이 두 배 이상 높고, 그리스인들은 독일의 어디든 갈 수 있지만, 지난 10년 동안 총 1,100만 인구 중 15만 명, 겨우 1퍼센트만이 독일로 이주했을 뿐이다. 그리스인들에게 독일의 언어와 음식, 기타 문화적 측면들은 매우 낯설다. 그리고 이방인이 된다는 것은 적어도 인맥을 형성할 때까지 사회적으로 굉장히 힘든 일이다. 살던 곳에 머무는 것이 훨씬 쉽다.

소득격차가 매우 큰 경우에도 사람들은 잘 움직이지 않는다. 미크로네시아 사람들은 평균 소득이 20배나 높은 미국에서 비자 없이 자유롭게 거주하고 일할 수 있음에도 대개 태어난 곳을 떠나지 않는다. 나이지리아 옆에 있는 니제르는 나이지리아보다 6배나 가난하고 두 국가 사이에 국경 통제가 없음에도 인구가 감소하지 않는다. 사람들은 태어난 지역사회에 머물고 싶어 한다. 모든 것이 익숙하고 쉽기 때문이다. 따라서 사람들을 이주에 나서게 하려면 상당한 설득이 필요하다. 같은 국가의 다른 지역으로 가거나 이주가 명백히 이득이 될 때도 마찬가지다. 방글라데시에서 실시된 한 연구에 따르면 시골 주민들이 농번기에 일자리를 찾아 도시로 이주하도록 보조금을 제공하는 프로그램은 노동자들이 계절 이주를 통해 훨씬 많은 돈을 벌 수 있음에도 불구하고 큰 효과가 없었다.[22]

또 다른 문제는 도시에 저렴한 주택과 기타 시설의 부족이다. 이 경우 사람들은 비좁고 규제가 없는 공간이나 천막에서 불법으로 거주하게 된다. 생활의 측면에서도 문제가 있다. 도시에서는 보육 서비스가 너무 비싸거나 아예 제공되지 않는 반면, 시골에서는 확대 가족이 무료로 보육 서비스를 제공한다. 보조금을 통해 주거를 지원하고, 이주하기 전에 (임시직일지언정) 일자리를 연결시켜주고, 육아 지원을 보장하면 사람들이 이주를 결정하는 데 도움이 될 것이다. 이는 가난한 나라만의 문제가 아니다. 예를 들어 미시건주의 작은 마을에서 시카고로 이주하는 사람도 비슷한 영향을 받는다. 미래 전망은 더 좋지만 집값이 훨씬 비싸고, 곁에 가족이 없으면 육아가 더 이상 무료가 아니기 때문이다.

위험한 결정을 내리기 꺼리는 심리도 문제가 된다. 이주하기로 결정했는데, 결과가 좋지 않으면 아무것도 하지 않아서 결과가 좋지 않은 것보다 더 실망하게 된다. 이주자에게 실패에 대비한 보험을 제공한다면 상황을 바꾸는 데 도움이 될 수 있다. 방글라데시 연구에서 위험 분담을 통해 이러한 보험을 제공했더니 그 효과는 무료 버스표를 제공했을 때와 거의 비슷했으며, 약 20퍼센트 더 많은 사람들이 이주했다.[23]

사람들은 현재의 쾌적한 환경을 얻는 대가로 상당한 재정적 불리함과 앞날의 불확실성을 견딘다. 예를 들어 하와이는 임금이 평균 수준이고, 생활비는 이례적으로 높으며, 수십 년 내에 거주 불가능한 곳이 될 것이다. 하지만 많은 사람들이 하와이의 날씨와 생활 방식을 즐기기 위해 하와이로 이주한다.[24] 내가 최근에 플로리다 키스 제도에 갔을 때, 거리의 갈라진 틈새로 물이 올라오고, 키 라르고 섬의 일부가 이미 물에 잠겨 있었다. 햇볕을 듬뿍 받을 수 있는 시간이 얼마 남지 않았음이 분명했다. 하지만 그곳에는 값비싼 부동산을 판매하는 부동산 중개인이 넘쳐났다. 허리케인 카트리나가 발생하기 수년 전부터 해수면 상승과 홍수를 경험한 뉴올리언스 주민들을 생각해보라. 재해 이후 연구에 따르면, 카트리나가 지나간 후 새로운 도시로 이주한 생존자들은 더 많은 소득을 올리고 있는 것으로 나타났다.[25] 그렇다면 왜 더 빨리 이주하지 않았을까? 카트리나 때문에 거주가 거의 불가능해졌을 때, 비로소 이주에 따른 혜택이 익숙함과 사회관계를 떠나는 상실감보다 커졌기 때문이다.

재난이 닥쳐서 어쩔 수 없어지기 전에 사람들이 안전하게 이주하기를 바란다면, 그들이 더 일찍 결정을 내리도록 도와야 한다.

단순히 친구가 그립다거나 할머니의 요리를 더 이상 못 먹는 등의 문제가 아니다. 앞서 보았다시피 인간은 생존을 위해 사회관계망에 전적으로 의존한다. 새로운 곳으로 이주하면 응급상황이나 건강 악화, 출산, 실직, 또는 정신건강 위기 시 도움이 되는 사회관계망에서 멀어지게 된다. 안전을 위해 우크라이나를 가장 먼저 떠난 사람들은 목적지 국가에 가족이 있는 이들이었다. 우리는 매우 현실적인 방식으로 서로에게 의존하므로, 이주가 성공하려면 사람들이 지리적 거리를 뛰어넘어 관계망을 확장하거나, 아니면 새로운 네트워크를 빠르게 구축할 수 있어야 한다. 그렇기 때문에 국가의 지원은 이민자들에게 필수적인 동시에, 이주민을 통해 경제를 활성화하려는 호스트 국가에게 가치 있는 투자다.

즉 주거 필요를 충족시키고, 대규모 인프라를 구축하고, 사람들에게 생계비 지원, 교육, 구직 및 창업 기회를 제공하고, 보육 보조금을 지원하고, 돌봄 비용을 지불하고, 언어 및 시민권 수업을 통해 새로운 생활에 적응하고 정착할 수 있도록 지원하는 것이 어느 때보다 중요하다는 뜻이다. 새로운 이주자들에 대한 사회적 지원을 제한하는 것은 비인도적일 뿐만 아니라 경제적으로도 실책이다. 거주 비자는 단기간이 아니라 더 유연하게 만들어 이민자들이 일자리를 찾을 수 있도록 기간을 늘려야 하고, 최저 소득을 규정하지 않아야 한다. 간병인, 가사도우미, 노동자, 요리사, 택배기사 등은 모두 중요한 직종이지만 반드시 비자에서 정한 기준 이상의 임금을 받을 필요는 없다. 이런 즉각적이고 단기적인 지원은 장기적으로 더 큰 보상으로 돌아올 것이다. 하지만 오늘날 많은 부유한 국가들은 불평등을 키우는 사회정책 탓에 자국민에게조차 이런 필요를 제공하지 못하고 있다. 국가는 정부 지원을 확대함으로서 이번 세기에 직면한 특별한 도전에 대응할 수 있다. 강력한 규제를 실시하고, 필수 서비스를 국가 소유로 돌리고, 노동자, 어린이, 환자, 노인, 그리고 환경의 필요를 충족시킴으로써 지역사회와 기업을 제도적으로 육성해야 한다. 이주민에게 이런 사회 보장을 제공하는 데 드는 추가 비용은 작은 반면, 통합된 인구가 미래에 기여하는 바는 잠재적으로 막대할 수 있다. 다시 말해 이것은 안전한 투자다.

8

이주민의

터전

페루의 수도 리마는 그 주변 사막 지역에 방 한 칸짜리 판잣집이 늘어남에 따라 매년 규모가 커지고 있다. 정부는 인프라와 사회적 지원을 통해 가난한 시골 사람들이 계획된 거주지로 이주할 수 있도록 돕기는커녕, 이주민의 '문제'를 대개 무시한다. 전 세계 다른 판자촌과 마찬가지로 갱단이 엄격하게 통제하는 리마의 빈민가에 사람들이 돈을 내고 거주하고 있다. 국내 인신매매 조직이 도시 외곽의 땅을 찾아 소유주가 해외에 있다는 것을 확인한 다음 돈을 받고 사람들을 모아 그곳을 차지한다.

2012년에 나는 이런 빈민가에 거주하는 주민들 중 한 명인 아벨 크루즈와 이야기를 나누었다. 그는 원래 쿠스코 근처 애차라테에서 돼지를 키우고 코코아와 채소를 재배하는 농부였다. 하지만 계속되는 끔찍한 가뭄 때문에 더 이상 농장에서 삶을 꾸려갈 수 없다고 판단했다.

"어느 날 한 남자가 마을에 와서 좋은 일자리와 두 아들이 다닐 학교가 있는 리마에서 더 나은 삶을 살고 싶지 않느냐고 물었어요." 크루즈가 말했다. "우리는 가족과 고향을 떠나고 싶지 않았지만 가뭄은 점점 심해졌죠." 열대 지역에 사는 수백만 명의 사람들과 마찬가지로 크루즈도 이주의 어려움과 불확실성을 감수하는 편이 그 마을에서 가망 없는 가난과 굶주림에 시달리며 사는 미래보다 낫다고 판단했다.

"새벽 5시에 돈과 대나무 판자 몇 장을 들고 오라는 지시를 받았어요. 갔더니 그곳에는 우리 같은 사람들이 많이 있었어요. 그 남자는 우리를 모래 언덕으로 데려가 한 구역에 울타리를 치고 우리가 가져온 재료로 집을 지으라고 했어요." 그들의 집은 이웃집들과 마찬가지로 흙바닥에 몇 가지 소지품이 전부였다. 돌돌 말린 침대 매트가 한쪽 판자벽에 기대어 세워져 있었고, 한쪽 구석에는 포개진 대접과 프라이팬 두 개가 가지런히 놓여 있었다.

"화장실로 쓰기 위해 우리는 방바닥에 구멍을 파고 합판으로 덮었어요. 몇 년이면 구덩이가 가득 차서 다른 구멍을 파야 해요. 20년 후면 바닥 전체가 똥으로 가득 찰 거예요. 그때는 어떻게 해야 할지 모르겠어요. 악취가 나고 사람들은 병에 걸려요. 물도 없어서, 배달 트럭이 실어오는 물에 버는 돈의 절반을 쓰고 있어요."

남반구의 도시 이주민들은 처음에는 도시와 시골을 오가며 산다. 추수처럼 일손이 많이 필요한 시기라든지, 도시에 일감이 없으면 시골로 돌아온다. 계절 이주민들은 대개 임시 기숙사에서 잠을 자거나 직장에서 야영을 하며, 번 돈은 식료품을 사거나 고향으로 보내기 위해 한 푼이라도 더 저축한다. 고향과 도시에 각각 한 발씩 걸쳐두면, 앞으로 고향 마을에서 갖게 될 토지를 잃지 않으면서도 도시에서 안전망과 유용한 기술을 얻을 수 있다. 결국에는 영구적으로 이주하게 되고, 그때 이주민들은 다른 도시나 국가로 다시 이주하여 새로운 기술을 배우고 기회를 활용하게 된다. 그렇게 쌓인 돈은 원래 살던 시골 마을로 계속 흘러가고, 이주민들이 형성하고 강화하는 네트워크는 기존 마을의 다른 주민들도 같은 여정을 시작할 수 있게 돕는다.

사람들은 계속 도시로 올 것이다. 빠르고 고통 없이 이들의 이주를 돕는 것이 모두에게 이익이다. 아직까지는 어떤 정부도 잘 해내고 있지 못하지만, 우리는 아직 일어나지 않은 위기에 대비해야 한다.

2008년 인류 진화의 역사상 처음으로 시골보다 도시에 사는 사람들이 더 많아졌다. 인간은 식량과 연료를 제공하는 자연 세계와 지리적으로 분리된 채 살아가는, 다른 동물이 되었다. 도시로의 이주는 서구에서 시작되었다. 1850년에서 1910년 사이에 연간 200만 명에 달하는 사람들이 도시로 이주했고, 그 결과 미국 시골 지역은 유령 마을들로 넘쳐났다. 현재 개발도상국에서도 같은 일이 일어나면서 시골 지역의 인구가 감소하고 있다. 바야흐로 지금은 대도시의 세기다.

오늘날 인류의 약 3분의 1이 이주하고 있는데, 대부분은 시골에서 도시로 이동하는 국내 이주자들이다. 난민들이 환경 파괴와 그로 인한 사회적 결과를 피해 도시로 이주하면서 인간의 지리적 분포가 재편되고 있다. 앞으로 80년 동안의 과제는 인류세 경제를 운영하는 안전하고 살기 좋은, 그러면서도 포용적이고 인구 밀도가 높은 거대 도시를 만드는 것이다. 이 도시는 물과 자원을 재순환하고 쓰레기와 생산을 관리하며 자연환경을 오염시키지 않아야 한다.

도시로의 전환은 남북 아메리카와 서구 국가에서는 대부분 완료되었다. 아시아에서는 말레이시아, 중국, 태국을 필두로 수십 년 전부터 도시화가 진행 중이지만, 특히 남아시아에서는 아직 갈 길이 멀다. 아프리카 인구는 아직도 주로 시골에 살지만, 도시 인구가 매년 3.6퍼센트씩 빠르게 증가하고 있다. 이 같은 이주에 아직 높게 유지되는 출산율까지 더해지면 아프리카 도시들에 매년 2,000

만 명의 인구가 추가로 거주하게 될 것이다. 앞으로 10년 동안 세계에서 가장 빠르게 성장하는 10대 도시는 모두 아프리카에 위치할 것이다. 19세기까지만 해도 한적한 어촌 마을이었던 탄자니아의 다르에스살람은 2030년이 되면 현재 인구의 두 배인 1,100만 명이 거주하게 된다. 한편 나이지리아 라고스와 이집트 카이로는 2030년에 각각 2,400만 명 이상이 거주할 것으로 예상된다. 두 도시 모두 지구가열화로 인해 수십 년 내에 생존이 불가능한 곳이 될 것이다. 실제로 두 도시는 이미 극심한 폭염과 홍수, 또는 두 가지 모두의 치명적인 영향을 받고 있다. 북쪽으로의 대규모 이주가 곧 도시인들에게서 시작될 것이다. 이주민이 시골에서 태어났다 해도 국제 이주는 도시인들이 주를 이룬다.

독립 후 싱가포르에서 그랬던 것처럼, 도시가 성장함에 따라 복지도 발맞춰 개선되는 것이 이상적이다. 하지만 아프리카에서 진행 중인 도시화는 아시아나 라틴아메리카보다 속도는 빠르지만 빈곤 수준이 높은 상태에서 일어나고 있다. 예를 들어, 라고스에서는 도시 인프라가 새로운 이주민을 관리하는 데 필요한 속도만큼 개발되지 않아서 좁은 도로, 열악한 하수도, 잦은 정전 및 기타 문제로 점철된 광활한 빈민가를 형성하고 있다. 나이지리아는 싱가포르와 같은 해인 1960년에 영국으로부터 독립했다. 그런데 라고스가 더 이른 시기에 성장했음에도 지금은 훨씬 가난하다. 수백만 명이 홍수가 자주 일어나는 늪지대에서 전기나 위생 시설 없이 나쁜 보건 환경과 낮은 문맹률 속에서 살아가고 있다. 사람들이 계획된 지역에 집중되기보다는 분산되어 있기 때문에 비즈니스, 무역, 부의 창출, 혁신의 효율이 떨어지고, 따라서 나이지리아는 국가 생산성 역시 떨어진다. 우리가 미래 도시를 계획할 때는 이런 점들을 염두에

둘 필요가 있다.

도시는 집중된 허브일 때 가장 잘 작동한다. 아프리카 시골 사람들이 도시로 이주하면, 전보다는 많은 돈을 벌지만 그렇다고 넉넉해지는 것은 아니다. 세계 다른 지역들과 달리 생산적인 일자리를 구하기가 어렵기 때문이다. 그들은 이런 일터 근처에 살지 못하고 통근을 해야만 한다. 그러다 보니 비용이 많이 들고 좁고 막히는 도로에서 오랜 시간을 보낸다. 나이로비는 세계에서 가장 통근 시간이 긴 도시 중 하나인데, 10명 중 4명 이상이 걸어서 직장에 다니기 때문이다. 이 때문에 이주민들은 소득이 높은 직업을 갖기보다는 길거리에서 채소나 작은 장신구를 판매하는 노점상으로 일한다. 아프리카 대륙 전역은 인프라와 도시계획이 열악한 탓에 운송 비용이 비싸고, 이는 식품과 기타 자원의 가격을 끌어올려서 노동과 기타 비용을 상승시킨다. 이로 인해 글로벌 시장에서의 경쟁력도 떨어져, 아프리카 도시들은 대부분 무역보다는 현지에서 소비되는 저부가가치 서비스와 상품이 경제를 지배하는 '소비 도시'들이다. 이런 이유 때문에 아프리카 도시인들은 다른 대륙의 도시인들보다 훨씬 가난하다. 그래서 이들은 기후변화의 영향과 충격, 스트레스에 더 취약할 수밖에 없고, 대규모 이주에서도 최우선 순위에 놓이게된다.

이런 현실 이면에는 다양한 요인들이 있다. 식민지 착취의 잔재, 에이즈, 내전과 나쁜 통치, 식료품 가격을 올리고 소득을 제한하는 비생산적인 농업 등이 여기에 포함된다. 하지만 더 나은 도시계획을 통해 더 밀집된 주택, 더 넓은 도로, 훌륭한 교통과 인프라를 갖춘다면, 이번 세기의 도시화 전환 과정에서 아프리카 도시들의 생산성과 부가 크게 향상될 것이고, 사람들의 기후 회복력도 높아질 것이다.

전 세계가 정도의 차이는 있지만 모두 비슷한 경로를 거쳤다. 도시 이주는 무계획적이고 반복적인 경향이 있다. 세계에서 가장 화려한 도시들도 처음에는 모두 상업과 행정 중심지였고, 주변을 둘러싼 주택은 외곽으로 벗어날수록 점점 슬럼화하는 양상을 보였다. 도시를 부유하게 만든 이민자들이 살았던 18세기와 19세기 유럽의 과밀화된 판자촌들은 장티푸스, 콜레라, 이질, 말라리아 등 열악한 위생 환경으로 인한 질병들이 들끓는 '불결한 죽음의 덫'으로 악명 높았다. 겨울에는 얼어 죽을 만큼 추웠고 여름에는 썩고 악취가 진동했다. 이런 빈민가는 20세기 개발 정책의 결과로 조금씩 허물어지고 멋진 건물과 필수적인 인프라로 대체되었다. 19세기 런던의 가장 치명적인 빈민가 중 하나였던 세븐 다이얼스는 현재 런던 코벤트 가든 극장가의 고급스러운 중심지가 되었다. 마찬가지로, 국제적으로 악명 높았던 뉴욕의 슬럼가 파이브포인츠도 지금은 맨해튼의 차이나타운과 시빅센터 사이에 위치한 금싸라기 땅이 되었다.

이주민이 빠르게 유입되는 도시는 일반적으로, 시골 이주민들이 기존 도시 외곽의 집단 거주지에 저렴한 판잣집을 '불법으로' 짓는 방식으로 확장된다. 판잣집 수가 증가함에 따라 시골 마을을 둘러싸기 시작하고, 이는 도시의 새로운 교외 지역이 된다. 이런 식의 땅을 많이 차지하는 저층 구조의 확장은 대개 비효율적이고 사람들을 빈곤에 가둘 수 있다. 정부들은 불법이라는 이유로 이런 주거 지역을 방치하기 때문에 주민들은 위생시설과 수도, 보건 서비스, 기타 필수 서비스를 제공받지 못한다. 반면 이주민들은 추방에 대한 끊임없는 두려움, 퇴근하고 돌아왔을 때 불도저가 집을 밀어버렸을

지도 모른다는 두려움 속에서 살고 있다. 그런 일이 일어나도 대개는 아무런 보상을 받지 못한다. 하지만 이주민들이 만들고 유지하는 네트워크와 그들이 가져오는 중요한 사회적 자본 덕분에, 이런 비공식적이고 저렴한 주택 사업은 결과적으로 활기찬 상업 시장이자, 빈곤에서 벗어날 수 있는 사회적 사다리가 될 수 있다. 따라서 빈민가는 빈곤한 시골에서 희망과 기회가 있는 도시로 가는 역동적인 디딤돌 역할을 한다.

런던 동부에 위치한 스피탈필즈는 한때 프랑스에서 온 위그노 이민자들이 거주하는 곳이었다. 그들은 실크 직조를 통해 번영을 누렸다. 19세기 초 맨체스터 섬유 공장과의 경쟁이 이 동네를 끔찍한 가난에 몰아넣었고, 이곳의 널찍한 주택들은 좁고 과밀화된 슬럼가 주택으로 쪼개졌다. 시간이 흘러 이 빈민가에 네덜란드와 독일에서 건너온 유대인들이 거주하기 시작했고, 그다음에는 폴란드와 러시아에서 온 가난한 유대인, 그리고 동유럽 이민자들이 대거 들어왔다. 20세기 사회적 프로그램으로 이 지역의 생활조건이 개선되었지만 가난은 여전히 계속되었다. 유대인이 물러난 뒤 스피탈필즈는 아일랜드 이민자들이 차지했고, 20세기 말로 향하면서 다시 벵골과 방글라데시 이민자들의 터전이 되었다. 21세기에 접어들면서 쇼디치와 브릭 레인을 아우르는 이 지역은 '방글라타운'으로 불리며 화가와 기타 창작자들이 모여드는 트렌디한 장소가 되었다.

일반적으로 기존 도시와 빈민가 사이에는 격차가 존재한다. 부유한 시민들(상당수가 이민 2세대, 또는 3세대)이 필요로 하는 가사 노동과 건설, 기타 필수 직종에서 일하고 있음에도 슬럼가 거주자들은 종종 집단적으로 폄훼되고 골칫거리(범죄자나 불결한 이웃)로 여겨진다. 꼭 붙어 있는 두 세계는 상황의 위계질서에 의해 분리되어 있어서 부유한 거주자들은 바로 앞의 슬럼 지역에 발도 들여놓지 않는다.

결국 이런 빈민가, 판자촌, 도시형 마을 등이 더 적합한 도시의 일부로 정식 편입됨에 따라 그런 위계 구조가 영구화된다. 아이러니한 점은 이런 지역들을 특징짓는 문화적 다양성과 진취적 정신은 대개 이 장소들을 그 도시의 가장 탐나는 지역으로 만든다는 것이다. 이렇게 젠트리피케이션이 일어나면 원래 주민들은 더 이상 살 수 없을 정도까지 가격이 상승한다. 쇼디치의 옛 스피탈필즈 빈민가는 현재 런던에서 가장 젠트리피케이션이 심한 지역 중 하나이고, 몇몇 사회주택 프로젝트를 제외하면 '방글라' 커뮤니티가 살기에 너무 비싸졌다. 따라서 가난한 사람들은 이런 특별한 목적을 위해 지어진 고층 주택으로 밀려나지만, 잘 짜인 사회 안전망이나 슬럼가에 경제적 활력을 불어넣을 창업의 기회는 없다. 그 결과 사람들은 도시 외곽의 고립된 동네에서 떠날 생각조차 하지 못하고 빈곤에 갇히게 된다.

인류세의 도시들

따라서 우리의 과제는 가난한 사람들이 삶의 터전을 마련하고 강력한 네트워크를 구축할 수 있는 희망의 장소가 될 만한 이주민 도시를 만드는 것이다. 그리고 취업, 교육, 창업, 또는 그들이 시간과 사회적 자본을 투자할 수 있는 기회를 제공해야 한다. 이런 도시는 적절한 인프라를 갖춘 안전하고 건강한 곳이어야 한다. 이런 도시는 저렴해야 하고, 생산량보다 적은 전기나 물을 사용해야 하고,

인류세, 엑소더스

온실가스 배출을 유발하지 말아야 하며, 생물 다양성 손실을 악화시키지 않아야 한다. 최대한 많은 방식으로 물질적 자원이 경제 내에서 순환하여 쓰레기를 최소화하고 오염을 방지해야 한다.

이것은 어려운 과제다. 무엇보다도 사회적 이동성의 측면에서 '성공적인 슬럼'을 정의하는 많은 요소들이, 슬럼가를 안전하고 저렴하게 많은 주민을 수용할 수 있도록 하는 조건과 상반되기 때문이다. 예를 들어 땅이 오수 범벅으로 방치되어 있기 때문에, 판잣집을 지을 판자 몇 장밖에 가진 게 없는 시골 사람들이 싼 값에 거주할 수 있는 것이다. 이 끔찍한 단칸방에서 시작한 시골 빈민은 작업장이나 사업 장소, 거주할 수 있는 공간을 마련한다. 그리고 마침내 바닥에 콘크리트를 깔고, 전력 케이블을 연결하고, 판자를 벽돌로 서서히 교체하고, 방을 추가하고, 세를 주고, 사업을 키운 후 더 가난한 사람에게 그 집을 팔고 더 나은 곳으로 이사한다. 하지만 옆집에 누가 사는지도 모르지만 안전한 고층 건물로 이사한 이주민은 거리에 나가 자신의 사업을 홍보할 수 없고 사업을 쉽게 확장할 수 없으며, 이주 후 상황을 개선하고 도움이 되는 관계망을 확보하는 데 어려움을 겪는다.

전 세계에서 가장 성공적인 이주민 도시들은 인구 밀도가 높지만 약 4~6층 정도 규모의 건물들로 이루어진 주거 단지로, 건물에서 거리로 바로 접근할 수 있고, 거리에는 학교, 보건소, 사회복지시설, 공원, 시장 등이 모여 있다. 도시의 경제 및 문화 중심지와 연결되는 우수한 교통망을 갖추고 있으며, 방을 추가하거나 1층에 상점을 추가할 수 있는 확장 잠재력도 있다. 정책 역시 중요하다. 이주민은 사업을 시작하거나 합법적으로 고용될 수 있어야 한다. 또 환자들이 치료를 받기 위해 몇 달씩이나 대기하는 상황에서 숙련된 외과의사가 택시 기사로 일하는 일이 없도록, 자격을 인정받을 수 있는 효율적이고 저렴한 시스템이 마련되어야 한다. 무엇보다 중요한 것은 출신이나 재산과 상관없이 모든 시민에게 보편적인 의료와 교육을 제공하는 것이다. 이것은 많은 연구를 통해 뒷받침되고 있지만 미국에서는 여전히 급진적인 제안으로 간주된다.

수용해야 할 이주민 수가 많기 때문에 밀집도가 중요하다. 단층보다는 여러 층 높이의 단지 구조가 가장 효율적이다. 사실 대부분의 서구 도시들은 더 높이 지을 수 있다. 하지만 공간과 에너지 효율을 높이면, 네트워킹과 비즈니스 기회가 크게 줄어든다는 것이 문제다. 이 문제를 해결할 필요가 있다. 즉 사회자본에 투자해야 한다는 뜻이다. 공원과 광장, 사교 클럽과 지역 단체를 포함한 크고 작은 공공 공간을 혼합하고, 포용성을 적극적으로 강화하는 정책을 만들어야 한다. 비즈니스 잠재력을 제고하기 위해서는 저렴하게 임대하거나 매입할 수 있는 사무실, 작업장, 상점 공간이 있어야 한다. 무엇보다도 고층과 저층이 섞여 있어야 하며, 비즈니스, 소매, 레저, 공공 공간이 모두 통합되어야 한다. 고층 건물들로 이루어진 콘크리트 사막을 만듦으로써 교외 지역을 황폐화시킨 유럽 국가 수도들의 실패한 실험을 반복해서는 안 된다.

북부 도시로 이주하는 이민자들은 가족 단위로 올 수 있어야 한다. 이주민이 사회관계망 없이 도착하면 고립되어 범죄 조직에 의존하거나 종교 또는 정치적 극단주의에 빠질 수 있다. 가족은 중요한 지지와 안정성을 제공함으로써 새로운 도시에 뿌리를 내리는 데 도움이 되는 관계망을 넓혀준다. 하지만 기술이나 재산을 기준으로 엄격한 점수를 매기는 이민 시스템하에서는 입국이 거부되는 경우가 많다. 하지만 이민자 가족은 다양한 기술을 보유하고 있어서 많은 잠재적 혜택을 제공한다. 필요한 빈자리를 채우기 위해 가족과 함께 온 숙련된 간호사를 생각해보자. 엄마가 일하는 동안 할머니는 손자를 돌보고, 할아버지는 식당에서 일하며 자신의 기술을 전수한다. 아이들은 미래 인력에 대한 투자이며, 이모와 삼촌은 보육교사나 정원사, 청소부로 일하며 다른 가정이 생업에 전념할 수 있도록 한다. 이들은 각자 더 큰 경제에 기름을 치는 역할을 한다.

이주민 도시는 세계에서 가장 탄력적이고 창의적이며 의욕이 넘치는 사람들이 살고 있지만, 그 잠재력을 어떻게 활용하고 육성할지는 정부 정책에 달려 있다. 기후변동과 전 지구적 혼란의 시기에 이주민 집단은 잘 관리하면 한 도시의 재생과 국가 성장을 이끄는 견인차가 될 수 있지만, 잘못 관리하면 사회 분열과 민족 갈등을 유발할 수도 있다. 이민을 관리한다는 것은 새로 유입된 인구가 필요로 하는 주택, 서비스, 인프라에 투자한다는 뜻이다. 이렇게 하면 자국민들이 겪을 수 있는 자원이나 서비스의 부담이 해소되고, 이주민 집단은 존엄하게 살아가며 도시의 생산성에 기여하게 된다. 이런 투자 자체가 긴장을 유발할 수도 있다. 자국민들이 시설 개보수에서 자신들은 소외되고 이주민들이 특혜를 받고 있다고 느끼는 탓이다. 이 문제를 해결하는 방법은 자국민과 이주민 모두가 새로운 병원이나 학교의 혜택을 누릴 수 있게 하고, 건설 사업에 자국민과 이주민을 고루 고용하는 것이다. 북부의 새로운 도시 중 일부는 사실상 모든 주민이 같은 나라의 다른 지역이나 다른 나라에서 온 이주민이라서, 밑바닥부터 지속가능하고 사회적으로 통합된 도시를 건설할 수 있는 완벽한 기회가 될 것이다. 에너지 생산과 물 재활용 시스템을 갖춘 조립식 건물을 빠르게 배치할 수 있지만, 도시 인프라에도 투자해야 한다. 단순히 스마트한 슬럼가가 아닌 살기 좋은 도시를 만들기 위해서는 도시 인프라를 구축하는 데 비용을 지불할 필요가 있다.

정부의 이러한 투자는 세금을 내는 새로운 대규모 노동력을 성공적으로 통합함으로써 보상받을 것이다. 도시 확장 지원 자금을 새로운 글로벌 기구인 (권한을 갖춘) 유엔 세계이주기구에서 제공받는다면, 고통을 덜 수 있을 것이다. 이주를 관리하는 노력은 아무리 고통스럽더라도 해야만 하는 일이다. 잘만 관리하면 이 대규모 이주가 세계적으로 빈곤을 줄이고, 기후변화의 영향으로부터 수백만 명을 보호하고, 멋진 인류세를 출범시킬 활기찬 새 도시들을 만들어낼 것이다.

민간 부문에도 비용을 지원할 수 있다. 캐나다는 이미 성공적인 지역사회 후원 모델을 운영하고 있다. 민간 또는 지역사회 단체가 이주민을 위한 인도주의적 재정적 비용과 정착 비용을 지원하는 것이다. 캐나다는 지역사회 후원을 통해 30만 명 이상의 난민을 맞이했고, 호주는 암울한 망명 성적을 개선하기 위해 캐나다의 제도를 도입할 것을 고려하고 있다. 캐나다의 민간 후원을 받은 난민의 70퍼센트가 입국 첫해 취업 소득을 신고한 반면, 정부 지원을 받은 난민은 그 비율이 40퍼센트에 그쳤다. 이주민과 수용자 집단은 함께 통합된 노동력을 구성할 때 가장 큰 이익을 얻을 수 있고, 여기에 기업이 중요한 역할을 담당할 수 있다. 일부 글로벌 기업들은 세계 시민 프로그램에 참여해, 직원들에게 급여를 지급하며 가난한 나라에서 자원봉사를 하도록 장려한다. 또 가난한 나라에서 온 사람을 직원으로 고용하는 기업들도 있다. 예를 들어 캘리포니아의 대형 베리 재배 업체인 드리스콜스는 멕시코와 미국의 인력을 고용하고 있으며, 캘리포니아 공장에서는 많은 멕시코인을 고용해 노동자의 교육, 주택, 의료, 이민 문제를 돕는다.

　도시 이주는 가난에서 벗어나는 가장 효과적인 경로로 인식된다. 세계은행이 실시한 최대 규모의 연구는 이 점을 조사한 후 경제 성장을 위해 도시 인구 밀도를 가능한 한 높이고 이주를 통해 대도시를 성장시켜야 한다는 결론을 내렸다. 그리고 시골 이주민들이 도착하는 도시 지역에 정부의 집중적인 투자와 인프라 개발이 필요하다고 덧붙였다.[1] 20세기 초와 전후의 이민 물결은 교육, 보건, 주거, 인프라, 대중교통, 지방 정부에 대한 공공 부문의 투자가 크게 확대된 시기와 맞물렸고, 중공업의 쇠퇴로 저가 주택 지구가 남겨진 시기와도 일치했다. 이번 세기의 대규모 이주도 비슷한 투자를 필요로 한다.

　정부가 다른 지역보다 이주를 더 잘 관리한 곳들이 있다. 2000년부터 2009년까지 10년 동안 스페인은 600만 명의 이민자가 유입되면서 외국 출신 인구가 4배 이상 증가해 전체 인구의 14퍼센트를 차지하게 되었다. 하지만 다른 유럽 국가들과 달리 스페인은 실업률과 빈곤율이 비교적 높은데도 불구하고[2] 심각한 반이민 감정을 겪지 않았으며, 대부분의 국민은 이주민이 필요하고(그들은 노동력의 5분의 1을 차지한다), 그들이 동등한 권리를 누릴 자격이 있다고 생각한다.[3] 그 이유는 정부가 국가 이민 통합 프로그램을 관리하고 우선순위를 정하는 방식에서 찾을 수 있다.[4] 스페인은 포괄적이고 계획적인 방식으로 이민 정책을 수립해야 한다고 믿었다. 즉 위임이 아니라 협력을 기반으로 다른 나라들과 진정한 파트너십을 맺고, 사후 대응이 아닌 사전 예방적 정책을 고안하고, 반이민 정서를 부추기기보다는 긍정적인 여론을 주도하는 것이다.

　예를 들어, 마드리드에서 남쪽으로 20킬로미터 떨어진 거대한 저층 도시 팔라를 살펴보자. 팔라는 스페인 수도 마드리드와 톨레도 사이의 통근길에 위치하는 곳이다. 한때 스페인의 도시 이주민들이 많이 살았던 이 도시는 이제 국제 이민자들의 도시가 되었다. 대부분이 모로코와 라틴아메리카에서 온 이민자들로, 이들 중 약 450만 명이 2008년 경제호황기에 스페인에 도착했다. 이 시기 프랑스는 갑작스레 유입된 이민자들을 지원하거나 관리하려는 노력을 거의 하지 않았고, 이주민의 요구를 대체로 무시하는 한편, 시민권 취득을 차단했다. 이런 프랑스와 달리 스페인 정부는 잘 돌아가는 살기 좋은 이민자 도시를 만들기 위한 유럽 최초의 정책 이니셔티브를 통해, 대규모 이민 관리에 적극적으로 투자했다. 시작은 시민권 부여였다. 미등록(불법) 이주민을 포함해 모든 정규직 이주민들을 세금 내는 합법적인 주민으로 인정하고 그들도 사회 서비스를 받을 수 있도록 했다. 북아프리카에서 위험하게 배를 타고 건너오는 불법 이민자들을 막기 위해 스페인 정부는 수만 명의 아프리카인에게 1년 동안 스페인 취업 비자를 제공하는 프로그램도 마련했다. 그리고 고용 계약이 연장되면 가족을 초청해 완전한 시민권을 받을 수 있도록 했다. 이 프로그램은 즉시 엄청난 변화를 가져왔다. 스페인은 매년 50만 명의 경제 인구가 추가되었고, 이들은 불법으로 생계를 이어가는 빈곤한 하층민이 아니라 삶을 꾸리고, 주택에 투자하고, 사업 공간을 임대하고, 자녀를 학교에 보내고, 자신들의 삶과 새로운 보금자리를 개선하려고 노력하는 적극적인 시민이 되었다.

스페인 정부는 새로운 이주민을 돕기 위해 20억 유로 규모의 프로그램에 투자해 특별 교육, 이민자 수용 및 적응, 취업 지원, 이민자들이 새로운 보금자리를 찾고 짓는 것을 돕는 프로그램, 사회보장 서비스, 의료 서비스, 여성의 통합, 지역사회 참여 및 건설을 지원했다. 그리고 이런 노력은 곧 결실을 맺었다. 스페인 정부의 이민관리국 대변인 안토니아 에르난도는 이민 전문 기자 더그 손더스에게 이렇게 말했다. "현재 이주민들이 합법적으로 일하고 납부한 세금은 스페인 국민 100만 명의 연금 재원으로 사용되고 있습니다. 이들은 우리나라의 복지 프로그램의 재정적 토대이므로, 그 대가로 다른 스페인 국민과 동일한 권리와 생계를 누릴 수 있도록 지원해야 합니다."

정부는 팔라의 네트워크가 성장하고 경제가 효율적으로 기능할 수 있도록 인프라를 개선하고 대중교통을 연결했다. 트램 라인은 도시를 관통하고, 마드리드까지 20분 만에 연결되는 고속철도는 팔라의 경제가 대도시로 뻗어나갈 수 있게 해주었다. 또한 정부는 중형 아파트 건물로 구성된 대규모 주거 단지를 건설했다. 단지 1층에는 소규모 사업체를 위한 공간과 아파트 주민들을 위한 길을 마련했다. 이렇게 주거지를 복합 용도로 설계하면, 동네가 번화해지고, 주택 밀집도가 충분히 높아져서 사업체에 고객이 충분히 유입된다. 하지만 무엇보다도 이주민들이 소속감을 느낄 수 있다. 세계적인 경제불황이 닥쳤을 때, 안 그래도 범죄율이 높았던 독일과 프랑스의 이주민 밀집 지역은 폭력 시위로 몸살을 앓았지만, 팔라는 높은 실업률에도 불구하고 사회 불안이 없었는데, 이는 이주민들이 스스로를 사회의 일부라고 느꼈기 때문이다. 그들은 존엄한 삶을 누렸다.

팔라가 성공할 수 있었던 이유는 이주민의 대규모 유입을 예상한 정부가 이주민 유입을 방해하거나 통제하기보다는 국가 경제와 사회에 도움이 되는 방향으로 새로운 이주민 집단을 관리하는 데 집중하고, 투자했기 때문이다(지난 몇 년 동안 스페인의 이민 정책은 유럽연합 내 이웃 국가들의 지지 부족으로 인해 약간 부정적으로 변했다. 하지만 설문조사는 스페인 국민이 여전히 이민에 긍정적인 태도를 유지하고 있음을 보여준다).

지나치게 비싼 주택은 사람들이 생산성을 높일 수 있는 더 안전한 도시로의 이주를 막는 요인 중 하나로, 대체로 도시 확장에 적합하지 않은 계획 및 용도지역 법규에 기인한다. 용도지역 제한 zoning restriction을 없애면 밀집도가 높은 주택을 지을 수 있고, 주거와 사업, 그리고 한 도시의 전통적 매력이자 발전의 산물인 공공 공간을 혼합할 수 있다. 수많은 연구가 보여주듯, 인구 밀도가 높을수록 사회적 결속과 번영에 유리하다. 하지만 도시 안에 주택 건설 허가를 받기가 어려운데, 기존 주민들이 반발해 개발업자들에게 압력을 가하는 경우가 많기 때문이다. 이로 인해 주택은 수요가 많고 연결성이 좋은 부지가 아니라, 저항이 약한 외딴 지역에 건설된다. 이는 자동차에 의존하는 도시 확산을 초래해 밀집된 도시의 생산성과 다른 이점에서 멀어지는 결과를 가져온다. 예를 들어 영국에서는 현재 모든 지역에서 주택보다 도로에 더 많은 토지가 사용되고 있다.[5] 한 집에 살 수 있는 '무연고 거주자'의 수를 제한하는 미국 전역의 지자체 규정[6] 같은 다른 규제들도 없애야 한다. 그런 규제들은 저소득층이 주택을 공유하며 비용을 분담하고 임대료를 줄이는 방편을 가로막기 때문이다.

유럽과 미국 도시들에서 사업 및 인허가 관련 법률을 완화해 소매업, 경공업, 상업 서비스를 주택과 혼합할 수 있도록 하면, 생산성이 높아지고 사람들의 성공적인 이주에 도움이 될 것이다. 이주민 도시가 성공할 수 있는 열쇠는 밀도를 높이는 것이다(밀도는 한 토지에 허용되는 인간 활동의 양을 뜻한다). 주거와 다른 활동이 분리되어 있는 저밀도 지역은 (특히 북아메리카에 있는 자동차 중심의 교외 지역에서 유행이다) 가난한 주민과 이민자를 희망 없는 빈곤의 게토에 가둘 수 있다. 반면 홍콩에서부터 델리, 맨해튼, 런던에 이르는 고밀도 도심 지역은 생산성과 기회로 활기를 띤다. 6층 건물이 줄지어 있는 파리는 뉴욕보다도 인구 밀도가 높다. 런던은 각기 걸어서 다닐 수 있는 개별 마을들이 합쳐지며 탄생한 반면, 맨해튼의 계획된 격자형 설계(고대 중국 도시에서 유래했다)는 개별 블록으로 구성되어 있다. 둘 중 어느 시스템도 주택과 소매점, 기타 활동을 서로 분리하지 않기 때문에, 필요한 모든 것이 걸어서 갈 수 있는 거리 내에 있다. 새로운 이주민 도시는 도시계획에 이러한 밀집도를 넣을 필요가 있다.

　　이러한 사실을 뒤늦게 알게 된 곳 중 하나가 네덜란드 암스테르담 외곽의 계획도시 베일머메이르다. 현지에서 '비머'로 불리는 이 도시는 1960년대 유토피아 비전을 반영한 것으로, 고립된 공원으로 둘러싸인 31개의 순수 주거용 고층건물 단지가 거대한 벌집 모양을 이루고 있다. 미로처럼 복잡하게 얽힌 보도를 갖춘 이 아파트 단지에는 공공 편의시설이 없었고, 심지어 도로도 평지보다 높아서 접근이 쉽지 않은 탓에 지상층은 인적이 끊긴 사막이 되어버렸다. 공사가 끝났을 때는 아무도 그곳에 살고 싶어 하지 않아서, 수리남과 사하라 사막 이남 아프리카에서 온 이민자들의 '인간 하치장' 역할을 하는 공공주택이 되어버렸다. 그들 중 상당수가 빈곤의 덫에서 벗어날 방법이 없어서 수당으로 생활했다. 곧 베일머메이르는 마약 중독과 폭력, 살인과 가난에 찌든, 유럽에서 가장 위험한 동네로 알려졌다. 그러던 중 1992년 엘알항공의 화물기가 엔진 이상을 일으킨 후 스키폴국제공항으로 회항하다가 똑같이 생긴 건물 두 동을 들이받아 주민 43명이 사망하는 참사가 발생했다. 이 참사를 계기로 흉물스러운 건물을 허물고 이 지역을 재개발하자는 캠페인이 시작되었다.

현재 베일머메이르는 암스테르담에서 가장 유망한 지역 중 하나가 되었다. 고층 아파트 대신 중간 높이의 아파트가 빽빽이 들어섰고, 건물마다 정원을 만들었으며, 상점과 비스니스 위한 공간도 배치했다. 새로운 지하철역과 자전거도로가 그 지역을 도시의 다른 지역과 연결한다. 카페, 보조금으로 운영되는 극장, 예술 공간과 박물관이 생겨났고, 정부가 이 지역의 다문화적 성격을 홍보하면서 암스테르담 전역에서 사람들이 이곳만의 푸드마켓과 레스토랑을 경험하기 위해 찾아온다. 재개발 초기 정부는 이 지역의 치안 유지에 투자했고, 교육 계획과 사업 지원 프로그램을 마련해 주민들이 일자리와 교육을 통해 빈곤에서 벗어날 수 있도록 도왔다. 그 결과 2세대 수리남 이민자들의 대학 진학률과 소득이 네덜란드 출신 사람들과 비슷해졌다.

이 재개발에 영감을 받은 칠레 건축가 알레한드로 아라베나는 이주민 주택의 수요를 알아채고, 2003년에 항구도시 이키케에 개조가 용이한 '반쪽짜리 주택'을 설계했다.[7] 시골 이주민을 위한 빈민가 주택의 대안을 제시하라는 의뢰를 받고, 그는 중심부 땅에 하수도, 수도, 전기 연결 같은 필수 인프라(나중에는 슬럼에 맞게 개조하기 어렵다)를 구축했다. 그런 다음에 핵심 요소인 지붕과 화장실, 부엌을 갖춘 기본적인 콘크리트 구조물을 만들고, 주민들이 여유가 되는 대로 조금씩 추가로 지을 수 있는 빈 공간을 제공했다. 반쪽짜리 주택은 칠레의 평균적인 공공주택보다 25퍼센트가량 작았지만, 여분의 공간이 있어서 확장할 여지가 많았다. 정부는 각 가정에

7,500달러를 제공했는데, 이는 아라베나의 골조만 추려낸 모델을 구매하기에 충분한 금액이었다. 주민들이 집을 확장함에 따라 집의 가치도 올라갔다. 한 조사에 따르면 첫 2년 동안 한 가구당 평균 750달러를 투자해 집의 크기를 두 배로 늘리고 집의 가치를 약 2만 달러로 높인 것으로 나타났다. 이 프로젝트는 회색빛의 추한 콘크리트 구조물로 시작되었지만, 몇 달 만에 페인트를 칠하고 방을 추가하는 등의 개선을 통해 다양한 모습을 갖추었다. 이와 같은 프로젝트는 다른 이주민 도시들의 도시 개발 모델이 될 수 있다. 예를 들어 멕시코 타바스코주에서는 건설회사 아이콘ICON이 비영리 단체인 뉴 스토리New Story와 협력해 대형 3D 프린터로 극한의 날씨에도 견딜 수 있는 저렴한 내진 주택을 지었다.[8] 이 방 두 칸짜리 집들은 현지에서 생산된 콘크리트를 사용해 단 하루 만에 프린터로 제작할 수 있다. 이는 다양한 프린트 디자인을 활용해 전체 단지를 몇 달 만에 만들 수 있다는 뜻이다. 시간이 지남에 따라 가족들은 각자의 필요에 맞게 구조를 조정하고 확장할 수 있다.

2015년에 독일 국경에 100만 명의 난민이 도착했을 때 앙겔라 메르켈 총리는 군대를 보내 이들을 돌려보낼지, 아니면 이들을 받아들여 노동력 부족을 해소할지 결정해야 했다. 이 위기에 대한 메르켈 총리의 유명한 대응은 "우리가 알아서 할게요Wir schaffen das"였다. 독일 경제가 앞으로 20년 동안 돌아가려면 적어도 1,000만 명의 노동 인구가 추가로 필요하다. 독일 정부의 영웅적인 노력으로 대다수 시리아 난민들(상당수가 이주할 여력이 있는 중산층 전문직 종사자였다)이 독일에 정착했다. 이로 인해 잠시 극우 정치가 득세했고, 초반에는 이주민을 어디에 배치하는가를 둘러싼 실수들도 있었다. 이들을 이미 대규모 이주민 인구가 있는 도시나 지역에 정착시키는 대신, 일자리도 없고 일자리를 찾을 희망도 없는, 그저 빈 집들만 있는 동네에 배치한 것이다. 그중에는 구 동독 지역인 라이프치히 교외에 지어진 공산주의 시절의 고층 아파트 단지도 있었다. 다행히 베를린의 이민자 밀집 지역인 노이쾰른의 적극적인 시장은 이민자들이 자신의 지역구로 이주할 것으로 예상하고, 학교에 신입생을 맞을 채비를 하라고 지시하는 등 준비를 시작했다. 아니나 다를까, 가장 진취적인 이민자들이 곧 노이쾰른으로 왔고, 독일 내 시리아 이민자들은 그곳에서 자국민보다 더 많은 고용 기회를 창출하는 등 대단한 성공 사례를 만들어냈다.

2021년 아프가니스탄이 탈레반에게 점령당하며 이주 물결이 일었을 때, 독일인의 62퍼센트가 난민이 올 것이라는 전망에 대해 이렇게 응답했다. "우리가 알아서 할게요." 2022년 3월에 독일은 침략당한 우크라이나에서 온 난민을 국적에 관계없이 신속하게 받아들이며 행정 절차의 장애물을 없애고, 무료 교통편을 제공하고 기타 요구사항을 적극적으로 수용했다. 독일은 또한 이주민들이 "뛰어난 수준의 적응"을 입증할 경우, 입국 후 3년 이내에 시민권을 일찍 신청할 수 있도록 하고 이중 국적을 허용하는 방향으로 법을 개정했다.

동네는 더 넓은 지역사회로 통합될 필요가 있다. 무엇보다 학교가 '백인 탈주'로 인해 분리되지 않도록 해야 한다. 그 방법으로 가장 가난한 지역에 모든 지역사회를 끌어들일 만큼 우수한 학교를 설립하는 방법이 있다. 하지만 이주민은 자신들만의 문제, 안전, 상거래, 기회를 스스로 관리할 기관이 필요하다. 지역사회에 권한을 이양하는 것은 요즘 경제 및 사회 발전을 촉진하는 촉매로 인식된다. 무엇보다 주민들은 자신의 복지와 직접적으로 연결되어 있으므로, 그들이 사는 도시의 이해당사자가 될 수 있는 권한이 필요하다.

이런 도시계획이 잘 작동하게 하는 열쇠는 유연성이다. 도시 이주로 인해 전 세계 인구 증가율이 감소하는 추세다. 도시에 사는 사람은 시골에 사는 사람보다 아이를 적게 낳기 때문이다. 유엔의 추산에 따르면, 세계 인구가 2060년대에 정점에 도달할 것으로 예상되는데, 그 이유는 도시화 속도 때문이다. 일부 전문가들은 2050년에 인구가 정점을 찍을 수도 있다고 본다. 그러면 우리는 "인구 증가, 안정화, 감소에 맞춰 유연하게 대응할 수 있는 도시를 어떻게 설계할 것인가"라는 흥미로운 도전에 처할 것이다. 동시에 인구 구조도 변하고 있다. 전 세계가 고령화되고 있는데, 노년층은 주택이나 교통수단에 대한 요구가 젊은 층과 다르다.

도쿄는 세계 최대 도시이지만, 계획가들은 하이퍼로컬hyperlocal에 중점을 두고 있다. 전통적으로 해왔듯이 거대한 중심지에서 외곽으로 갈수록 점점 중요성이 떨어지고 불평등이 심화되는 동네들이 방사형으로 되어 있는 배치 대신, 각각의 지역사회가 '마치즈쿠리街づくり'('도시계획'이라는 뜻—옮긴이)라고 불리는 과정을 통해 지역 인프라와 설계의 모든 측면에 참여함으로써 개성과 녹지를 확보하는 것이다. 일본의 인구구조 변화가 점점 더 뚜렷해짐에 따라(90세 이상 인구가 200만 명이 넘고 성인용 기저귀가 유아용 기저귀보다 많이 팔린다) 도쿄는 고령층을 위해 학교 통학 구역과 비슷한 '일일 활동권'을 조성하고 있다. 이런 구역들은 도시 내 마을과 같아서, 사람들이 걸어서 모든 편의시설을 쉽게 이용할 수 있다. 도쿄는 거대 도시로 기능하면서도 지역사회 교류의 눈높이에 맞추어 운영된다. 영국에서도 인구구조의 변화가 도시를 변화시키고 있다. 오랫동안 외곽으로 밀려났던 은퇴자 마을이 도심으로 들어오고 있으며, 도시계획가들은 번

화가에 활기를 불어넣을 '회색 머니'에 기대를 걸고 있다. 도심에 새로운 노인 돌봄 시설이 건설되고, 비어 있는 소매점과 사무실 단지의 용도가 변경되고 있다. 이는 늘어나는 65세 이상 인구가 걸어서 쇼핑, 레저, 엔터테인먼트 시설을 이용할 수 있게 될 것이란 뜻이다. 북부의 도시들은 젊은 이민자들을 유치하기 위해 확장하는 와중에도, 고령화되는 인구의 요구에 부응해야 한다.

도시를 설계하고 계획할 때 노인층의 요구를 수용하면 앞으로 수 세기 동안 지속가능한 도시를 만들 수 있으며, 나중에는 도시를 건설하는 데 도움을 준 젊은 이주민들도 노년기에 그 도시를 즐기게 될 것이다.

9

인류세의

생활환경

이번 세기의 이주는 도시를 향할 것이다. 도시는 사회적·경제적으로 지속가능해야 할 뿐만 아니라 환경적으로도 지속가능해야 한다. 우리가 사는 도시는 지구가열화로부터 안전해야 한다. 또 도시들로 인해 상황이 악화되지도 않아야 한다. 오늘날 도시가 전 세계 에너지 공급량의 3분의 2를 소비하고, 전 세계 온실가스 배출량의 4분의 3을 발생시키고 있다는 점을 생각해보라. 도시의 어떤 부분은 새로운 기후 조건에 적응할 수 있는 반면, 다른 부분은 버리거나 이전해야 할 것이며, 수십억 이주민을 수용하기 위해서는 새로운 도시가 필요할 것이다.

도시는 기후변화의 충격에 특히 취약해서 열, 해수면 상승, 극단적인 날씨로부터 더 심각한 영향을 받는다. 콘크리트 같은 딱딱한 표면은 태양열을 흡수하고, 고층 건물은 공기 순환을 방해하며, 밀집된 인간 활동(자동차 엔진, 냉난방 장치 포함)은 도시가 주변 지역보다 더 더운, 이른바 도시 열섬 효과를 만든다. 현재 도시 기온은 주변 지역보다 1~2도 더 높고, 슬럼 지역은 이보다 세 배 이상 높을 수 있다. 콘크리트와 아스팔트처럼 딱딱한 표면은 빗물 흡수를 방해하기 때문에 폭풍이 들이닥치면 순식간에 홍수가 날 수도 있다. 그리고 물론 시골 지역보다 면적당 인구 밀도가 높은 도시에서는 더 많은 사람들이 폭염, 공기 오염, 극단적 날씨의 피해에 내몰린다.

기후변화에 가장 취약한 전 세계 100대 도시 가운데 99곳이 아시아에 있고 그중 80곳이 인도와 중국에 있다. 지구 위기 컨설팅 기업 메이플크로프트Maplecroft의 2021년 보고서에 따르면, 오늘날 총 15억 인구가 거주하는 400개 이상의 대도시가 인간의 수명을 단축시키는 오염, 물 부족, 치명적인 폭염, 자연재해와 기후 위기가 섞인 복합적 원인으로 '높은' 혹은 '극심한' 위험에 처해 있다.[1] 앞서 설명했듯이, 지금보다 기온이 약간만 높아져도 습도가 더해지면 적도 부근은 견딜 수 없는 환경이 된다.

게다가 세계 인구의 약 60퍼센트가 사는 해안 도시들은 다른 곳보다 네 배나 빠른 속도로 해수면 상승을 겪고 있다. 이는 건물과 인프라의 무게가 물보다 지반을 무겁게 짓누르는 탓이다.[2] 도시의 건물과 도로가 건설공사로 생겨난 텅 빈 공간으로 가라앉으며 홍수를 일으키고 있다. 지난 60년 동안 '바다 위'라는 뜻을 가진 도시 상하이는 2.6미터 가라앉았고, 도쿄 동부는 4.4미터, 멕시코시티는 거의 10미터가 가라앉았다. 해수면 상승 속도의 네 배나 되는 속도로 가라앉고 있는 도시 뉴올리언스는 이미 절반이 해수면 아래에 있다. 이 도시들은 현재는 이주민을 흡수하고 있지만, 머지않아 대규모 이주민을 발생시킬 것이다.

가장 빠르게 가라앉고 있는 도시 자카르타는 일 년에 25센티미터라는 놀라운 속도로 가라앉고 있다. 인도네시아 정부는 해결책으로 대규모 이주를 결정했다. 숲이 우거진 보르네오 섬의 고지대에 새로 건설한 '누산타라'라는 도시로 수도를 옮기기로 했다. 수십억 달러 규모의 이 사업의 목표는 2050년 1,600만 명에 이르는 자카르타 시민을 파도로부터 구하는 것이다. 하지만 수십 년이 걸리는 이 공사는 지구에서 가장 중요한 생태계 중 하나인 보르네오 섬에 막대한 환경적 영향을 끼칠 것이며, 사업이 완료되어도 시민들은 여전히 폭염과 화재에는 취약할 것이다.

다른 도시들은 방벽과 방파제로 파도를 저지하고 있다. 베네치아는 조수로 인해 발생하는 하루 평균 45센티미터의 바닷물 높이 차이에 대응할 수 있도록 설계되었지만, 현재 일 년에 75차례나 도시가 물에 잠기고 있으며 150년 동안 기록된 주요 홍수 가운데 절반이 2000년 이후에 발생했다. 정부는 만조 때 석호와 바다를 분리하는 방벽 역할을 할 수 있도록 풍선형 수중 수문을 만들었다. 하지만 이 방벽은 20센티미터의 해수면 상승에 대처하도록 설계되어 있어서 2050년에 해수면이 더 높아지면 아무런 소용이 없어질 것이다. 베네치아는 이미 생동하는 도시라기보다 박물관에 가깝다. 여름철 하루 6만 명의 관광객이 이 도시를 찾지만, 주민은 5만 2,000명에 불과하다. 투자 부족과 반복된 침수로 최근 몇십 년 동안 주민들이 대거 이탈한 탓이다. 1950년대 초부터 12만 명 이상의 주민이 베네치아를 떠났고 지난 20년 동안 그 속도는 더욱 빨라졌다. 곧 이 도시는 완전한 박물관이 될 것이다. 다른 유명한 도시들(또는 그 일부)도 같은 수순을 따를 것이다.

도시에는 뿌리박힌 자산이 있다. 막대한 부가 매몰되어 있는 도시는 주거 지역이 침수되더라도 금전적인 측면에서 지켜야 할 이유가 있다. 도쿄와 방콕, 심지어는 다카와 라고스도 완전히 폐기되지는 않을 것이다. 그 대신 그 도시들은 막대한 인프라 투자를 통해 변모할 것이다. 뉴욕은 로어 맨해튼의 금융 지구를 보호하기 위한 거대한 방파제 '빅U'를 계획하고 있는데, 그래도 웨스트 57번가 북쪽에 사는 사람들은 파도에 노출될 수밖에 없다. 뉴욕은 이미 정기적인 침수 피해를 겪고 있다. 2021년에는 침수된 지하철역에서 사람들이 헤엄쳐 빠져나오고 도로의 배수구에서 물이 뿜어져 나오는 모습이 목격되기도 했다. 한 남성은 2005년 폭풍 이후 맨해튼의 침수된 지하철역에서 헤엄쳐 나오는 동안 "옆에서 쥐떼가 나와 함께 도망치고 있었다"고 묘사했다. 상황은 훨씬 더 나빠질 수 있다. 뉴욕은 이번 세기말이 되면 해수면보다 1미터가량 낮아질 가능성이 있기 때문이다.[3] 이미 해수면보다 2미터 낮은 로테르담은 수상 주택과 함께 또 다른 거대한 방벽 시스템을 계획하고 있다. 가라앉고 있는 몰디브의 수도이자, 인구 밀도가 높은 환초 도시 말레에는 이미 방파제와 여타 방벽들이 설치되어 있다. 아직까지는 이 방벽들이 말레를 보호하고 있다.

파도를 향해 멈추라고 명령했던 크누트 왕이 증명했듯이 결국은 파도가 이긴다. 모든 파멸의 도시에서 가장 취약한 이는 가장 가난한 사람들이다. 비위생적인 주택에 거주하는 빈민가 주민들과 시골 사람들은 기상이변이 발생하면 안전한 곳을 찾아 도시로 몰려간다. 즉 오늘날 사람들은 재난을 향해 이주하고 있는 셈이다. 도시는 더 강력한 인프라, 더 많은 병원 및 필수 서비스를 갖추고 있어서 흔히 피난처로 인식된다. 방글라데시의 수도 다카는 인구 밀도가 가장 높은 도시 중 하나로 1,400만 명 주민의 약 40퍼센트가 비공식 주거지에 살고 있으며 그들 가운데 70퍼센트가 (사이클론과 해안 및 강둑 침식을 포함한) 기후변화와 관련한 현상 때문에 어쩔 수 없이 고향을 떠난 사람들이다. 하지만 다카는 안전한 피난처가 아니다. 내가 물에 흠뻑 젖은 슬럼가를 지나가는 동안, 주민들이 내게 물이 어디까지―눈높이까지―찼는지 보여주었다. 그들의 집이 물에 잠기고 얼마 안 되는 가구와 집기들마저 파괴되었다. 침수가 발생할 때마다 한 동네 주민 전체가 지반이 높은 도로로 피난을 떠나

(하지만 배수가 잘 되지 않아서 이곳 역시 물에 잠긴다) 길거리에서 노숙을 하거나 텐트에서 자야 한다. 그리고 위생 시설과 깨끗한 물의 부족은 치명적인 수인성 질환을 부른다.

가난한 사람들은 일단 도시로 이주하면, 그곳에 갇혀 오도가도 못하는 신세가 되기 쉽다. 이동 과정에서 가진 자원을 모두 써버린 탓이다. 중산층과 부유층은 더 나은 지역으로 이주할 여유가 있지만, 가난하고 소외된 사람들은 그곳을 벗어날 여력이 없어서 가장 취약한 도시에 갇힌다. 2018년에 이주정책연구소Migration Policy Institute는 기후와 이주에 관한 모든 연구 자료를 종합적으로 검토한 결과,[4] 기후 충격이 (이주 비용을 감당할 수 없게 만들어) 지역사회의 이주 가능성을 감소시키고, 생존 전략으로 이주를 선택하는 경우에도 이주는 거의 해당 지역 내에서 이루어진다는 사실을 발견했다.

해법은 계획을 세우는 것이다. 이주민을 받을 수 있는 더 안전한 도시, 위험 지역을 벗어나기 위한 재배치 전략, 국제 이주를 촉진할 방법을 찾아야 한다. 이를 위해 각국 정부는 재산 보험에 대한 지원을 철회하고 산간벽지를 매입할 수도 있다. 하지만 개별 가구에 대한 보상과 매입은 대개 한심할 정도로 부적절해 보인다. 지역사회를 옮길 때 생계를 위한 최선의 장소를 확보하기 위해서는 수십 년의 계획이 필요할 수도 있다.

이 문제를 심각하게 취급하고 있는 곳이 바로 키리바시다. 적도 부근에 위치한 저지대 환초 국가 키리바시의 경제는 전적으로 어업과 코코넛 생산에 의존한다. 이 나라 섬들은 지난 5,000년 동안 초기 오스트로네시아인부터 최근 유럽인까지 다양한 이민자들이 정착해 풍요로운 문화를 건설했다. 하지만 현재 해수면이 위험한 수준으로 상승하고 있어서 이 나라 인구 전체가 대규모 이주를 준비하고 있다. 2014년에 아노테 통 대통령은 내게 키리바시가 '돌아올 수 없는 지점'에 이르렀다고 말했다.

키리바시는 다른 여러 도시와 국가들이 생활이 불가능한 현실에 직면할 때 취해야 할 조치들을 선도하고 있다. 이 나라는 물에 포위된 국민을 위해 피지의 영토를 매입했고, 자국민들이 다른 나라에서 새로운 생계 수단을 찾을 수 있도록 돕고 있다. 통 대통령은 10년 전 '존엄한 이주' 프로그램을 시작해 뉴질랜드로 간호사를 파견하는 등 해외 취업을 통해 사람들을 점진적으로 이주시키기 시작했다. 통 대통령은, 푸에르토리코 같은 다른 섬나라들처럼 극단적인 기상 재난이 닥칠 때 국민들이 난민이 되어 대규모 피난을 떠나는 신세로 전락하지 않게 하는 것이 목표라고 설명했다.

통 대통령은 조상의 땅과 무덤, 익숙한 언어와 노래, 이야기를 포함한 자신들의 문화를 떠나야 하는 실질적·심리적 어려움으로부터 국민을 대비시키는 것이 자신의 '의무이자 책임'이라고 말했다. "나는 다가올 미래에 우리 국민이 적응하도록 수 있도록 도울 겁니다. 이는 위기를 관리하고, 더는 인간다운 삶을 살아갈 수 없는 우리나라 섬들에 맞서 회복력을 기르는 것을 의미합니다." 그는 말했다. "우리는 이 나라 젊은이들이 위엄을 가지고 다른 나라로 자발적으로 이주할 수 있기를 바라며, 이를 위한 교육과 기술 습득에 투자하고 있습니다."

계획은 새로운 도시와 외국 이주민을 위해서만이 아니라, 위험한 지역에 사는 주민들을 국내에서 더 안전한 도시로 이주하도록 장려하기 위해서도 필요하다. 예를 들어 루이지애나에서 정부 당국은 4,830만 달러를 들여 저지대 장 샤를 섬에 거주하는 주민들을

40마일 떨어진 고지대로 이주시키는 프로젝트를 진행 중인데, 이는 미국 최초로 연방정부의 자금으로 시행되는 '기후변화에 따른 지역사회 재정착 사업'의 일환이다. 뉴질랜드는 '관리된 후퇴 및 기후 적응법Managed Retreat and Climate adaptation act'을 마련해 개인과 지역사회의 이주를 돕는다. 캐나다에 기반을 둔 기후이민 및 난민 프로젝트는 기후변화로 인한 브리티시콜럼비아주 내부의 이동과 밖으로부터의 이주에 대비하고 있다. 방글라데시에서도 정부 기관이 다카 같은 도시가 받는 압력을 줄이기 위해 주요 도시 외곽에 이주민 친화적인 도시를 조성하는 방안을 검토하고 있다.

회복력 있는 도시를 건설하다

다카, 뉴올리언스, 베네치아는 점점 살 수 없어지면서 주민들이 다른 곳으로 떠나겠지만, 다른 많은 도시들은 다가오는 변화에 대처할 수 있을 것이다. 그리고 이주 노동자에게 새로운 보금자리를 제공함으로써 이익을 얻을 수 있을 것이다. 분명히 모든 도시는 기후변화의 영향이 비교적 적더라도 탄소 중립으로의 전환에 발맞추어 적응할 필요가 있다. 입지가 좋은 도시들은 다양한 요구를 지닌 수백만 명의 이주민이 유입됨에 따라 안전하고 지속가능한 주택이 많이 필요할 것이다. 이런 도시들은 자원 사용의 효율을 높이고, 폐기물을 최소화하며, 위험한 오염을 제거하는 등 환경 회복력을 갖추어야 한다.

이번 세기에 도시가 직면한 최대 위기는 기상이변이며, 새로운 개발 계획은 이 위기에 적합해야 한다. 이주민이 가뭄 때문에 고향을 떠나 새로운 도시로 왔는데 홍수에 직면한다는 건 말이 되지 않는다. 그것은 한 종류의 기후 위기를 다른 종류의 기후 위기와 맞바꾸는 것일 뿐이다.

강우량이 극단적으로 높거나 낮은 현상이 자주 나타날 것이고, 따라서 모든 도시는 이런 기상이변이 재난으로 이어지지 않도록 새로운 환경에 적응할 필요가 있다. 뉴올리언스에서 런던에 이르기까지 여러 도시에는 가뭄에 대처하기 위한 빗물 정원이 설치되어 있다. 이 시설은 빗물을 지하 탱크나 땅의 움푹 꺼진 곳, 또는 골풀이나 기타 초목으로 흘려보내 저장한다. 폭우 발생이 가장 크게 증가할 것으로 예상되는 곳은 북유럽과 북아시아를 포함한 고지대 지역이다. 중국 정부는 1제곱킬로미터당 약 2,000만 달러의 비용을 들여 2030년까지 도시의 80퍼센트에 '스펀지' 기능을 갖추겠다고 약속했다. 우한 같은 도시는 현재 빗물을 흡수해 홍수를 예방하기 위해 녹지, 습지, 지하 저장 탱크 등에 이용하고 있다. 다른 도시들은 운하를 건설하고, 하수도를 넓히고, 흐름이 원활한 배수구를 설치하고, 투수성 도로 포장과 표면 재료를 사용하기도 한다. 바르셀로나는 빗물을 잘 흡수하고 열을 완화하기 위해 도로 표면을 바꾸고 있다. 스웨덴의 예테보리는 증가하는 빗물을 수용하기 위해 새로운 물 관리 인프라뿐만 아니라, 인공 폭포와 '비 놀이터' 레그넥프라첸Regnlekplatsen을 설치했다. 이런 비 놀이터는 비가 올 때 아이들이 직접 수영장, 강, 댐 등을 만들어 재미있게 놀 수 있도록 설계된 장소다. 다른 도시에서는 해수면 상승에 대응하기 위해 수위에 따라 올라갔다 내려갔다 할 수 있는 주택, 병원, 논밭 같은 혁신적인 수상 인프라를 마련하고 있다. 네덜란드에는 여러 수상 마을이 있는데, 대개 조립식으로 지어진 주택들로 철제 기둥에 얹혀 해안에 고정되어 있으며 일반적으로 지역 하수도 시스템 및 전력망과 연결된다. 이런 수상 건축물들은 육지에 지어진 주택과 구조적으로 비슷하지만 지하실 대신 균형추 역할을 하는 콘크리트 몸체를 갖추고 있어서 물에서도 안정성을 유지할 수 있다. 몰디브는 말레 앞바다에, 네덜란드 워터 스튜디오의 설계로 2만 명을 수용할 수 있는 저렴한 주택을 포함한 수상 복합 단지를 계획하고 있다. 각 주택 밑에는 인공 산호초가 설치되어 해양 생물을 지원하고, 심해에서 끌어올린 물을 에어컨 냉각수로 사용한다.[5] 홍수에 안전한 주택이 꼭 값비싼 희귀 구조물일 필요는 없다. 방글라데시 건축가 마리아 타바숨은 난민을 위해 땅에서 떠 있는 조립식 주택을 설계해 상을 받았다. 이 주택은 대나무로 만들어졌지만 폭풍과 홍수에 강하다.[6]

폭염은 도시가 해결해야 할 또 하나의 심각한 문제다. 따라서 탄소 배출을 늘리지 않고 지속가능성을 높이는 '패시브' 설계를 사용하는 것이 이상적이다. 이번 세기에 냉방 수요는 급증할 것이고, 특히 치명적인 폭염 기간에는 냉방 접근성이 사회정의의 핵심 쟁점으로 떠오를 것이다. 이미 전 세계 에너지 생산량의 20퍼센트를 냉방에 사용하고 있지만, 2050년까지 현재 사용량의 3배로 증가할 것으로 예상하고 있다. 2022년 봄 인도와 파키스탄에서 몇 달 간 지속된 폭염으로 수십만 명이 오전 10시 이후에는 야외에서 일을 할 수 없었고, 부하 이전(전력망의 특정 부분을 수동으로, 의도적으로 차단하는 것-옮긴이)에 의한 정전으로 사람들이 냉방이나 냉장고를 이용할 수 없었다. 앞으로 냉방이 문제가 될 곳은 이미 수요가 급증하고 있는 열대 지방만이 아니다. 앞으로 대규모 인구가 이주하게 될 온대 지역도 마찬가지다.

단열은 이런 부담을 관리하는 데 도움이 된다. 물의 전략적 사용(수 세기 동안 열을 식히기 위해 건축가와 도시계획가들이 이용한 방법)도 중요한 역할을 할 것이다. 많은 도시에서 새로운 운하와 수로를 계획하고 있다. 아테네 중앙 광장인 오모니아 광장에서는 2020년에 적층식 분수대를 설치한 후 기온이 최대 4도 떨어졌다는 분석 결과가 나왔다. 옥상정원과 식물벽은 더위, 생물 다양성 손실, 기상이변에 대한 종합적인 해법을 제공한다. 사초와 같은 식물은 열대 지방에서 가장 잘 자라지만 극북 지역에서도 이용할 수 있다. 시카고에서는 2004년에 새로운 법과 인센티브가 도입된 후 옥상정원이 확산되었다.[7] 현재 시청 단면적의 절반이 옥상정원으로 덮여 있는데, 지붕이 없는 곳은 여름에 기온이 77도에 이르지만 정원이 조성된 곳은 32도 정도로 대기 온도에 가깝게 유지된다. 게다가 옥상정원은 비를 포집해 빗물 유출을 줄일 수도 있다.

지붕과 기타 표면을 흰색으로 도색하는 방법도 열을 줄이는 데 도움이 된다. 한 연구에 따르면 깨끗한 흰색 지붕은 태양열을 80퍼센트 반사함으로써 여름철 오후에 지붕 온도를 약 31도 떨어뜨리고 실내 온도를 최대 7도까지 낮출 수 있다고 한다.[8] 연구자들은 지붕을 시원하게 유지하면 에어컨 사용료를 최대 40퍼센트까지 절감할 수 있다고 계산했다. 인도처럼 대부분의 지붕이 금속이나 석면, 콘크리트로 만들어지고 기온이 50도까지 오르는 곳에서도 석회 도료로 칠한 지붕은 실내 기온을 최대 5도까지 낮출 수 있다. 전 세계 건물들의 지붕을 흰색으로 칠할 경우 24기가톤의 이산화탄소를 상쇄하는 냉각 효과를 낼 수 있는데, 24기가톤은 3억 대의 자동차가 20년 동안 도로에서 내뿜는 양과 맞먹는다.

가열화가 진행됨에 따라 흰색 지붕은 북부 도시들에서 중요한 역할을 할 것이고, 과학자들은 빛을 더 많이 반사하는 도료를 계속 개발하고 있다. 현재 가장 우수한 도료는 햇빛의 98퍼센트 이상을 반사한다. 이것이 중요한 이유는, 지붕의 반사율이 1퍼센트 증가할 때마다 태양열이 1제곱미터당 10와트씩 줄어드는 효과가 있기 때문이다. 따라서 새하얀 페인트를 사용해 약 93제곱미터의 지붕 면적을 도색하면, 대부분의 가정에서 사용하는 중앙 냉방장치보다 더 강력한 10킬로와트의 냉방 성능을 낼 수 있다.[9]

21세기에 피난처가 되어줄 도시들은 기상이변과 싸우는 동시에, 기후변화를 완화하기 위한 시도도 해야 한다. 평균적으로 한 도시에서 배출하는 탄소의 절반 이상을 건물들이 발생시키고, 파리나 런던, 로스앤젤레스 같은 주요 도시에서는 그 비중이 70퍼센트를 차지한다. 목표는 2050년까지 모든 건물이 생산한 만큼만 에너지를 사용하는 것이다.[10] 런던을 포함한 19개 도시의 시장들은 2030년까지 이 목표를 달성하기로 합의했다.[11] 그러기 위해서는 가장 먼저 벽과 바닥, 천정을 통해 열이 새지 않도록 단열을 하고, 열 흡수를 줄이는 창문과 반사 지붕을 설치해야 한다. 기존 건물을 이렇게 바꾸려면 다소 시간이 걸릴 수 있다. 네덜란드 에너지프롱en-ergiesprong의 주택 전체 보수공사는 저렴하지 않지만, 레고처럼 쉽게 끼워 맞출 수 있는 단열 패널로 집을 감싼다. 그리고 원한다면 그 위에 단열 벽지를 붙일 수도 있다. 완전한 탈탄소화를 위해서는 비효율적인 냉난방 시스템도 교체(그리고 전기화)해야 한다. 냉난방은 온수, 전등과 함께 건물 에너지 사용량의 절반 이상을 차지하는 탓이다. 열 펌프가 대안이 될 수 있다. 모든 도시의 공원, 광장, 도로, 강, 운하 밑에 열 펌프를 설치하여 건물을 냉난방하는 것이다. 뉴욕주 이타카 에코빌리지는 2030년까지 도시 내 모든 건물을 탈탄소화하는 동시에 새로운 직업을 창출하기 위해 혁신적 투자 프로그램을 운영, 1억 달러를 모금했다.[12] 이는 더 많은 도시가 시도해볼 수 있는 방법이다.

탄소중립 신형 건축물은 효율적으로 설계하기가 더 쉽기 때문에, 도시가 빠르게 확대될 이번 세기는 혁신을 이끌 것으로 보인다. 2011년에 문을 연 멜버른의 픽셀 빌딩Pixel Building에는 건물로 들어오는 빛의 양을 조절하는 패널이 장착되어 있고, 여름밤에는 창문으로 열기를 내보내는 동시에 신선한 공기를 빨아들이는 '스마트' 창문이 달려 있다. 옥상에는 태양광 패널과 풍력 터빈이 설치되어 재생가능한 에너지를 생산한다. 온타리오주 워털루에 있는 캐나다 최초의 탄소중립 건물도 태양열 벽과 3층 높이의 식물벽으로 이산화탄소 배출을 상쇄한다. 열과 빛에 반응하는 스마트 소재와 설비는 앞으로 건물들의 표준이 될 것이다. 하루 중 가장 뜨거운 시간대에는 햇빛을 차단하고 시원한 시간대에는 햇빛을 들여보내는 외장재에서부터, 걸음걸이로 전기를 생산하는 바닥, 물 손실을 최소화하는 빗물 시스템까지 다양한 아이디어가 있다.

확장하는 이주 도시들에 들어설 새로운 주택은 건축이 용이하고 그때그때 사용 및 재사용이 가능한 조립식 모듈형이 될 것이다. 이런 구조는 도시의 인구구조 변화에 발맞출 수 있으며, 특히 거주 불가능한 도시가 이번 세기말에 다시 거주 가능한 곳이 될 경우 유용할 것이다. 조립식 주택은 유기물질로 만들 수 있는데, 대나무나 빠르게 자라는 연질 목재를 특수 가공함으로써 단단한 재료와 동일한 강도와 내구성을 부여할 수 있다. 목조 건물은 세계 탄소 배출량의 13퍼센트를 차지하는 콘크리트나 강철과 달리 탄소를 적극적으로 붙잡아둔다. 한 연구에 따르면, 목재로 120미터 높이의 초고층 건물을 지으면 건물의 탄소 배출량을 75퍼센트까지 줄일 수 있다고 한다. 그밖에도 목재는 더 가볍고 공사기간도 짧아, 다양하게 이용할 수 있다. 현재 노르웨이에서부터 뉴질랜드에 이르기까지 전 세계에 건설되고 있는 목조 초고층 건물 '목재 마천루'는 강철만큼 강하고 화재에도 더 잘 견딘다(강철은 휘거나 심지어 녹을 수도 있지만 초고층 건물에 사용되는 목재는 내화성 접착제로 붙인 교차집성목(CLT)이다). 새로운 주택 대부분은 CLT로 만들어진 가벼운 5~6층짜리 조립식 키트라서, 며칠 만에 공동주택 단지를 만들 수 있다. 프랑스 정부는 신축되는 모든 공공건물의 최소 50퍼센트 이상을 목재로 지어야 한다고 규정했다. 스웨덴 도시 셸레프테오에는 목재로 지은 학교, 다리, 초고층 건물, 호텔, 심지어 주차장까지 있다.

이미 여러 회사가 트럭에 싣고 가서 빠르게 조립할 수 있는 조립식 목조 주택을 만든다. 예를 들어, 이케아 자회사 북룩Boklok이 만드는 조립식 주택은 태양광 패널과 기타 자립형 기능을 갖추고 있다. 트럭에 실을 수 있는 주택의 매력은 다시 트럭에 실어 필요한 곳에 재배치할 수 있다는 점이다. 대규모 이주가 일어날 역동적인 주거 환경에서 이런 형태의 주택은 매우 유용할 수 있다.

이런 전환을 촉진하기 위해서는 정부 정책도 필수적이다. 탄소 가격 인센티브를 제공하고 화석연료 보조금을 없애는 등의 정책이 있을 수 있다. 오늘날 건설업은 오염을 심하게 유발하는 산업이라서, 새로운 도시는 시멘트를 사용하지 않는 저탄소 콘크리트와, 연료를 연소시키는 공정 대신 전기 아크로를 사용해 제조된 강철로 건설될 필요가 있다. 그래핀 강화 콘크리트인 '콘크리틴'은 강도가 높아 재료를 30퍼센트 적게 사용하고 철근 강화도 필요 없어서 탄소 배출량을 크게 줄일 수 있다.

도시들은 덜 우호적인 환경 조건에서 더 많은 사람을 수용하기 위해 더 열심히 노력해야 할 것이다. 물은 오늘날 가장 건조한 도시에서 운용되는 것처럼 순환, 정화, 저장 및 재사용될 필요가 있다. 건물은 에너지를 생산하고, 에너지 손실을 막고, 식물이 타고 오를 수 있는 지지대 역할을 하고, 곤충과 새, 그리고 미생물의 서식지가 되고, 주민을 위험한 폭염과 폭풍으로부터 보호해야 한다. 앞으로 도시 생활은 개인 발코니, 옥상정원이나 마당, 공용 외부 공간을 갖춘 고밀도 아파트에 산다는 의미일 것이다. 도시 경관에는 호수와 운하를 통한 물 관리와 저장, 그리고 사교 공간이 포함될 것이다. 이동 수단으로는 페달을 밟아 움직이는 전기자전거를 화물용과 택시로 이용할 것이다. 아니면 걷거나. 북아메리카 도시들은 넓은 지역에 걸쳐 있고 건물이 낮으며 자동차가 필수라서 대중교통으로의 전환이 어려울 것으로 예상되지만, 수억 명의 이주민이 새로운 주택을 필요로 하는 지금이야말로 진화된 대중교통과 밀집 구조의 지역사회를 구축할 좋은 기회다. 장거리 이동이 필요하거나 무거운 짐을 싣기 위해 더 강한 동력이 필요한 경우에는 전기자동차를 이용해야 하며, 이마저도 카풀이나 렌트카 형태가 될 것이다. 대중교통은 저렴하고 이용하기 편리해야 하며 전기를 이용할 필요가 있다.

안타깝게도 열대 벨트의 많은 도시가 극단적인 기후 조건으로 적응이 불가능해질 것이므로, 차라리 시민들이 다른 곳에서 미래를 준비하는 데 기후적응기금을 쓰는 편이 나을 것이다. 통 대통령이 말했듯이, 이는 사람들이 새로운 도시에서 직업을 얻기 쉽도록 교육에 투자하고, 정부가 다른 곳의 토지를 매입, 또는 임대해야 한다는 뜻이다.

시골에서 온 이주민의 경우에는 특히 교육이 중요하다. 이들은 도시에서 삶을 꾸려갈 기술이 없어서 길거리에서 구걸하거나 빈곤을 벗어나기 어렵기 때문이다. 방글라데시는 이미 재교육 프로그램을 시행하고 있다. 시골의 고령 인구가 기후에 적응하기 위해 염분에 강한 쌀을 경작하거나 채소 재배 대신 새우 양식으로 전환하는 동안, 더 젊은 사람들은 '2차 적응'을 하고 있다. 정부는 이들이 도시 환경에서 잘 살아갈 수 있도록 맞춤형 교육을 제공함으로써, 더 나은 보호를 제공하는 도시에서 재정착하도록 준비시키고 있다.

인구구조의 변화로 어려움을 겪고 있는 북부의 도시들은 머지않아 이주민 노동자들을 유치하기 위해 경쟁하게 될 것이고, 이때 고용과 교육, 저렴한 주택을 제공할 수 있는 국가가 이득을 볼 것이다. 전문 자격을 갖춘 이주민들은 자격을 인정받기 위해 저렴한 비용으로 대학에 등록할 수 있는 방법이 필요하다. 하지만 현재 미국 덜루스에서 택시 기사로 일하고 있는, 아프가니스탄 카불 출신의 한 엔지니어는 자격증을 인정받기 위해 대학에서 공부하는 동안에는 비싼 주거비용을 감당할 수가 없다. 한편 중소도시나 2급 도시들은 주택과 학비가 저렴하지만 대개 노동력이 부족하기 때문에 언제든 이주민을 활용할 준비가 되어 있다. 많은 이주민들이 이런 곳으로 올 것이고, 이런 도시들은 극북 지역에서조차도 집단과 지식 베이스가 다양해짐에 따라 규모가 커지고 중요성도 증가할 것이다.[13]

이주민들이 매력을 느끼는 직업은 생명공학과 데이터 관리 등 (농업이나 광업과 달리) 어느 도시에서나 각광받는 성장 산업의 일자리다. 새롭게 '기후 피난처'로 떠오른 도시들 중 일부는 코로나19 팬데믹으로 이미 무계획적인 이주를 경험했다. 2020년에 거의 1만 1,000명이 버몬트로 이주해 62만 4,000명이었던 인구가 약 1.5퍼센트 늘었다. 이 일은 기후 이주 회의론자들에게 경각심을 불러일으켰다. 버몬트천연자원위원회의 지속가능한 지역사회 프로그램 매니저인 케이트 맥카시는 이렇게 말한다. "이곳은 일자리가 없어서 사람들이 이주할 동기를 찾을 수 없습니다. 하지만 코로나로 인해 사람들은 알았죠. 일자리를 구하러 올 필요가 없다는 사실을. 일자리를 가져오면 되니까요. 내년에는 또 무슨 일이 일어날지 모르죠."

2019년에 도시 지도자들이 시와 이주민 모두가 이익을 얻을 수 있는 방식으로, 도시로의 이후 이주에 대응할 수 있도록 로스앤젤레스, 브리스톨, 캄팔라를 포함한 10개 도시가 연합해 '시장 이주위원회'를 결성했다. 대응의 의미는 도시마다 다를 수 있다. 캐나다에 기반을 둔 기후 이주자 및 난민 프로젝트는 각 도시에 어떻게 대비할지에 대한 구체적인 권고를 제공하기 위해, 현재 브리티시콜럼비아주 안팎으로부터 기후 이주 현황을 분석하고 있다. 또 다른 곳에서는 변화가 이주민들을 위한 주택과 교통 시스템을 재설계하고 더 다양한 일자리를 확보하는 등, 이주민에게 공평한 기회를 보장하는 것을 의미한다. 방글라데시가 그런 경우다. 항구 도시인 몽글라는 시골에서 오는 기후 이주민을 맞이할 준비를 하고 있는 방글라데시의 수많은 2급 도시들 중 하나다. 2020년에만 약 400만 명의 방글라데시 국민이 기후이변으로 살던 곳을 떠나야 했다. 기후 이주는 몽글라 같은 도시에 경제 부흥의 기회를 제공한다. 방글라데시 정부가 기후 이주로 인한 디카 빈민가의 과밀화를 막으려는 노력이 자연스럽게 새로운 교육 시설과 주택, 일자리를 만들어냈다.

알래스카 앵커리지는 기후 이주민들이 충격과 스트레스에서 살아남은 과정에서 체득한 독특한 노하우를 제공한다는 점에 착안한 새로운 이주 정책을 수립하고 있다. 앵커리지의 이주민들은 대부분 필리핀과 기타 아시아 국가에서 왔으며, 10퍼센트는 멕시코 출신이다. 앵커리지의 주지사의 부인 마라 킴멜은 이민 변호사로 서, 이주민들 스스로가 도시를 변화시킬 수 있는 고유한 역량을 보 유하고 있으므로 그들을 받아들이는 도시에게 큰 이익이 돌아갈 것 이라고 믿는다. 앵커리지는 이주민을 포용하기 위해서 언어 프로 그램을 마련하고, 이주민을 집 또는 직장과 연결하는 저렴한 교통 수단을 마련하고, 이주민이 보유한 기술에 맞는 일자리를 주선하고 있다.

"확대되는 이주민 도시의 지속가능성은 전적으로 새로운 주민 의 통합이 얼마나 빠르고 효과적으로 이루어지느냐에 달려 있다" 고 영국 엑서터대학교 인간지리학 교수 닐 애드거가 말한다. 그는 전 세계의 이주민 도시들을 조사하며 이주민이 도시에 대한 주인의 식을 갖게 되는 과정을 살펴보았다. 환영받는 이주민은 충성도가 높은 시민이 되어 사회를 튼튼하게 만든다. 2019년 미국의 한 연구 에 따르면, 이민자와 그 자녀들의 애국심은 원주민과 같거나 더 높 은 수준이며, 미국 정부에 대한 신뢰도가 원주민보다 더 높았다. "이주민은 애국심과 미국 정부 기관에 대한 신뢰를 강화한다"고 연 구자들은 결론지었다.[14] 이 사실을 입증하는 사례는 수없이 많다. 아일랜드에서 태어나 프랑스로 이주한 새뮤얼 베케트는 나치의 프 랑스 점령에 맞서 레지스탕스 운동에 참여한 공로로 무공십자훈장 을 받았다. 또한 보리스 존슨 총리, 리시 수낵 총리, 내무부 장관을 지낸 프리티 파텔, 런던 시장을 지낸 사디크 칸 등 영국의 많은 지 도자들이 이민 1세대 또는 2세대이고, 토머스 페인 같은 이주민 출 신 사회개혁가들도 있다. 영국 출신 미국 이민자 페인이 작성한 팸 플릿은 1774년의 미국독립선언에 영감을 주었다.

오늘날 우리는 일곱 명 중 한 명만이 이주민이고, 국경을 넘은 이주민은 20퍼센트에 불과하다. 하지만 앞으로 수십 년 동안 사람들이 삶을 영위할 수 있는 세계 주요 도시에 집중됨에 따라 이 숫자는 급증할 것이다. 이 시민들은 사람이 살지 않는 지구의 나머지 지역에 다른 모든 것을 의존하게 될 텐데, 그중 가장 시급한 것은 식량이다.

10

식량

대규모 이주의 가장 큰 문제 중 하나는 새로운 터전에서 사람들을 먹이는 것이다. 유엔의 추산에 따르면, 2050년까지 20억 명이 추가될 도시 거주자들을 먹이기 위해서는 식량을 80퍼센트 더 생산할 필요가 있다.

하지만 기후변화의 영향과 환경 파괴로 인해 오늘날 경작지로 쓰이는 땅 대부분이 앞으로는 경작이 불가능해질 것이다. 게다가 농업이 현재 전 세계 탄소 배출량의 약 15퍼센트를 차지하고 생물 다양성을 급속도로 줄이고 있는 상황에서, 우리는 식량을 공급하는 방법을 근본적으로 바꿀 필요가 있다. 우리는 식량 공급 방식을 더 효율적이고 환경을 덜 파괴하는 방향으로 바꿔야 하며, 물 공급이 불안정한 가열화된 세계에서 잘 자라는 식량을 재배할 필요가 있다. 즉, 지구 남쪽에서는 식량 생산 방식을 기후에 적응시키고 개선해야 하며, 극북 도시들에서는 그곳으로 이주하는 사람들을 위해 새롭고 훨씬 큰 식량 생산원을 마련해야 한다.

평균적으로 사람은 하루 2,350킬로칼로리를 섭취해야 한다. 전 세계 농부들이 생산하는 식량은 지구상의 모든 사람이 하루 5,940킬로칼로리를 섭취할 수 있는 양이다. 하지만 우리는 35퍼센트에 해당하는 엄청난 양의 식량을 낭비한다. 그리고 우리가 생산하는 농작물의 3분의 1은 동물을 먹이는 데 사용되는데, 이는 땅과 칼로리를 매우 비효율적으로 사용하는 것이다. 실제로 인간이 먹고 남는 양이 일인당 2,530킬로칼로리다. 모든 수요를 충족시키고도 남는 양이지만, 칼로리는 물론 공평하게 분배되지 않아서 많은 사람들이 건강한 식생활을 할 수 없거나 하지 않는다. 전 세계적으로 농업 생산량과 영양소 접근성에는 큰 격차가 존재한다. 북아메리카는 전 세계 인구가 필요로 하는 칼로리의 8배를 생산하지만, 사하라 사막 이남 아프리카는 필요 칼로리의 약 1.5배만을 생산한다. 전 세계에서 약 8억 5,000만 명이 굶주리고 있고 이 숫자는 계속 증가하는 반면, 그보다 2배 이상 많은 사람들이 과체중 혹은 비만이다.

오늘날 인간은 육지의 총 생물학적 생산성의 4분의 1 이상을 이용하고 있고, 수십 년 내에 그 비율이 50퍼센트에 이를 것이다. 전 세계 농경지의 80퍼센트와 전체 취수량의 3분의 1이 가축 사육에 이용된다. 이는 자연을 피폐하게 만든다. 무게로 환산했을 때, 오늘날 지구상에 존재하는 포유류의 96퍼센트가 인간 또는 가축이고, 야생동물은 단 3퍼센트에 불과하다. 지난 25년에 걸쳐 날아다니는 곤충과 조류 개체수가 급감했는데 이는 전적으로 농업의 탓이다. 또 열대우림은 분당 30에이커의 속도로 개간되고 있다.

우리가 대량으로 잡아들이는 마지막 야생동물인 어류도 큰 압력을 받고 있다. 전 세계적으로 수산 자원의 90퍼센트가 고갈되었거나 남획되고 있고, 보조금을 받는 저인망 어선들이 바다 밑바닥을 훑어내면서 광활한 해저 지역이 사막처럼 변했다. 지속가능한 방식으로 어업을 이어가고 있는 어부들은 이런 대규모 조업으로 인해 점점 바다 밖으로 내몰리고 있다. 세계적으로 우리는 매년 8,000만 톤의 어류를 바다에서 채취하고, 또 다른 8,000만 톤의 어류를 양식한다. 우리가 이런 속도로 어류 자원을 고갈시킨다면 수십 년 안에 자연산 물고기는 먹을 수 없게 될 것이다. 안타깝게도 오늘날 우리가 물고기를 양식하는 방식 또한 지속가능하지 않다. 이런 양식 물고기들은 항생제와 엄청난 양의 야생 물고기, 또는 옥수수나 콩을 먹고 자란다.

이런 식으로 파탄에 이른 우리의 환경과 식량 생산 사이의 지속가능하지 않은 관계는 약 1만 년 전 농업의 발명으로 시작된 과정의 결과다. 농업의 발명은 오늘날 인류세의 방대한 인구를 가능하게 해주었다. 1820년부터 1850년까지 30년 동안 인구가 10억 명을 돌파하면서, 아메리카, 아프리카, 아시아에서 60만 제곱킬로미터의 땅이 농경지로 바뀐 것으로 추정된다. 이 면적은 유럽 전체의 크기와 맞먹는다. 1850년부터 2000년까지 인구는 다시 5배 늘었는데, 이는 수확량을 높이는 밀과 쌀 품종, 화학 비료, 양수 관개 시설, 그 밖의 현대적인 농경 기법 등 이른바 '녹색 혁명'이 있었기에 가능한 것이었다.

그래서 오늘날에는 인구가 10억 명 더 늘어나는 데 불과 13년밖에 걸리지 않는다. 인간이 자연에 완승을 거둔 것처럼 보인다. 하지만 우리는 인류의 농업 발전을 뒷받침한 홀로세 밖으로 지구를 밀어냈다. 이제 지구는 담수가 부족하고 기후는 예측 불가능하며 인구가 훨씬 많은, 새로운 가열화된 세계로 들어섰고, 지구에 좋은 땅은 이미 동이 났다. 현대 농법의 도움을 받는다 해도 지구 자원으로 먹여 살릴 수 있는 사람의 수는 한계가 있다. 현재 지구의 수용 능력은 약 90억 명이지만, 4도 상승한 세계에서는 농작물에 끼치는 영향과 물 부족, 기상이변, 해수면 상승, 바다 산성화 등의 문제들로 인해 그 한계가 10억 명에 불과할 수도 있다고 과학자들은 경고한다.

이는 정신을 번쩍 들게 하는 경고이며, 우리가 식량 조달 방법을 극적으로 바꿔야 한다는 의미다. 오늘날 얼음으로 덮이지 않은 지구 땅 면적의 5분의 4가 우리 식량을 재배하는 데 사용된다. 먹을 수 있는 30만 종의 식물 가운데 우리는 단 17종에 의존해 식생활의 90퍼센트를 구성한다. 대부분이 곡물 단일재배인데, 이 농법은 대수층을 마르게 하고, 토양을 고갈시키고, 수분 매개 곤충들을 죽이고, 수로를 오염시킨다. 또한 우리가 식량을 생산하는 데 꼭 필요한 활동은 동물을 비인도적으로 대우할 뿐 아니라, 농부들이 스스로 목숨을 끊게 만드는 사회적 절망과 빈곤의 늪에 빠져 있다.

하지만 이 모든 어려움도 앞으로 수십 년 걸쳐 식량 생산지에 일어날 기후변화의 충격에 비하면 아무것도 아니다. 한 최신 연구에 따르면, 기후변화로 이미 수십 년 동안 식량 생산이 저해되고 있다.[1] 세계는 지난 60년 동안 식량 생산량 증가분의 21퍼센트를 잃었으며, 이는 7년치의 생산량 증가에 해당하는 막대한 양이다.[2] 지구에서 가뭄의 영향을 받는 비율은 지난 40년 동안 두 배 이상 증가해 다른 어떤 자연재해보다 더 많은 사람들에게 영향을 미쳤는데, 대부분의 피해자는 농부들이다. 전 세계적으로 가뭄은 모든 대륙의 농작물 생산에 심각한 영향을 미치고 있고, 여기에는 미국 농경지의 80퍼센트가 포함된다. 지금까지는 주로 지하 대수층에서 물을 퍼올려 가뭄을 완화해왔지만 이제는 대수층마저 바닥나고 있다. 이는 광범위한 위험을 초래한다. 인도는 지난 수십 년 동안 주로 지하수를 퍼올려 농작물 관개 시설을 크게 확장했고, 이로 인해 증발한 물이 다른 곳에 비로 내리면서 지역적인 기후변화를 일으켰다. 현재 동아프리카 강우량의 약 40퍼센트가 인도의 무분별한 지하수 추출 때문이다. 에티오피아 농부들은 덕분에 새로운 땅에서 작물 생산을 확대할 수 있었다. 하지만 앞으로 5~20년에 걸쳐 인도의 대수층이 완전히 마르면, 동아프리카 농부들도 대가를 치르게 될 것이다.

2021년 한 분석에 따르면, 지구의 식량 생산량의 3분의 1이 이번 세기에 기후변화로 위협받게 된다.[3] 지구 온도가 2도 상승하면 1억 8,900만 명이 추가로 굶주리고, 4도 상승하면 그 영향은 10배 악화되어 18억 명이 추가로 굶주리게 된다. 또 다른 연구에 따르면, 기온이 1도 상승할 때마다 미국에서만 옥수수 수확량이 10퍼센트 감소할 뿐만 아니라 전 세계 밀과 콩, 쌀 수확량도 함께 감소한다.[4] 일부 연구자들은 이 수치도 크게 과소평가되었다고 생각하는데, 곤충의 공격이 증가하면 기온이 1도 상승할 때마다 손실이 최대 25퍼센트까지 증가할 수 있기 때문이다. 2020년 한 해만 전 세계 육지 면적의 약 25퍼센트가 메뚜기떼의 영향을 받았고 이는 아프리카의 뿔, 아라비아 반도, 인도 아대륙까지 25개국에 영향을 미쳤다. 이 지역들에서는 2,400만 명이 식량 부족에 시달리고 있으며 800만 명이 삶의 터전을 잃었다.

완충 작용을 하던 바다도 타격을 받을 것이다. 폭염으로 이미 바다 생태계가 변해서 열대 어종들이 온대 다시마숲으로 올라가고, 산호초 어장이 파괴되고 있다. 지구 온도가 4도 상승하면 이러한 폭염의 빈도가 40배 증가하고, 평균적으로 1년의 3분의 1에 해당하는 기간 동안 지속되며, 지금보다 21배 더 넓은 면적에 영향을 주게 된다. 한 연구는 4도 상승한 세계에서는 해양 온도가 모든 종의 열 내성 임곗값을 넘어설 것이기 때문에 열대 대부분의 해양 생태계가 데드존이 될 것이라고 내다본다.[5] 남극 대륙을 둘러싸고 있는 생산성 높은 남극해가 가장 먼저, 가장 큰 영향을 받는 지역 중 하나가 될 텐데, 이 지역의 90퍼센트가 산성화되어, 산호초를 비롯해 패류와 여러 종의 식물성 플랑크톤이 살 수 없게 될 것이다. 이들은 해양 먹이사슬의 기초가 되는 생물이다. 해파리 폭증과 독성 조류 번식과 같이 더 뜨겁고 탄소가 풍부한 바다의 다른 영향들을 감안하면, 상황은 훨씬 더 심각하다. 바다는 대기에서 탄소를 끌어당기는 능력을 상실하고, 영양분을 순환시키고 탄소를 저장하는 데 꼭 필요한 표층과 심해층을 섞어주는 '턴오버'가 일어나지 않을 것이다. 이 때문에 바다의 생물 다양성은 붕괴될 것이고, 우리 수산업도 직격을 당할 것이다.

─────── 식량 생산에 대변혁이 필요하다 ───────

다음 세기에 겪을 땅, 식량, 인구의 제약을 고려하면 우리는 낭비를 대대적으로 줄어야 한다. 낭비를 절반만 줄여도 전 세계 식품 공급량을 20퍼센트 늘릴 수 있다. 지구 남부에서는 더 나은 인프라에 투자하는 방법으로 이 문제를 해결할 수 있다. 예컨대 도로를 개선해 이동 시간을 줄이고, 더 효율적인 기술, 냉장 보관, 밀폐 건조 용기를 개발하는 것이다. 나는 우간다에 갔을 때 본 참담한 부조리를 잊을 수 없다. 가뭄에 시달리는 우간다 북부에서는 주민들이 굶주려 영양실조에 걸려 있는데, 남부에서는 수확하지 못한 과일과 채소가 썩어가고 있었다. 이런 현상은 모두 두 지역을 제때 연결하는 제대로 된 도로가 없어서 생긴 상황이었다. 남부의 농부들은 시장에 도착하기도 전에 썩어버릴 농산물을 운송하는 비용을 감수하고 싶지 않았다. 그런 한편 미국국제개발처는 기근에 처한 북부 주민들에게 구호 식량을 실어나르고 있었다.

해결책은 있다. 연구자들이 재생 에너지로 공기를 액체로 압축해 저렴한 냉매 장치로 (그리고 에어컨 냉매로도) 이용하는 방법을 개발하여 식품 부패로 인한 낭비를 줄이고 있다. 지금은 수확물을 건조, 보관할 창고가 없어서 축축한 곡물에서 유독성 곰팡이가 자라 많은 식량이 버려지고 있다. 한 추정에 따르면, 약 40억 달러의 비용을 들여 수백만 개의 헛간, 300개의 중형 창고, 100개의 대형 창고를 지으면 사하라 사막 이남 아프리카 전역의 식량 손실을 40퍼센트나 줄일 수 있다고 한다.

부유한 국가에서는 먹을 만큼만 구매하는 문화적 변화가 필요하다. 음식이 너무 저렴해서 우리가 그 가치를 제대로 알지 못하는 것이 한 가지 문제다. 덴마크는 다양한 캠페인을 통해 2010년부터 2015년까지 5년 동안 식량 낭비를 25퍼센트 줄일 수 있었다. 슈퍼마켓 대량 할인을 유통기한 임박 식품에만 적용하고, 식당에서 남은 음식을 싸오도록 장려하고, 유통기한을 개혁했다. 덴마크는 2030년까지 식량 낭비를 25퍼센트 추가 절감하는 것을 목표로 삼고 있다. 음식물 쓰레기를 매립하거나 퇴비화하는 것보다 더 나은 방법은 파리 유충 같은 곤충에게 먹여서 그것을 양식장 어류의 먹이로 활용하거나 우리가 직접 먹는 것이다. 구더기는 40퍼센트가 단백질이고 30퍼센트가 지방이라서 햄버거나 케이크 또는 아이스크림 같은 가공식품에 필요한 다른 동물성 식품을 대체하기에 이상적이다.

농경지가 한정되어 있는 상황에서 우리가 시도할 수 있는 가장 크고 효과적인 변화는 식물 기반 식생활을 채택하고 육류와 유제품은 값비싼 사치품으로 만드는 것이다. 이렇게 하면 농경지의

75퍼센트를 확보할 수 있고, 탄소 배출과 질소 오염 물질을 줄일 수 있다. 부유한 국가에서 축산업은 정유 회사보다 더 많은 오염을 유발하는 산업이다. 축산업은 GDP의 0.7퍼센트를 차지할 뿐이지만 탄소 배출량은 11퍼센트를 차지한다. 식생활에서 육류의 일부만 대체해도 식량 생산과 관련한 온실가스 배출량을 70퍼센트나 줄일 수 있다. 이것을 앞당기는 방법 중 하나가 석탄처럼 육류 가격에 탄소세를 책정하는 것이다. 육식을 완전히 중단할 필요는 없다(축산업은 앞으로도 중요한 역할을 할 것이다). 하지만 가축의 수를 획기적으로 줄여서 풀과 목초를 먹여 방목하고, 메탄가스 트림을 줄이기 위해 먹이에 약간의 해초를 추가할 필요가 있다. 생선과 같은 자연산 식품과 유제품 같은 가축 산물은 가용성과 환경 영향에 따라 가격을 책정할 필요가 있다. 그러면 캐비어나 사냥용 조류처럼 대부분의 장소에서 대부분의 사람들이 거의 먹지 않는 식품이 될 것이다. 결국에는 방목지나 자원이 없어서 어디서도 오늘날과 같은 규모로 가축을 사육할 수 없게 될 것이다.

하지만 이것을 꼭 곤란이나 결핍으로 받아들일 필요는 없다. 왜냐하면 우리는 동물성 식품 없이도 필요한 영양소를 쉽고 완전하게 충족할 수 있고, 맛 역시 다양한 대체식품으로 충분히 만족시킬 수 있기 때문이다. 이것들은 모두 환경 비용이 훨씬 덜 든다.

전환이 시작되었다는 신호가 있다. 이미 견과류, 대두, 완두콩 같은 식물과 균류 단백질로 만든 다양한 육류 대용 식품(특히 가공식품)이 출시되어 있다. 대두는 길고 따뜻한 경작 기간이 필요해서 지금까지는 북부 지역에서 재배하기 어려웠지만, 몇십 년 내에 북유럽과 캐나다의 대부분 지역의 기후 조건이 대두를 재배하기에 적당해질 것이다. 한편 완두콩은 영하 2도의 낮은 온도에서도 잘 견디기 때문에, 우리가 북부로 이주한다 해도 이 육류 대체품을 위한 농업 확장은 제한을 받지 않을 것이다. 다양한 식물성 유제품도 전 세계 축산물 시장에 지각변동을 일으키고 있다. 현재 축산물 시장은 연간 1조 2,000억 달러의 가치가 있지만, 육류 및 유제품 보조금으로 연간 1,000억 달러를 받고 있다. 이러한 보조금이 고갈되면, 대체 식품에 대한 투자가 급증할 것이다. 임파서블푸드Impossible Foods의 CEO 팻 브라운은 육류 산업과 심해 어업이 종식되는 해를 2035년으로 잡고 있다. 세계자원연구소의 계산에 따르면, 우리가 육류와 유제품을 지금처럼 계속 소비하기 위해서는 2050년까지 유럽연합보다 넓은 6억 헥타르의 농경지와 목초지가 더 필요하다. 다시 말해 우리가 육류와 유제품을 계속 소비하는 것은 불가능하다는 뜻이다.

생산자들은 생명공학 기술을 이용해 소고기처럼 피가 비치는 가짜 육류를 만들고 있다. 대두 단백질로 만들어진 임파서블 버거는 헤모글로빈처럼 철을 운반하는 분자인 레그헤모글로빈을 생산하도록 유전자가 변형된 이스트를 넣어 고기처럼 핏기를 띠고 있다. 하지만 우리가 육류에서 즐기는 감각의 대부분은 마이야르 화학 반응이 유발하는 맛과 향이다. 요리하는 동안 당과 아미노산이 융합하며 음식이 갈색으로 변할 때 이런 풍미를 낸다. 현재 식물에서 유래한 분자로도 이런 풍미를 설득력 있게 재현할 수 있다. 고기를 씹는 감각을 원하는 사람들을 위해, 실험실에서 기른 차세대 육류가 2020년대 말에는 시장에 출시될 예정이다. 이 새로운 산업에 막대한 투자가 이루어지고 있기 때문이다. 2020년에만 투자가 6배나 증가했다.[6] 이런 차세대 육류는 근육 줄기세포와 지방 세포들에서 만들어지는데, 이 세포들이 성장 배지에 층층이 쌓이며 늘어나고 이완되면서 스테이크로 축적될 때까지 성장한다. 이런 실험실 배양육의 경우, 실험실을 어디에나 마련할 수 있고 생명공학 산업이 새로운 도시에서 이주민에게 대규모 일자리를 창출할 수 있다는 이점이 있다. 구글의 공동 창업자인 세르게이 브린을 포함한 투자자들은 적은 생태학적 비용으로 인기 있는 육류 부위를 저렴하게 생산할 수 있는 거대한 생물반응기에 투자하고 있다. 2021년의 한 연구에 따르면, 영국인과 미국인의 약 80퍼센트가 농장이 아닌 공장에서 생산된 육류를 먹을 의향이 있다고 밝혔다. 연구자들은 배양육이 일반 대중에게 널리 받아들여질 것이라고 결론짓는다.[7] 하지만 실험실에서 만들어진 고기 역시 막대한 에너지 비용이 들기 때문에 사치품이 될 가능성이 높다.

보스턴컨설팅그룹에서 최근 발표한 보고서에 따르면, 미국에서는 빠르면 2025년에 육류 생산이 정점에 도달할 수 있고, 15년 내에 세포 기반 배양육이 시장을 장악해 미국 소고기 산업이 파산하는 동시에 사료용 대두와 옥수수 재배가 필요 없어질 것이라고 한다. 이 보고서는 2035년이 되면 축산 농장이 붕괴함에 따라 미국 대륙의 4분의 1 면적이 "다른 용도로 사용될 수 있을 것"이라고 전망했다.[8] 온난화하는 세계에서는 수많은 지역에서 농작물 경작이 불가능해지기 때문에, 늘어나는 인구를 먹여 살리려면 반드시 땅을 효율적으로 사용해야 한다.

어류 양식은 앞으로 수십 년 동안 계속 중요할 것이다. 하지만 지금처럼 문제가 많은 방식은 개혁할 필요가 있다. 개방형 연어 양식장은 많은 야생 물고기를 사료로 소비하고, 많은 폐기물을 생산하며, 어류 이가 들끓고, 물고기가 야생으로 도망쳐 자연 생태계를 오염시킨다. 현재 대서양에는 야생 연어보다 양식 연어가 더 많다.

육상 기반 양식으로 이 문제들을 풀 수 있다. 육상 양식에서는 온도 조절이 가능한 물을 수조 안팎으로 펌핑하고 곤충을 먹이로 사용하는 재순환 시스템을 사용하게 된다. 현재 미국 메인주의 벨파스트와 벅스포트에 임대 형식으로 건설되고 있는 이 새로운 양식 시스템은 확장 중인 북부 이주민 도시에 활력을 불어넣을 수 있을 것이다. 육상 양식장은 다층 건물의 모든 공간에 설치할 수 있으며, 시스템 운영에 필요한 비교적 높은 에너지 비용은 재생 에너지로 충당할 수 있다. 이렇게 양식된 어류는 비싸지만, 앞에서 살펴보았듯 생선과 동물성 식품은 주식이 아니라 가끔씩 먹는 음식이 될 것이다.

환경에 미치는 영향이 가장 적은 육류는 곤충이다. 현재 130개국에서 20억 인구가 곤충 고기를 즐기고 있다. 당신이 만약 소시지나 페이스트리, 요거트, 주스 등에 쓰이는 붉은 색 식용 색소 카민이 들어간 음식을 먹는다면, 연지벌레를 먹게 될 가능성이 높다. 이 벌레는 페루의 선인장에서 키워지는데, 연간 약 3,800만 달러의 가치가 있는 산업으로 3만 2,000명 이상의 농가를 먹여살리고 있다. 곤충 양식은 지속가능한 동물 사료로써, 그리고 인간 식생활에 추가될 음식으로써 큰 잠재력을 지니고 있다. 또 비료와 의료용 재료로 사용할 수 있는 유용한 부산물도 만들어낸다. 곤충은 토지나물, 사료를 많이 들이지 않고도 대규모로 사육할 수 있고, 실제로 생활에서 발생하는 하수 등의 폐기물을 먹이로 줄 수 있어서 폐쇄루프 경제의 좋은 예가 될 수 있다.

평균적으로 농장 동물들은 섭취하는 칼로리의 단 10퍼센트만을 육류와 유제품으로 전환하고, 단백질의 경우는 단 25퍼센트만 전환한다. 반면 귀뚜라미나 검정병정파리가 같은 양의 단백질을 생산하려면 소의 6분의 1, 양의 4분의 1 이하, 돼지와 닭에게 먹이는 사료의 절반이면 된다. 게다가 곤충은 변온동물이기 때문에 체온 조절에 에너지를 소비할 필요가 없어서, 놀라운 속도로 체질량을 늘린다. 특히 곤충 양식은 양식 어류 사료로써 큰 잠재력을 지니고 있으며, 남획 걱정 없이 단백질을 대체할 수 있는, 질 좋은 단백질이 풍부한 대체식품이 될 수 있다. 또한 곤충은 가축 사료로 곡물보다 훨씬 효율적이다. 연간 1톤의 대두를 생산하려면 약 1헥타르의 땅이 필요하지만, 같은 면적에서 최대 150톤의 곤충 단백질을 생산할 수 있다. 곤충 사료 산업은 4,000억 달러 규모의 글로벌 동물 사료 시장에 지각변동을 일으킬 것으로 기대를 모으면서 지난 5년 동안 많은 투자자를 끌어모았다.

이주민 인구가 북부의 도시에 집중됨에 따라, 곤충은 가장 잠재력이 풍부한 가축이 될 것이다. 도시 주변에 위치한 건물이나 지하실에서 검정병정파리 애벌레를 사육할 수 있고, 도시에서 생산되는 폐기물을 먹이로 활용할 수도 있다. 곤충 전체가 식용 가능하고, 생산된 분말은 단백질과 필수 지방의 함량이 높은 데다 철분과 비타민 같은 미네랄까지 풍부한 슈퍼푸드다. 곤충은 21세기 중반까지 90억 인구에게 단백질과 지방의 주요 공급원이 될 것이다.

대부분의 사람들은 앞으로 10년 동안, 적절한 동기만 부여되면 노력이나 의식적인 결정 없이도 식물성 식생활로 전환할 것이다. 한 연구에 따르면, 메뉴의 75퍼센트가 식물성 식품인 경우, 육식주의자들도 식물 기반 요리를 주문하는 경향이 있다고 한다. 나는 채식주의자가 아니지만 주로 식물성 식품을 먹고, 식물성 기름과 버터 대용품을 사용하며, 오트밀 우유로 죽을 만든다. 육류나 유제품을 먹는 경우는 주로 내가 직접 요리하지 않고 외식을 하러 가서 메뉴를 고를 때다. 그것은 일종의 호사다. 요지는, 내가 주로 채식을 하기 위해 어떤 어려운 결정을 내린 적이 없다는 것이다. 당신도 마찬가지일 게다.

앞으로 대부분의 식생활은 식물과 버섯, 해조류 기반이 될 것이다. 왜냐하면 그것이 90억 인구가 먹을 수 있는 식량을 생산하는 가장 효과적인 방법이기 때문이다. 가뭄과 해수면 상승, 기상이변, 농부들이 밖에서 일할 수 없을 만큼 높은 온도 탓에 농경지가 많은 압력을 받고 있는 상황에서, 우리는 홀로세의 식량 생산 방식에서 벗어나 인류세의 새로운 식량 생산 방식에 적응해야 한다. 예를 들어 우리는 바다에서 식량을 조달할 필요가 있다. 이는 이미 고갈된 어류 자원을 남획하자는 말이 아니다. 예를 들어 홍합은 해안 도시 앞바다에서 양식할 수 있고 수질 정화에도 도움이 된다. 광합성을 하는 해양 식물과 해조류는 현재 가장 지속가능한 식품 중 하나이며, 앞으로 엄청난 규모로 성장할 것이다.

바닷물에서 자라는 유일한 종자식물인 해초는 먹을 수 있는 씨를 가지고 있다. 바닷가 현지인들은 수백 년 동안 이 씨앗을 즐겨 먹었지만 최근에서야 유럽 요리사들의 눈에 띄었다. 해초 씨는 영양가가 높고 글루텐이 없으며, 오메가6와 오메가9, 지방산이 풍부하고, 낟알당 쌀보다 50퍼센트 더 많은 단백질을 함유하고 있으며, 담수나 비료 없이도 잘 자란다. 이 '바다 쌀'을 재배하면, 방글라데시처럼 해수면 상승으로 전통적인 농작물 재배가 불가능한 곳에서 농업을 확장할 수 있다. 동남아시아의 몇몇 해초 씨는 견과류만큼 크다. 게다가 해초에는 추가적인 이점이 있는데, 다양한 해양 생물의 중요한 서식지 역할을 해서 해안 침식을 막아주고, 나아가 탄소 포집에도 도움이 된다. 열대우림보다 35배나 빠른 속도로 탄소를 저장한다. 해저의 단 0.2퍼센트만 덮고 있음에도 불구하고 매년 해양 탄소의 10퍼센트를 흡수하기 때문이다.

바다에서 채취한 해초든, 산업용 수조에서 키운 스피룰리나 같은 미세 조류(식물성 플랑크톤이라고도 한다)든, 해초는 영양가가 풍부하고 육류보다 단백질 함량이 두 배나 높은 식품이다. 해초는 매우 빠르게 성장하고 많은 양의 이산화탄소를 흡수하지만, 양식되는 다른 식량과 달리 귀중한 땅을 차지하지 않는다. 이미 캘리포니아에서 영국까지, 식량과 바이오연료를 위한 다시마 숲을 조성하는 작업이 진행 중이며, 일부는 잠수 드론으로 관리되고 있다. 북반구 해안을 따라 다시마 숲 조성을 확대한다면, 가치 있는 식품이 될 수 있을 뿐만 아니라 이주민을 위한 새로운 산업이 될 수도 있을 것이다. 미세 조류를 재배하는 수조는 사막이나 지하 등 지구상의 거의 모든 곳에 설치할 수 있으며, 조류를 말려 빵부터 스무디까지 모든 종류의 음식에 첨가할 수 있다. 영양실조를 해결하는 데 쓸 수 있고, 양식 어류 등의 동물 먹이로도 사용할 수 있다. 그리고 유전자 조작된 박테리아를 수조에서 배양하면 작은 공간에서 적은 자원을 사용해 효율적으로 육류와 동일한 단백질과 지방을 생산할 수도 있다. 이런 유전자 조작된 수소산화세균 중 일부는 필요한 물과 이산화탄소를 공기에서 추출하기까지 한다(햇빛 없이도 광합성을 할 수 있다).

우리는 숲을 베어내고 빈 땅에 씨를 뿌린 후 햇빛과 비를 흠뻑 쐬어 마법을 일으키는 홀로세 기술을 넘어서야 한다. 연못과 호수 표면에서 자라는 조류 매트와 수상 플랫폼, 습지에서 자라는 작물을 재배하면 도시에 식량을 공급하는 데 도움이 될 것이다. 또한 도시는 옥상에 텃밭과 수직 농장을 만들어 식량 생산에 더 많은 기여를 해야 한다. 여기에는 공기를 식히고 정화하는 추가적인 이점도 있다. 사막 시스템도 햇빛을 동력으로 이용해 공기와 물을 순환시키는 밀폐된 자급자족형 온실 시스템으로써 나름의 역할을 할 수 있다. 이러한 시스템은 이미 호주와 요르단 같은 곳에서 사용되고 있으며, 농경지의 사막화로 인해 이주에 내몰린 중국 북부 같은 거주 가능한 지역의 주민들에게 식량을 공급하는 데 도움이 될 수 있다. 그래핀 같은 신소재와 더 효율적인 담수화 기술은 태양광을 이용하는 폐쇄형 농업을 최적화하는 데 도움이 될 수 있다.

열대 지역은 농부들이 일하기에 너무 더워질 것이기 때문에, 농업의 대부분은 캐나다나 파타고니아 같은 고위도 지역에서 이루어질 필요가 있다. 극지방 토지는 대체로 빈약하고 암석이 많아서 많은 수확량을 기대하기 어렵지만, 한 연구는 현재 북극 지역의 4분의 3이 4도 상승한 세계에서라면 작물 재배에 적합할 것이라고 예측한다.[9] 농업은 북극과 캐나다, 알래스카, 시베리아, 스칸디나비아로 이동할 것이고, 경작 가능한 지역은 지금의 농경지에서 1,200킬로미터 북쪽으로 이동해 농사를 지을 수 있는 토지가 1,500만 제곱킬로미터(유럽연합과 미국을 합친 면적에 해당함)나 새롭게 생성될 것이다. 곡물을 파종하기 위해 기존의 북방림을 파괴하고 영구동토와 툰드라를 갈아엎는 것은 전혀 바람직하지 않다. 대신 북부의 농업은 캐나다 서부의 대초원과, 북유럽 국가 및 러시아, 특히 북극해에 가까운 온난한 지역에 있는 기존 농업 지역의 연장선상에 집중할 수 있을 것이다.

이런 변화는 세계 지정학에도 변화를 가져올 것이다. 미국과 브라질 같은 오늘날의 최대 식량 생산국 중 상당수는 생산성의 대폭 축소를 겪는 반면, 이미 세계 최대 밀 수출국인 러시아는 기후 조건이 개선됨에 따라 농업 지배력이 더 커질 것이다.

하지만 농업을 더 북쪽으로 옮긴다는 것은, 특히 겨울철에 햇빛의 강도가 줄어드는 상황을 해결해야 한다는 뜻이다. 또한 이곳은 사람들을 이주시킬 곳이기도 해서, 앞으로 농작물이 같은 땅과 물을 놓고 도시와 경쟁해야 하는 상황이 된다. 하지만 많은 연구들에 따르면, 농작물은 광합성에 적합한 주파수로 LED 인공조명 쬐어줘도 잘 자란다. 즉 필요할 경우 창고에 층층이 쌓거나, 재생에너지 조명을 설치한 작은 지하 공간에서 수경 재배 방식으로 채소 같은 작물을 겨우내 기를 수 있다는 뜻이다. 이렇게 하면 귀중한 땅을 다른 용도로 쓸 수 있다. 유전자 조작된 미생물과 화학 원료를 사용하는 실내 산업 시스템은 더 많은 인구를 위해 단백질과 지방, 기타 필수 영양소를 공급할 것이고, 질감과 풍미는 육지 기반 작물로 즐길 수 있을 것이다.

인도나 태국처럼 위험한 습구온도로 인해 결국에는 거주와 농사가 불가능해질 지역에서도, 원격으로 제어되는 로봇 농부, 드론에 의한 종자 살포, 인공지능을 이용한 유지 보수와 생산, 수확을 도입함으로써 농업을 지속할 수 있을 것이다(물이 충분히 공급될 경우). 콜로라도에서는 이미 드론을 이용한 축산 농장을 시험 가동하고 있다.[10] 아직 농업이 경제의 대부분을 차지하는 지역에서, 더 이상 직접 농사를 지을 수 없다는 것은 농부들에게 청천벽력과도 같다. 수십억 명의 삶과 생계, 즉 말하자면 정체성이 땅과 연결되어 있기 때문이다. 그리고 농사가 불가능해진다는 사실은 식량 공급에도 무시무시한 영향을 미친다. 여전히 증가하는 탄소 배출로 지구가 계속 뜨거워지고 있는 상황에서, 사람들과 식량 생산을 다른 곳으로 이동시키기 위한 적절한 계획이 이보다 더 시급할 수 없다. 이는 농업이 가능한 지역의 효율이 매우 중요하다는 뜻이다. 즉 한 뙈기의 땅도 낭비해서는 안 된다.

현대 농업은 그 모든 악덕에도 불구하고 수확량을 극적으로 개선했다. 만일 우리가 60년 전의 농법을 사용한다면, 동일한 양의 식량을 생산하기 위해 2.5배 더 넓은 농경지가 필요할 것이다. 이번 세기의 식량 생산은 비료와 물을 남용하지 않는 방식으로 더 집약적이고 산업화되어야 할 것이다. 즉 수확량 격차(잠재적 수확량과 실제 수확량의 차이)를 줄여야 한다는 뜻이다. 사하라 사막 이남 아프리카에서 수확량 격차는 81퍼센트에 달한다. 가나의 옥수수 작물은 헥타르당 8톤의 잠재적 수확량을 가지고 있지만, 실제 수확량은 헥타르당 1.5톤에 불과하다. 미국에서도 수확량 격차가 40~50퍼센트에 이른다. 지금까지 이 격차를 줄이기 위한 대부분의 시도는 단일재배에 물과 화학비료, 살충제, 살균제를 지나치게 많이 사용하는 방법에 초점이 맞춰졌다. 하지만 사하라 사막 이남 아프리카처럼 비료가 부족한 지역에서는 비료의 사용이 중요할지 몰라도, 비료의 남용은 생태계에 큰 피해를 끼쳐 수확량 증가라는 이점이 얼마 지나지 않아 토양이 황폐화로 돌아온다. 토양에는 식물의 성장을 놀라운 방식으로 개선시키는 미생물이 가득하기 때문이다. 그런 토양 미생물은 식물들이 서로 소통하고 최적의 시기에 필요한 영양분을 공급받을 수 있도록 한다. 그런데 집중적인 쟁기질과 미생물을 죽이는 화학 물질의 사용은 이 가치 있는 토양 생태계를 파괴해 수확량을 감소시킨다.

농사는 집약적이어야 하지만 현명해야 한다. 예를 들어, 씨를 심기 전에 미리 미생물로 사전 처리를 해두면, 특히 가뭄 조건에서 수확량을 높이는 데 큰 도움이 될 수 있다. 또한 과학자들은 매년 땅을 파고 씨를 뿌릴 필요가 없는 다년생 곡물 같은 새로운 작물을 개발해, 토양을 온전하게 유지하고 비옥도를 보호하며 이산화탄소 배출을 줄이는 데 도움을 주고 있다. 작물 옆에 클로버 같은 야생화를 심으면 수분 매개 곤충이 건강해져서 작물 수확량도 증가한다.

한번도 경험하지 못한, 뜨거운 세계에서 작물을 재배하려면 열과 가뭄, 그리고 염분에 강한 품종을 품종 개량과 유전공학을 통해 만들어내야 한다. 예를 들어 콩과 식물처럼 스스로 질소를 고정하는 뿌리 작물을 만들면 비료 사용량을 크게 줄일 수 있다. 유전자 연구는 온실가스를 적게 배출하고 물을 적게 사용하는 식량을 생산하는 데 도움이 될 것이다. 또한 언젠가는 농부들이 유전공학의 도움을 받아 광합성 효율이 훨씬 높은 쌀과 기타 곡물을 만들어낼 수도 있을 것이다. 그러면 같은 땅에서 더 많은 농작물을 재배할 수 있다. 만일 과학자들이 옥수수와 사탕수수처럼 광합성 효율이 높은 주곡 작물을 만들 수 있다면, 식량 생산량이 획기적으로 늘어날 것이다. 오늘날 우리가 의존하는 홀로세 작물들을 개발하기까지는 수천 년에 걸친 육종과 시행착오, 전문 지식이 필요했다. 이제 우리는 수십억 명을 더 먹일 수 있는, 온실 세계를 위한 새로운 작물을 개발해야 한다. 그리고 우리에게 주어진 시간은 겨우 몇십 년뿐이다.

카사바나 기장처럼 열과 가뭄을 잘 견디는 작물은 지금 우리가 먹는 원형 그대로의 쌀과 밀 같은 주식들을 대체할 것이다. 이산화탄소 농도가 높아지면 식물은 더 빨리 자라고 물을 덜 필요로 한다. 우리는 토양의 건강과 비옥도를 유지하기 위해 작물을 다양화하고 윤작 농법을 사용해야 한다. 병충해 유행은 코로나19만큼이나 우리에게 치명적일 수 있으므로 다양한 품종을 찾고 저장하는 데 지금보다 훨씬 더 많은 자원을 투입할 필요가 있다. 또한 우리가 직면한 환경 제약을 고려한 작물을 선택해야 한다. 물이 부족한 땅에 목화처럼 물을 많이 먹는 작물을 심는 것과 같은 비정상적인 상황을 끝내야 한다.

쌀이 대표적 사례다. 물에 잠긴 논은 현재 먹이사슬에서 발생하는 온실가스 배출량의 약 6퍼센트를 차지한다. 이는 다른 곡물의 두 배 이상으로, 물에 잠긴 토양에서 메탄가스가 많이 방출되기 때문이다. 메탄가스는 이산화탄소보다 대략 30배 더 강력한 온실가스다. 현재의 인구 증가 추세로 볼 때 쌀 재배로 인한 이산화탄소 배출량은 향후 20년 동안 30퍼센트 이상 증가할 수 있다. 하지만 SRI(쌀 집중 재배 시스템)라는 방식으로 물을 대지 않고도 재배할 수 있는 쌀 품종이 있다. SRI는 종자와 비료를 덜 사용하고 물도 덜 필요하다. 서아프리카 13개 국가에서 SRI 농법을 사용하는 5만 명의 농부들을 대상으로 3년간 실시한 연구에서, 농부들은 종자 비용을 최대 80퍼센트 절약했고, 수확량은 평균 70퍼센트 증가했다. 그래서 소득이 41퍼센트 증가한 반면, 메탄가스는 50퍼센트 줄어든 것으로 나타났다.

영국에서는 몬순형 폭우와 홍수를 포함한 기상이변이 더 심해질 것으로 예상되는 가운데 이른바 습식 농업wet-farming이 도입되고 있다. 방대한 양의 탄소를 방출하는 이탄지(이탄이 얕은 물에 잠겨 있거나 물을 머금은 채 수천 년에 걸쳐 퇴적되면서 형성된 유기물 토양 지역-옮긴이)를 배수하는 대신, 포화 토양에서 잘 자라는 작물을 선택해 이탄지가 다시 젖도록 하는 것이다. 그런 작물로는 부들과 갈대, 야생 쌀과 비슷한 만나풀sweet manna grass이 있다. 만나풀은 빻아서 죽으로 만들 수 있다.

우리는 식량이 생산되는 모든 곳에서 물방울 관개(표면 아래 묻힌 물이 식물 뿌리로 천천히 떨어지도록 함으로써 물과 영양분을 절약하는 방법-옮긴이)를 도입함으로써 생태계 오염을 막고, 식량 손실과 낭비도 줄여야 할 것이다. 그러기 위해서는 피복작물(다년생 목초 등, 강우를 차단해 농경지를 우적침식으로부터 보호하는 효과가 있는 작물-옮긴이), 멀칭(나뭇잎, 잔가지, 작물의 잔해, 지푸라기 등과 같은 식물 재료로 농사지을 흙을 덮는 것-옮긴이), 사이짓기(주된 작물 사이에 다른 작물을 심어 가꾸는 것으로 '간작'이라고도 한다-옮긴이) 등의 방법을 사용할 필요가 있다. 이렇게 하면 영양분을 재활용할 수 있어서 필요할 때만 화학적 도움을 적절하게 사용해도 되기 때문에, 고갈된 농지를 회복하고 부적합한 토지를 야생 상태로 되돌릴 수 있다. 중국은 2005년부터 2015년까지 총 4,000만 헥타르에 걸쳐 약 2,000만 명의 농민이 참여한 방대한 통합 토양 시스템 관리 프로그램을 통해 농지를 개선했다. 그 결과 작물 수확량이 평균 10퍼센트 이상 증가했고, 질소 비료 사용량은 16퍼센트 감소해 122억 달러의 경제적 효과가 발생했다.

식량은 생존에 꼭 필요할 뿐만 아니라 삶의 중심이다. 전 세계 농부들은 약 8,000년 동안 거의 모든 인류를 부양했던 생계수단을 떠나, 낯선 사람들에게 식량을 전적으로 의존하는 도시생활로 전환하고 있다. 그런 농부들이 소득 빈곤으로부터 자신을 지키는 가장 일반적인 방법은 토지를 보유하는 것이다. 하지만 그 결과 이주가 더 어려워진다. 많은 나라에서 사람들은 도시로 이주한 지 한참 후까지 (도시에서 주택을 살 돈이 없기 때문에) 일종의 보험으로 토지를 계속 보유한다. 물론 토지는 시간이 갈수록 점점 줄어들고 계속 쪼개지고, 따라서 넓은 땅에서 높은 수확을 올리는 농업은 불가능하다. 그럼으로써 농촌의 생계는 더 어려워져 악순환이 계속된다. 극단적인 예로, 부유한 국가에서는 소수의 부유한 지주가 국가의 광활한 면적을 소유한 채 그 땅에서 식량을 생산하지 않기 때문에 다른 사람들은 그 지역에서 생계를 꾸려나가기 어려워진다.

　다른 종류의 부와 마찬가지로 토지 소유도 점점 더 소수의 손에 집중되고 있다. 전 세계 농장의 1퍼센트가 전 세계 농지의 70퍼센트를 소유하고 있으며, 토지와 인연이 없는 식품기업의 시스템에 통합되어 단기적 이윤만을 위한 파괴적인 관행들을 주도한다.[11] IT산업의 거물 빌 게이츠는 미국에서 가장 많은 농지를 소유한 개인이다. 반면 원주민 토지 관리자들은 현재 세대의 필요를 충족하는 동시에 다음 세대를 위해 토지를 보호하는 데 우선순위를 두며, 이러한 토지 관리자들이 전 세계 생물 다양성의 80퍼센트를 지탱하고 있다.[12] 토지의 불평등한 분배에 대한 한 가지 해결책은 토지 부유세를 부과하는 것이다. 이렇게 하면 토지소유자가 유용한 자금 확보를 위해 토지를 팔거나, 또는 토지를 더 잘 활용할 수 있는 다른 사람에게 임대하도록 유도할 수 있다. 또한 물 추출에 대해, 그리고 강으로 오염물질을 방류하고 질산염과 온실가스를 배출하는 것 같은 환경 비용에 대해 토지 소유자에게 세금을 부과하면, 환경 친화적 농업에 도움이 될 것이다. 그리고 수로를 유지하고, 생물 다양성 시스템을 설치하고, 희귀종을 보호하는 것 같은 환경 서비스에 대해서는 인센티브로 보상을 제공해야 한다.

　더 이상 농사를 지을 수 없게 된 농촌의 농부들에 대해서는 기본소득을 지급하는 사회보장 정책을 통해 도시로 이주할 수 있도록 도와야 한다. 예를 들어 인도는 마하트마간디국가농촌고용보장법MGNREGA을 통해 최저임금으로 100일 동안 일할 수 있는 '일할 권리'를 보장하고 있다. 물론 우리는 농업 노동력이 아직 필요하고, 많은 국제 이주자들이 유용한 농업 기술을 가지고 있을 것이다. 하지만 그들이 그것을 새로운 고향의 조건과 농업에 반드시 적용할 수 있는 건 아니다. 따라서 정착과 교육 프로그램을 계획하는 것이 필수다. 방글라데시에서 벼농사를 짓던 농부가 하루아침에 스코틀랜드에서 다시마 재배자가 될 수는 없지만, 기술을 얼마나 빠르게 전수하느냐에 따라 굶주린 수백만 명의 생계가 좌우될 것이다.

북위도 지역으로 이주하는 수많은 사람들 중 상당수가 급성장하는 생명공학 산업이나 새로운 농업 산업에서 일자리를 찾을 것이다. 즉 그들은 지하 해조류 양식장, 실내에 마련된 기후를 제어하는 고층 수직 농장, 또는 조상들이 했던 방식으로 시골에서 흙을 일구는 일을 도울 수 있을 것이다. 식량을 만드는 사업은 인류에게 언제나 가장 중요한 일이었다. 우리 스스로 그것을 더 어렵게 만들었지만, 우리는 다가오는 위기를 극복할 새로운 식량 생산 방법을 도입할 수 있는 지식과 기술적 전문성을 갖추고 있다. 문제는 차분한 준비를 통해 전환기를 관리할 것인가, 아니면 기아와 분쟁이 발생할 때까지 기다리다가 우리 모두를 위험에 빠뜨리는 비양심적인 결과를 초래할 것인가다.

11

전력, 물, 자원

지구의 많은 지역이 거주 불가능해지면서 많은 인구가 전략적으로 한 지역에 밀집하면, 전 세계의 담수, 원자재, 전력의 공급도 지리적으로 집중되어야 한다. 또한 우리는 자원을 더 신중하게 아껴 써야 한다. 모든 자원을 재활용과 재사용하면서 더 오래 순환시켜야 한다. 사회적으로도 우리는 큰 도전에 직면해 있는데, 이 문제는 부와 자원의 더 공평한 공유를 통해 해결해야 한다.

에너지 문제부터 시작해보자. 오늘날 기술에 의존하는 우리 사회는 전 세계적으로 약 6,000엑사줄(약 2만 5,000 테라와트시)의 1차 에너지를 사용한다(2050년이 되면 3만 9,000테라와트시로 증가할 것으로 예상된다). 에너지는 우리의 건강, 수명, 생산성을 높여주었다. 하지만 두 가지 큰 문제가 있다. 첫째는 에너지가 공평하게 분배되지 않는다는 점이다. 수억 명의 사람들이 안정적으로 에너지에 접근할 수 없다. 그들은 전등, 냉방, 컴퓨터나 냉장고 사용을 위한 전기를 공급받지 못하고, 안전하게 요리하고 난방할 수 있는 방법도 없다. 충분한 에너지를 얻을 수 없는 사람들은 가난하고 건강하지 못한 삶에서 벗어날 수 없어서 지역 환경에 파괴적인 영향을 미친다. 예를 들어 산림 황폐화의 가장 큰 원인 중 하나가 난방과 취사를 위해 땔감을 만드는 것인데, 이는 대기오염의 주요 원인이기도 하다.

남반구의 많은 국가들이 지난 몇십 년 동안 매장된 석유, 수력발전 잠재력을 지닌 강, 태양열 및 풍력발전 기회 등 국내의 새로운 에너지원을 발견했다. 문제는 이 잠재력을 실현하기 위해서는 상당한 자본 투자가 필요하다는 것이다. 남반구의 전력망 인프라는 극도로 열악해서 전기가 꼭 필요한 사람들이 전력을 공급받을 가능성이 가장 낮고, 에너지원의 상당수가 환경 문제를 일으킨다. 하지만 대규모 이주로 에너지 접근성을 빠르게 높일 수 있을 것이다. 사람들이 이주하는 도시는 에너지에 접근하기가 더 쉽기 때문이다.

또 하나의 큰 에너지 문제는 에너지 생산이 온실가스 배출량의 87퍼센트를 차지함으로써 여러 재앙적 결과를 초래한다는 것이다. 대기 중 이산화탄소 분자 셋 중 하나는 우리가 배출한 것이다. 지난 15년 동안 우리는 인류가 지금까지 생산한 이산화탄소 양의 3분의 1을 대기에 추가했다. 2035년에는 지구 온도 상승폭이 1.5도를 넘어설 가능성이 있다. 지구 온도가 1도 상승할 때마다 더 많은 사람들이 이주해야 하지만, 2100년에는 지금보다 7배 더 많은 에너지를 사용할 것으로 예상된다. 이는 주로 가난한 시골 사람들이 도시로 이주하면서 더 많은 에너지를 사용하기 때문이다.

전 세계 에너지의 탈탄소화는 향후 20~30년 동안 우리가 해결해야 할 과제다. 내 아이들이 30대가 될 때쯤이면 이 에너지 문제가 이미 해결되어 있어야 한다. 이 문제를 지금 당장 해결할 수는 없지만, 우리 살아생전에는 해결할 수 있다.

첫 번째 단계는 전기 생산을 탈탄소화하는 것이고, 다음 단계는 가능한 모든 것을 전기로 구동하는 것이다. 동시에, 에너지를 생산하는 과정에서 발생한 온실가스를 포집해야 한다.

인구 이동이라는 격변이 없다 해도, 지구가열화와 기상이변의 시기에 도시를 탄소중립 경제에 적응시키는 것은 보통 일이 아니다. 국제환경기구의 계산에 따르면, 2050년까지 순배출 제로에 도달하려면, 2020년에 달성한 '이례적인' 40퍼센트 성장률보다 두세 배 높은 속도로 새로운 재생에너지 발전 용량을 배치해야 한다.

발전 용량이 부족해 석탄에 의존하는 가난한 국가들의 경우, 신재생에너지를 배치하는 비용이 저렴해졌음에도 불구하고 여전히 감당할 수 없을 만큼 비싸다. 따라서 국제사회가 더 저렴한 금융을 제공하는 등의 방법으로 지원해야 한다. 재생에너지 기술의 제조, 건설, 배치, 재활용, 유지보수는 기존 도시뿐만 아니라 새로 건설될 극북 지역의 경제에서도 일자리를 창출하는 주요 산업이 될 것이다.

탄소중립 세계에서는 전기에 대한 의존도가 훨씬 높아질 것이다. 가정과 기업뿐만 아니라 현재 화석연료에 의존하고 있는 산업과 교통수단에도 전력을 공급해야 하기 때문이다. 이 모든 전기를 만드는 에너지는 중위도의 거주 불가능한 사막 지역을 가로지르는 광활한 지역에 태양열 및 풍력발전소를 설치해서 생산할 수 있고, 그것을 고전압 직류 송전선을 통해 고위도 도시뿐만 아니라 지역 도시들로 전달하게 될 것이다. 이미 이런 시스템의 모델이 존재한다. 호주는 현재 북부 사막에 세계 최대 규모의 태양전지 설비를 짓고 있다. 2027년에 완공될 예정인 이 시설은 4,500킬로미터의 해저 케이블을 통해 싱가포르에 24시간 전기를 공급할 것이다. 호주는 이미 사용하고 저장할 수 있는 양보다 훨씬 많은 태양광 에너지를 생산한다. 북아프리카도 태양광 발전소에서 생산한 고전압 직류 전기를 유럽으로 송전하고 있으며, 수력발전소에서 도시로 보내는 지역 송전도 더 늘어날 예정이다. 아프리카 사막은 대규모 태양광 및 풍력발전소를 짓기에 적합하다. 모로코는 이미 세계 최대 규모의 집중형 태양광 발전 프로젝트를 와르자자트에서 추진하고 있으며, 다른 발전소들도 건설 중이다. 태양광 및 풍력발전은 화석연료

발전소보다 인간의 작업이 훨씬 덜 필요해서, 사람이 살 수 없게 된 넓은 면적을 수천 킬로미터 떨어진, 안전한 지역에 사는 사람들이 쓸 에너지를 생산하는 데 사용할 수 있을 것이다. 유지보수는 자동화 시스템과 로봇이 담당할 수 있다. 또한 북해와 대서양의 해상 풍력발전 단지를 대규모 지역 네트워크와 연결함으로써 다른 종류의 공급원들로부터 오는 전력을 보충할 수 있을 것이다. 예를 들어 그린란드는 해저 케이블을 통해 지열, 수력, 풍력발전으로 생산된 전력을 캐나다, 북유럽, 영국의 도시들에 공급할 수 있을지도 모른다.

바다의 막대한 에너지를 활용하면 북부 해안 지역을 위한 또 다른 유용한 에너지원이 창출될 것이다. 유럽연합은 2050년까지 전력의 약 10퍼센트를 파도와 조수에서 얻을 것으로 예상하고 있다. 이 시스템이 잘 작동하고 순조롭게 배치될 경우, 그 비율은 크게 증가할 것이다.

또한 건물 지붕, 차량 및 기타 인프라의 태양광 패널을 배전망과 연결해 한 지역과 전력망을 재충전하는 가상 발전소로 바꿀 수도 있다. 하지만 최대 수혜자는 저위도에 거주하는 사람들일 것이다. 이들은 가장 많은 태양광을 이용할 것이고, 극북의 초대형 이주민 도시들에게 이 노다지를 팔 수 있을 것이다. 따라서 전기는 현지에서 생산될 뿐만 아니라, 생산된 곳에서 케이블을 통해 북쪽 도시로 송전되거나, 수소와 같은 청정 연료의 형태로 전 세계로 운송될 것이다.

에너지를 생산, 저장 및 송전하는 전력망은 일별은 물론, 계절별 수요 공급 변동에 대응할 필요가 있다. 밤에는 태양이 비추지 않고, 바람 역시 항상 불지는 않는다. 수력발전은 안정적이라서 선진국들은 지난 세기 동안 그 잠재력을 활용해왔다. 하지만 대규모 수력발전 댐은 분열을 야기하고 환경을 파괴했다. 그래서 현재 많은 국가에서 댐을 해체하고 강 네트워크를 복원하는 작업을 진행하고 있다. 미국에서만 약 1,600개 댐이 철거되었고, 유럽에서도 수천 개의 댐이 철거 목록에 올라 있다. 또한 수력발전은 요즘 많은 지역에서 안정성이 크게 떨어지면서 잦은 정전을 유발하고 있다. 어떤 강은 빙하가 사라지면서 물 공급원이 줄어들고 있고, 또 다른 강은 가뭄을 겪고 있으며, 극단적인 날씨로 댐 인프라가 파괴되어 파괴적인 결과를 초래하기도 한다.

운하와 저수지에 태양광 패널을 띄우면 기존의 수력발전 터빈에 더 많은 전력을 발생시킬 수 있고, 이와 동시에 증발 손실을 줄일 수 있다. 이집트 나일강의 하이 아스완high aswan과 같은 대형 저수지들은 이미 연간 물 공급량의 4분의 1을 증발로 잃고 있다. 2021년 실시된 하이브리드 수력-태양광 발전소의 잠재력에 대한 조사에 따르면, 아프리카 저수지의 1퍼센트만 덮어도 그 대륙의 전체 발전 용량을 4분의 1가량 늘릴 수 있는 것으로 나타났다.[1]

앞으로 수십 년 동안 수력발전을 지속할 수 있을 경우, 전력의 16퍼센트를 공급하는 수력발전은 전력망에 대단히 유용한 기여를 하는 발전 형태다(부문별로 따졌을 때 전 세계적으로 전력 기여도가 가장 높다). 남반구에서는 새로운 댐 건설 붐이 일고 있는데, 적어도 3,700개의 새로운 댐이 추진 중이거나 건설되고 있다. 이 댐들은 세계에서 가장 가난한 지역에 전력 공급과 개발을 약속하지만, 환경을 파괴할 위험이 클 뿐[2] 아니라 온실가스인 메탄 배출량을 크게 늘릴 수 있다는 점에서 논란이 되고 있다. 예를 들어 메콩강을 따라 건설 중인 댐들이 완공되면, 메콩강 삼각주에 공급되는 퇴적물의 약 96퍼센트가 갇히게 되어 2,150만 명이 거주하는 삼각주의 존재 자체를 위협할 정도로 심각한 침식이 발생할 것이다.

에너지 접근성은 사람들의 이주를 결정하는 핵심 요인이다. 에너지가 냉방과 물 공급 등을 용이하게 함으로써 살기 힘든 환경에서 더 오래 살 수 있게 해주기 때문이다. 기후 이주가 이미 진행되고 있는 아프리카의 뿔 지역에서 에티오피아는 GERD 댐을 건설하고 있는데, 이 댐은 나일강을 막아 6,000메가와트의 전력을 생산할 예정이다. 하지만 이로 인해 2만 명이 삶의 터전을 잃게 된다. 자체적인 기후 위기와 싸우고 있는 나일강 하류 지역은 댐이 채워지는 수년 동안 농작물 관개에 심각한 차질을 겪게 된다. 에너지는 식량, 기후, 빈곤과 연결되어 있다. 따라서 이 요소들을 어떻게 해결하느냐에 따라 사람들이 머물 수도, 이주할 수도 있다.

콩고민주공화국이 콩고 강에 추진하고 있는 대규모 그랜드 잉가Grand Inga 수력발전 댐 공사는 4만 메가와트 용량의 전력을 생산할 예정으로 900억 달러의 비용이 소요될 전망이다. 이 댐을 지으면 빈곤이 크게 줄어들 수 있지만, 전기가 어디로 갈지는 불투명하다. 대형 수력발전 댐의 영향을 가장 많이 받을 뿐 아니라 전기가 절실히 필요한 가난한 시골 지역 주민들은 수혜자가 되지 못한다. 많은 국가가 이웃 국가에 전력을 팔고, 또 다른 국가들은 전력을 도시로 보낸다. 따라서 혜택을 받고자 하는 사람들은 도시로 이주할 필요가 있을 것이다.

점점 더 많은 이주민이 거주할 북위도 지역에서는, 일반적으로 기후변화에 따라 수력발전이 더 신뢰를 얻을 것이고, 지속가능한 설계는 전력을 공급하는 데 도움이 될 것이다. 예를 들어 노르웨이의 탄소 배출량이 그렇게 낮은 이유는 수력발전 덕분이다. 소규모 수력발전 설비는 환경에 미치는 영향이 적고, 외딴 지역에 적합하다. 현재 수만 개 시설이 아시아 전역과 유럽의 일부 지역에서 사용되고 있으며, 비교적 저렴한 비용으로 전 세계에 훨씬 더 광범위하게 배치될 수 있을 것이다. 소규모 수력발전을 위한 잠재 부지가 유럽에만 약 40만 곳이 있는 것으로 확인되었다. 중국의 경우 소규모 수력발전의 총 설치 용량은 약 80기가와트로 삼협댐three gorges dam 발전량의 거의 네 배에 달한다.

또 다른 신뢰할 수 있는 에너지원은 지구의 심장에서 나온다. 그것은 바로 지열로, 북부의 새 도시들의 판도를 바꿀지도 모를 에너지원이다. 지열 에너지는 지구 내부의 뜨거운 기체나 액체가 열수 분출공, 간헐천, 균열을 통해 표면으로 새어나오는 장소에서 이미 사용되고 있다. 하지만 가장 큰 잠재력은 노출되지 않은 깊은 땅속 암석의 열을 이용하는 것이다. 이 열의 잠재력은 어마어마하다. 지구 전역 어디에서나 채굴할 수 있으며 당연히 항상 '켜져 있는' 상태다. 단기적으로 가장 유망한 기술은 아마도 깊은 '폐쇄 루프' 라디에이터 구조일 것이다. 두 개의 우물을 2.5킬로미터 간격으로 파고 유체로 채워진 일련의 밀폐 파이프로 두 우물을 측면으로 연결한다. 그러면 유체가 지표면으로 올라와 그 열을 이용할 수 있다. 루프가 닫혀 있기 때문에, 한쪽에서 차가운 유체가 가라앉고 다른 쪽에서 뜨거운 유체가 상승하므로 따로 펌프도 필요 없다. 규모를 쉽게 키우고 줄일 수 있는 이 시스템은 도시라든지 땅의 수요가 높은 기타 지역에서 이상적이다. 지열은 전력망에 기본 부하를 제공할 수 있고, 유체의 흐름을 제한하거나 차단하여 필요에 따라 쉽고 켜고 끌 수 있다. 몇 개의 실험적 발전소가 이 기술을 시험하고 있으며, 향후 10년 내에 석유 산업 종사자들이 북부의 여러 도시와 마을에서 이와 같은 지열 시스템을 설치하는 일에 고용될 것이다.

탄소를 배출하지 않는, 또 다른 신뢰할 만한 에너지원은 원자력 발전이다. 프랑스가 탄소 배출량이 적은 이유가 바로 원자력 덕분이다. 원자력은 제철과 같은 에너지 집약적인 산업 공정에 쓰이는 화석연료를 대체할 수 있다. 원자를 쪼개 에너지를 방출하는 대규모 원자력 발전소는 전 세계 전력망의 기저 부하를 제공하고, 유럽연합 전체 전력의 25퍼센트(전 세계 10퍼센트)를 차지한다. 하지만 많은 시설이 노후화되고 있는 데다 기후변화가 냉각 시설에 영향을 미치는 탓에 문제가 발생하고 있다. 시설을 교체하고 새로 짓는 비용은 특히 재생에너지 배치 비용과 비교할 때 비싸고 정치·문화적 부담도 있어서 설득이 쉽지 않다. 하지만 아마 상황이 바뀔 것이다.[3] 각국 정부는 비용을 낮추기 위해 인프라와 전문기술에 투자해야 한다. 또한 재정적으로 실행 가능하려면 민간 부문이 쉽게 투자할 수 있는 경로가 있어야 한다. 2020년대 말 최초의 소규모 모듈형 원자로가 가동될 것으로 예상되는데, 다목적 청정에너지의 공급원이 될 수 있을 것이다. 러시아는 전력이 필요한 곳 어디에든 견인해갈 수 있는 부유식 원자로를 설계하고 있으며, 이 형태는 북극이 새로운 산업에 개방되면 매우 유용할 것이다.

다른 종류의 원자력은 핵융합으로, 두 원자가 강제로 더 큰 원자를 형성할 때 발생하는 에너지다. 인류가 오래 갈망해온 이 에너지원은 거의 1세기 동안 요원한 꿈이었지만, 최근 더 작고 저렴한 모듈형 기술의 혁신으로 핵융합이 더욱 유망한 에너지원으로 떠올랐다. 최초의 핵융합 원자로가 2030년에 전력망에 전력을 공급하기 시작할 것이며, 영국은 2040년까지 최초의 핵융합 발전소를 건설할 계획이다. 분명히 늦은 감이 있다. 탄소중립 목표를 달성하려면 2030년까지 전 세계 탄소 배출량을 45퍼센트 줄여야 하기 때문

이다. 하지만 핵융합은 풍부하고 사실상 무료인 에너지를 약속한
다. 이는 우리 삶을 바꿔놓을 것이다. 음식을 만들든, 옷이나 장난
감을 만들든 지구상의 모든 인간 활동에 에너지가 필요하다는 것
을 생각해보라. 오늘날의 에너지는 한정되어 있고 오염을 유발한
다. 만일 에너지가 풍부하고 무료인 데다 오염을 유발하지 않는다
면 지구와 우리의 관계가 완전히 바뀔 것이다. 물론 상황이 악화될
수도 있다(그리고 많은 환경론자들은 무엇이 되었든 모든 것을 적게 사용하기
를 바란다). 하지만 훨씬 더 나아질 수도 있다. 오늘날 최악의 환경
파괴는 가진 게 가장 적은 사람들에 의해 발생한다. 에너지가 부족
한 사람들은 숲을 벌목하고, 강과 해안을 오염시키고, 야생동물을
사냥한다. 위험하고 더러운 환경에서 생활하고 일할 수밖에 없기
때문이다.

조만간 전 세계에 대규모 화학 전지가 건설되어, 재생에너지
로 생산된 전력을 저장했다가 필요할 때 전력망에 공급할 것이다.
또한 이 전력을 용융 소금에 열에너지로 저장하거나, '수력발전 펌
프'의 형태로 저장할 수도 있다. 후자의 경우, 여분의 에너지를 사
용해 낮은 저수지에서 높은 저수지로 물을 퍼올리고, 그 물을 필요
에 따라 방출해 터빈을 돌릴 수도 있다.[4] 앞으로 탄생할 초대형 도
시의 높은 에너지 수요를 충족하기 위해서는 이런 저장 시스템이
꼭 필요하다. 특히 겨울철에 필수적일 텐데, 높은 위도의 지역에서
는 태양이 일찍 져서 조명과 난방을 위한 전력이 꼭 필요할 것이기
때문이다.

재생에너지로 물 분자를 쪼개어 만드는 수소는 에너지를 저장
하는 또 다른 방법이다. 수소는 압축해서 전 세계로 운송할 수 있
고, 목적지에서 연소시켜 터빈을 돌리거나, 연료 전지(일종의 배터리)

에 사용해 전기를 생산할 수 있다. 호주는 자국의 풍부한 태양 에너지를 기후가 흐린 북부로 효과적으로 보내기 위한 대규모 산업을 계획하고 있다. 즉 수소를 생산한 다음에 운송하기 쉬운 액체 암모니아 형태로 전환해 전 세계로 실어나르는 것이다(수소를 회수하려면 또 다른 반응이 필요하다). 호주처럼 햇볕이 안정적으로 내리쬐는 국가에서는 소규모 노동력을 활용하는 이러한 에너지 공급 경제가 대규모 이주로 사람들이 빠져나간 후 좋은 선택지가 될 것이다.[5]

배터리 무게 때문에 앞으로 사람과 상품의 운송은 항공이 아니라 지상에서 이루어져야 할 것이다. 미래의 북부 도시들은 전기나 핵에너지로 구동되는 고속철도와 해상도로로 연결될 것이다.[6] 그리고 돛이 부활할 것이다. 특히 인공지능으로 제어되는 스마트 센서 및 조절기로 바람을 최적의 상태로 포착할 수 있다면, 돛은 해양 선박의 다른 동력원을 보강하고, 경우에 따라서는 완전히 대체할 수도 있다.

우리가 도시 시대로 접어드는 동안, 환경을 오염시키는 현재의 자동차를 모두 전기자동차로 대체할 수는 없다. 설령 수백만 대의 자동차가 유발하는 교통 체증은 견딜 수 있다 해도 에너지 비용이 너무 크기 때문이다. 전기로 움직이는 대중교통, 그리고 전기 자전거와 인력거, 전기 화물자전거를 이용해 도시를 이동하는 것이 더 안전하고, 건강하고, 빠른 방법이다.[7] 전기자동차가 필요한 경우에는 대여하거나 공유할 수 있을 것이다. 충전도 분산할 수 있다. 전기자동차 충전기가 있는 가정과 운전자를 연결해 요금을 나누는 앱이 이미 출시되어 있다.

비행은 탈산소화가 더 어렵다. 비행이 기후에 끼치는 영향 가운데 3분의 2가 이산화탄소가 아니라 비행기의 자취를 따라 생기는 비행운에 의해 유발되며, 이는 지구가열화의 대략 2퍼센트를 유발한다. 비행 고도와 시간을 조금만 바꿔도 비행운 형성에 영향을 미칠 수 있고, 더 높은 고도나 더 낮은 고도로 비행기의 경로를 변경하면 비행운을 완전히 피할 수 있어서 적은 비용으로 큰 이득을 얻을 수 있다.[8] 항공 여행에 세금을 부과하면 사람들이 출장을 화상 회의로 대체함으로써 불필요한 비행이 줄어들 것이다. 하지만 압도적으로 많은 탄소 배출을 유발하는 부유층은 합리적인 세금을 부과하는 정책에는 끄덕도 하지 않을 것이다. 따라서 전기 비행기가 아닌 한 개인 제트기를 금지할 필요가 있다. 미래에는 포집된 이산화탄소와 친환경 수소로 만든 합성 항공연료가 비행에 르네상스를 가져올 수도 있을 것이다.

비행선도 역할을 할 수 있다. 지상 교통으로 접근이 불가능한 계절에 북극의 도시들과 외딴 광산으로 화물을 수송할 수 있다. 이미 여러 회사에서 비행선 활용에 관한 아이디어를 모색하고 있다.

문제는 전 세계의 청정 전력 생산이 우리의 에너지 필요를 충족하기에 부족하다는 것이다. 따라서 우리는 앞으로 몇십 년 동안 계속 화석 연료를 태워야 한다. 하지만 2050년까지 순배출 제로를 달성하려면 부유한 국가들이 2030년 중반까지 화석 연료 사용을 중단할 필요가 있으며, 전 세계적으로 2040년 이전에 석탄과 석유를 단계적으로 퇴출시키고, 곧이어 가스도 퇴출시켜야 한다. IPCC가 평가한 400개 이상의 기후 시나리오 가운데 1.5도를 크게 웃도는 것은 피하는 시나리오는 약 50개에 불과하고, 이 가운데 대기에서 탄소를 제거하는 속도와 규모, 나무 심기의 범위 같은 완화 방법에 대해 현실 가능한 목표치를 가정한 것은 20개뿐이다. 이마저도 대규모로 입증되지 않았거나 사회적으로 문제가 있는 '도전적인'

전략이다. 따라서 우리가 현실적으로 1.5도 상승 이하로 유지할 가
능성은 지극히 낮다.

현재 대부분의 사람들이 석탄을 빠른 시일 내에 단계적으로
퇴출시켜야 한다고 확신하지만, 화석연료 회사와 정부(많은 전력회사
가 국영기업이다)는 가스(메탄)와 석유를 태우는 것은 멈추지 않고 있
다. 단순히 발생한 이산화탄소를 포집하고 저장함으로써 추가적인
대기 온난화를 막는 방법에만 의지하고 있는 것이다. 좋은 생각처
럼 들리지만, 탄소 포집 및 저장(CCS)은 대규모로 시행된 적이 없
어서 그것이 효과적으로 작동할지는 알 수 없다. 그럼에도 불구하
고 이것이 계획이다. 특히 앞으로 수십 년 동안 북극에 엄청난 규모
의 새로운 유전이 열릴 것이고, 업계에서는 CCS와 그 외의 연소 후
완화 조치를 약속하고 있기 때문에, 정부와 투자자들이 화석 연료
탐사와 추출을 계속 후원할지는 아직 미지수다. 하지만 CCS의 효
과가 입증된다 해도 화석 연료를 태우는 것은 여전히 더럽고 환경
에 피해를 끼치는 산업이다.

우리 경제를 탈탄소화하는 것은 좋게 말해도 비용이 많이 드
는 일이다. 그럼에도 더럽고 부당한 글로벌 사회를 변화시키기 위
해서는 꼭 해야 하는 일이다. 지금까지 이 문제에 접근하는 각국 정
부는 문제 해결에 필요한 포부와 스케일을 보여주지 않았다. 예를
들어 전쟁에서 보였던 수준의 헌신 근처에도 가지 못했다. 한 가지
해법은 전환을 가속화하기 위해 은행들이 힘을 합쳐 대규모 기금을
조성하는 것이다. 이것을 이른바 '탄소 양적 환화'라고 부른다. 일
각에서는 이렇게 하면 노예무역을 폐지할 때 노예 소유주에게 보상
을 제공한 것과 유사한 방식으로 산유국들에게 화석 연료 수입 손
실에 대한 보상을 제공함으로써 석유 산업의 종말을 앞당길 수 있

다고 제안한다.

──────── 더 나은 성장 ────────

우리 세계가 늘어나는 에너지 수요를 맞추기 위해 시도하고 있는 방식들 중 일부를 살펴보았다. 하지만 에너지 수요를 줄이는 방법도 있다. 그렇게 하는 가장 확실한 방법은 우리가 생산하는 에너지를 훨씬 더 멀리 보내는 것이다. 지금까지, 특히 산업계에서 에너지 효율이 크게 높아졌고, 국내 기술을 통해 부유한 국가들이 혜택을 받았지만 이러한 기술을 전 세계에 배치할 필요가 있다.

수요를 줄이는 또 하나의 방법은 성장을 줄이는 것이다. 경제 불황이나 코로나19 팬데믹처럼 경제 활동이 줄어드는 시기에는 탄소 배출량이 급감했다. 많은 환경운동가들은 성장의 중단, 또는 마이너스 성장까지도 요구한다. 이들은 일반적으로 정의되는 '건강한' 성장률인 약 2~3퍼센트의 연간 GDP 성장이 환경적으로 지속 가능하지 않다고 지적한다. 전 세계적으로 평균 GDP 성장률은 한 해 약 3.5퍼센트인데, 이 때문에 전 세계의 환경이 점점 더 나빠지고 있다고 보는 것이다. 그러나 문제는 성장이 아니라 환경적·사회적으로 지속불가능한 성장이다.

경제성장이란 일인당 생산되는 상품과 서비스의 양과 질이 시간이 지남에 따라 증가하는 것이다. 경제성장은 오늘날 우리가 누리는 풍요를 만들어낸 엔진이다. 하지만 부는 여전히 전 세계적으로 불평등하게 분배되어 있다. 영국처럼 수 세기 동안 성장을 계속해온 국가가 있는가 하면, 차드공화국처럼 여전히 지독한 빈곤에서 허우적거리는 국가도 있다. 오늘날의 극빈국 중 상당수가 강대국들의 식민지가 되어 착취당하고 경제성장을 이루지 못한 탓에 빈곤에 빠졌다. 그리고 부유한 국가들은 가난한 국가들이 독립한 후에도 여러 가지 방식으로 발목을 잡았다.[9] 이 문제를 해결하기 위해서는, 가난한 국가가 재생에너지, 보편적 의료 및 교육에 투자함으로써 빈곤을 줄일 수 있도록, 하루빨리 적극적인 정책과 함께 자금지원이 이루어져야 한다.

앞서 살펴보았듯이 사람들이 가난하게 사는 것은 그들의 잘못이 아니라, 그들이 가난한 장소에서 태어났기 때문이다. 즉 생산성이 높은 대도시에서 태어나지 않았기 때문이다. 도시는 농촌의 자급자족 농업보다 생산성이 높고, 부유한 국가는 가난한 국가보다 생산성이 높다. 도시에 사는 것은 그 사람의 운과 노력의 결과로 얻은 소득과 기회에 보너스(또는 벌점)를 부여한다. 차드공화국 농부는 아무리 열심히 일해도 맨해튼 어퍼 이스트사이드에서 태어난 사람만큼 부자가 될 수 없다. 미국으로 이주하는 것만으로도 차드공화국의 농부는 소비력을 세 배로 늘릴 수 있다(물가가 더 비싸지만 소득이 더 높기 때문에). 이주를 활성화하고 지원하는 것이 빈곤을 줄이는 열쇠인 이유가 여기에 있다.

물론 가난한 국가 사람들이 모두 이주를 할 수 있는 것도, 이주를 원하는 것도 아니다. 너무 많은 사회에서 그렇듯이 이주가 가난을 벗어나는 유일한 경로가 되어서는 안 된다. 가난한 국가는 부유한 세계의 도움을 받아 경제를 성장시키고 변화에 적응해야 한다. 많은 지역이 기후변화를 겪으면서 인구의 일정 비율이 더 이상 그곳에 살 수 없게 될 텐데, 부유한 국가일수록 잘 적응할 수 있고, 국민들이 그 나라에 더 오래 머물 수 있다. 이주하지 않는 사람들,

그리고 돌아오는 사람들을 위해 더 강하고 탄력적인 사회를 건설하기 위해서는 (국외 이주자의 송금에 힘입어) 경제성장을 도모할 필요가 있다. 경제성장은 사회가 사람들이 품위 있는 '좋은' 인생을 사는 데 필요한 기회와 상품, 서비스를 제공할 수 있는 방법이다.

일인당 GDP는 국가 간 비교와 한 국가의 시간별 비교에 있어 유용하고 광범위한 척도다. 하지만 자연 자본(자연이 제공하는 서비스와 상품)은 GDP 계산에 들어가지 않고, 환경 파괴는 대개 플러스로 계산된다. 예를 들어 숲을 베면 GDP가 발생한다. 이런 식의 성장은 분명히 지속가능하지 않다. 《도넛 경제학*Doughnut Economics*》의 저자 케이트 로워스Kate Raworth를 비롯한 경제학자들은 21세기 경제성장을 측정하는 더 적합한 기준을 제시하고, 탄소세 같은 도구들을 제안했다.

우리는 우리가 측정하는 것을 가치 있게 여긴다. 따라서 GDP나 소득에 명확하게 기여하지 않지만, 국가의 부에 실제로 기여하는 맑은 공기, 건강한 토양, 품위 있는 노인 돌봄 같은 것들을 측정할 수 있는 더 나은 방법을 찾을 필요가 있다. 또한 경제성장이란 시간에 따른 상품과 서비스의 양과 질의 증가임을 기억하라. 화력발전에서 풍력발전으로 전환하면 정확히 같은 양의 전력을 생산하더라도 전력의 질은 증가한다. 대기 오염이 줄고, 온실가스 배출을 피할 수 있으며, 풍력 터빈은 더 안전하고 유지보수가 덜 필요하기 때문이다. 따라서 이것도 경제성장이다. 과학자들이 암을 치료하거나 말라리아를 퇴치하는 방법을 발견한다면 그것도 경제성장이다. 다시 말해, 경제성장은 본질적으로 불필요한 소비나 오염의 증가를 전제로 하지 않는다. 우리는 지난 몇 세기의 성장 패턴을 그대로 답습할 필요가 없으며, 더 나은 정책으로 더 나은 성장을 이룰 수 있다. 한편 제조업과 농업 같은 부문에서 기술 혁신이 생산성을 끌어올릴 때 그 부문에 필요한 노동력의 비율은 줄어든다. 자동화는 사람들의 일자리를 빼앗기 때문에 사회적으로 큰 문제가 된다. 한 가지 해결책은 한국처럼 로봇세를 부과하는 것이다. 이렇게 하면 생산성 향상에 따른 혜택의 일부를 공공 재원으로 환원할 수 있다.

국가 내, 국가 간 불평등이 심각하다는 것은 분명한 사실이다. 전 세계 인구의 대다수가 기본적인 생필품조차 구하지 못한 채 저임금으로 살아가지만, 동시에 억만장자가 거의 3,000명이나 존재한다. 최근 수십 년 동안 전 세계적으로 빈곤이 감소했지만, 사하라 사막 이남 아프리카 인구의 37퍼센트는 여전히 극심한 빈곤에 시달리는 등 아프리카는 거의 발전하지 못했다. 사람들이 더 이상 가난하지 않고 필요한 상품과 서비스를 마음껏 이용할 수 있는 단계에 도달하려면 불평등을 줄이는 것에서 한 걸음 더 나아가야 한다. 각 국가가 평균 소득 수준을 높여야 하며, 이를 위해서는 지속적인 경제성장이 필요하다.[10]

하지만 여기서 우리는 지뢰밭으로 들어가게 된다. 생산량이 증가하면 에너지와 자원도 더 많이 필요하기 때문이다. 최근에 30개 이상의 국가가 GDP와 탄소 배출량을 분리하는 데 성공했지만,[11] 대부분의 국가는 그렇지 못하다. 따라서 청정 에너지의 광범위하고 신속한 보급은 이 중요한 성장을 이룰 유일한 방법이고, 이는 소득도 제공할 것이다. 국제에너지기구 IEA의 로드맵에 따르면, 2030년까지 GDP가 두 배로 증가하고 인구가 20억 이상 증가하며 에너지에 대한 보편적 접근이 제공됨에도 불구하고 2050년이 되면 세계 경제의 에너지 사용량이 8퍼센트 감소할 것으로 예상된다. 그리고 녹색경제 분야의 고용 증가도 동반될 것이라고 이 보고서는 밝힌다.

대규모 다문화 신도시가 성공적으로 운영되려면 지속적인 경제성장이 뒷받침되어야 한다. 이를 위해서는 현명한 분배 정책이 필수적이다. 생명공학부터 청정 에너지에 이르는 첨단 분야는 여러 세대의 국민과 이주민 노동자들에게 경제적으로 지속가능하고 공정한 사회를 구축할 엄청난 기회를 제공할 수도 있지만, 이미 불평등한 부를 배분받은 소수 사람들의 손에 더 많은 권력과 부, 기회가 집중되는 결과를 초래할 수도 있기 때문이다. 산업화 이후에도 서비스 부문처럼 기술 혁신만으로는 생산성을 쉽게 높일 수 없는 분야는 대부분 일자리가 그대로 있다. 미용사나 간호사로 일할 사람은 항상 필요하다. 21세기 중반이 되면 영국도 노령화될 텐데, 이때 노동력 수요를 맞출 유일한 방법은 이주민을 유치하는 것이다.

보편적 의료와 교육은 성장의 열쇠다. 교육은 소득을 향상시키는 비결이고, 생명공학에서부터 나노기술, 재료과학에 이르기까지 21세기 성장 산업 대부분에 필수적이다. 교육은 이주민들이 경제가 잘 돌아가는 도시로 갈 수 있는 길을 제공하고, 이 때문에 이민자를 유치하고자 하는 도시는 고등교육 기관을 확보할 필요가 있다. 의료 서비스에 대한 부족한 접근성은 생명과 생계를 앗아감으로써 엄청난 경제적 부담을 지운다. 대부분의 부유한 국가들은 보편의료를 운영하고 있지만 미국은 그렇지 않다. 다른 국가들은 또 다른 방식으로 실패하고 있다. 영국은 OECD 국가 중 법정 병가 수당이 최악이며(코로나19 피해를 악화시킨 원인 중 하나), 노인들이 빈곤에 처할 가능성이 높다. 새로운 도시로 이주한 이주민들은 의료 서비스가 필요한 동시에 의료 서비스를 제공하는 노동력이 될 것이다. 이 과정에서 그들의 출신 국가가 손해를 보지 않도록 하는 것이 중요하다. 상당수 국민이 기본적인 의료 서비스조차 제공받지 못하는 많은 가난한 국가들은 부유한 국가의 도움을 받아, 빠르게 성장하는 도시에 적절한 의료 시설을 갖추고, 의료 종사자를 육성할 필요가 있다.

정책을 통해 사회에서 부가 분배되는 방식을 개혁할 필요가 있다. 예를 들어 상속세, 부유세, 토지세 같은 방법이 있다. 탄소세와 물 가격 책정도 생태적 자산을 보존하는 데 도움이 될 것이다. 많은 사람들이 먹고 살기 힘든 사회에서 억만장자의 편을 들어주는 건 불가능하다. 이렇게 병적으로 축적한 부를 사회는 생활에 아무런 해를 끼치지 않는 선에서 훨씬 더 좋은 방법으로 사용할 수 있을 것이다. 환경 파괴 없이 경제성장을 이룩하려면 아직 갈 길이 멀지만, 그 목표에 도달할 방법이 있다. 일부 환경운동가들은 탈성장을 지향해야 한다고 주장하지만, 나는 그런 상황에서 삶의 척도를 유지할 수 있을지 확신할 수 없고, 생활 수준의 하락을 선택할 민주주의 사회는 없다고 생각한다.

자원의 순환

세계 인구가 안전한 초대형 도시에 집중되는 것의 이점은 효율이다. 지역사회의 자원—교통수단, 어린이 장난감, 사무기기, 난방, 조명, 전력—을 소유하는 대신 공유함으로써, 사용되는 원자재와 낭비를 줄일 수 있다. 이런 공유경제의 씨앗이 이미 싹트고 있다. 나는 동네 장난감 도서관 회원이며 짚카(회원제 렌터카 공유 회사—옮긴이)에 가입되어 있다. 도시는 자립적이지 않고, 외부 세계에 의존해 살아간다. 예를 들어 스웨덴의 도시들은 일인당 연간 20톤의 화석 연료, 물, 광물을 수입한다.

위험한 기온과 해수면 상승 탓에, 앞으로 수십 년 내에 광물과 천연 재료의 많은 공급원이 물리적으로 접근 불가능해질 것이기 때문에, 우리는 대안을 찾거나 로봇 노동력을 이용해야 한다(불가능한 얘기처럼 들릴지도 모르지만, 일본의 대기업 오바야시는 이미 홋카이도 남동쪽에서 로봇 노동자들을 이용해 거대한 댐을 짓고 있다).[12] 한편, 북위도 지역에서 북극부터 심해에 이르기까지 이미 새로운 광물 매장층에 접근이 가능해지고 있다. 따라서 분석가들은 공급이 부족하지 않을 것이라고 예측한다. 하지만 우리는 환경에 영향을 덜 주는 추출 방법을 개발해야 한다. 즉 담수를 덜 쓰고, 화석연료를 사용하지 않으며, 광산에서 흔히 일어나는 오염과 생태계 파괴를 일으켜서는 안 된다.

사회가 점점 더 전동화되어감에 따라, 대량의 구리를 포함해 주기율표의 다른 원소들이 필요하게 될 것이다. 그중 상당수가 최근까지만 해도 주석처럼 다른 금속들을 채굴할 때 발생하는 불순물로, 버려지던 것들이다. 국제에너지기구 IEA는 전기차 산업의 수요를 충족시키기 위한 물량만으로도 2040년까지 광물 공급이 30배 증가해야 한다고 경고한다. 이러한 수요는 채산성이 없어진 지 수십 년, 또는 수백 년 된 장소에서 채광을 재개하게 만들 것이다. 예를 들어 콘월은 리튬을 추출하기 위해 주석 광산을 다시 열고 있으며, 동력으로는 같은 광산에서 나오는 지열 에너지를 사용할 예정이다.

막대한 토륨과 우라늄, 희토류 금속을 보유한 그린란드는 미국과 중국, 호주의 구애를 받고 있다. 각 나라는 그곳에서 채굴 승인을 받기 위해 경쟁하고 있다. 승인을 둘러싼 논쟁은 이 세계 최대 섬에 정치적 위기를 촉발했고, 2021년 총선에서 5만 6,000명 그린란드 시민들은 취약한 환경을 보호하느냐 아니면 경제를 개발하느냐를 놓고 반으로 찢어졌다. 그린란드 경제는 현재 어업과 코펜하겐의 보조금에 의존하고 있다. 이 싸움은 환경이 승리했다.

자원의 희소함은 순환 경제로의 전환을 강요할 것이다. 이는 모든 제품의 수명을 설계 단계에서 고려함으로써, 폐기물을 최소화하면서 재료를 쉽게 재사용하고 지속적으로 순환시킬 수 있는 경제를 말한다. 이미 효과적인 저에너지 플라스틱 재활용 방법이 개발되어 어떤 플라스틱이든 석유로 되돌릴 수 있으며 그 석유로 다시 어떤 플라스틱이든 만들 수 있다. 플라스틱 쓰레기의 재앙은 이제 끝나야 한다. 탄소와 같은 풍부한 자원으로 만든 신소재 또한 제품 제조의 지속가능성을 개선하는 데 도움이 될 것이다. 대나무처럼 빠르게 성장하는 소재는 생육 환경이 좋은 열대 지역뿐만 아니라 더 높은 위도의 농장에서도 재배될 것이다.

하지만 이번 세기를 지배할 자원 불안은 물이다. 물은 만성적으로 부족하지만, 주기적으로 감당하기 힘들 정도로 불어난다. 전 세계 물의 98퍼센트가 바닷물이고, 나머지 대부분이 남극 대륙과 그린란드의 빙하에 저장되어 있다. 0.008퍼센트만이 강, 호수, 또는 습지에 있고, 0.01퍼센트가 구름과 수증기, 비다. 따라서 우리가 의존하는 물의 대부분이 매우 희소하며 충분히 저장할 수도 없다. 수백만 개의 댐, 저수지, 연못을 지었음에도 2년 치도 채 저장하지 못한다. 게다가 이 물은 전 세계에 고르게 분포되어 있지도 않다. 캐나다, 알래스카, 스칸디나비아, 러시아에는 일일이 거명할 수 없을 정도로 강이 많지만, 사우디아라비아에는 강이 전혀 없다. 노르웨이는 일인당 담수량이 8만 2,000세제곱미터인 반면, 케냐는 830세제곱미터에 불과하다. 나일강, 콜로라도강, 황하강, 인더스강 등 세계에서 가장 중요하고 큰 강 중 일부는 너무 많이 뽑아쓰는 바람에 바다로 거의 흘러들지 않는다.

물 문제는 앞으로 수십 년 동안 기후 이주를 일으키는 주요 동인이 될 것이다. 오늘날 인류의 3분의 2에 해당하는 약 40억 명이 1년에 최소 한 달 동안 물 부족을 겪는다. 그중 절반이 중국이나 인도에 산다. 2025년이 되면 뉴델리, 벵갈루루, 첸나이, 하이데라바드 등 인도의 적어도 21개 도시에서 지하수가 고갈되어 약 1억 명이 영향을 받을 것으로 예상된다. 인도의 주요 정책기관인 인도변혁을위한국립연구소National Institution for Transforming India의 보고서에 따르면, 2030년이 되면 인도 인구의 40퍼센트가 식수를 이용할 수 없을 것이라고 한다. 이미 수십만 명이 트럭이 실어오는 물 배급을 받기 위해 정기적으로 줄을 서야 한다. 빙하가 녹으면 처음에는 산악 하천의 유량이 증가하지만, 빙하는 언젠가는 사라질 것이다. 빙하가 녹아 물을 공급하는 전 세계 주요 하천의 절반 이상이 이런 '수위 증가 최고점'을 이미 넘어섰다.

전 세계적으로 물 사용량의 약 70퍼센트가 농업에 쓰이지만, 물이 부족하면 항상 농촌보다 도시부터 먼저 물을 공급받기 때문에 농부들의 생활 터전이 파괴되고 식량 수급이 불안정해진다. 그러면 이주할 수밖에 없다.

일부 강은 강수량이 더 많아졌지만 그것이 꼭 농업에 가장 유용한 시기에 내리는 것은 아니다. 오히려 돌발 홍수와 침식이 증가하고, 예측 불가능한 사건으로 농작물과 인명 피해가 커질 것이다. 예를 들어 런던 같은 유럽 도시들은 돌발 홍수와 가뭄을 주기적으로 겪을 것이다. 이는 연간 강수량이 관리할 수 없는 폭풍의 형태로 온다는 뜻이다. 빗물은 대수층을 보충하지 않은 채 거리와 그 밖의 딱딱한 표면으로 흘러내려 강으로 빠져 나가거나 증발한다. 따라서 도시는 날씨가 더워 물이 더 많이 필요한 시기에 강수량 없이 몇 달 동안 물 부족과 싸워야 한다. 캘리포니아 주민들은 이미 공기에서 식수를 응축하는 기계를 구매하고 있지만, 이 기계는 에너지를 많이 소비하고 값이 비싸다.

빗물을 활용하고 재순환하기 위해서는 45도선 위의 도시들에서도 도시 규모의 지하 저수지를 건설할 필요가 있다. 이미 싱가포르에서 캘리포니아 오렌지카운티에 이르기까지 여러 도시가 그렇게 하고 있다.

'변기에서 수도꼭지로'라는 매력적이지 않은 표현으로 불리는 폐쇄회로 물 재순환은 누수와 증발 손실을 최소화하는데, 효과적으로 시행될 경우 도시에 공급되는 물을 완벽하게 여과, 정화, 저장할 수 있다. 이스라엘은 물 세금 덕분에 물 보존 분야에서 세계를 선도하고 있으며, 정화된 하수의 85퍼센트가 재활용된다. 이러한 인프라를 마련할 자금은 누진적인 수도요금으로 조성될 수 있으며, 이렇게 하면 사람들의 물 낭비 습관을 바꾸는 데도 큰 효과가 있을 것이다.

새로운 물 정책은 점점 더 중요해질 것이다. 산업뿐만 아니라 주민들에게도 중요할 것이고, 과거에 물 공급이 부족하지 않았던 지역에서조차 그럴 것이다. 이런 정책으로는 호스파이프 사용을 제한하고, 지속 불가능한 골프장을 억제하고, 모기 방지를 위한 집수용 덮개, 지붕용 빗물 저장 장치, 절수형 가전제품, 배수구 청소를 의무화하고, 홍수 지역 내 건축을 금지하는 것 등이 있다. 재생에너지나 원자력에너지로 가동되는 해수담수화 공장은 해안 도시에 물을 공급하고 지역 농업을 관개하는 데 도움이 될 것이다.

캐나다의 중남부 대평원과 러시아 스텝 지역은 지구가 가열화됨에 따라 점점 더 건조해질 텐데, 강줄기의 방향을 전환하면 농업용수를 조달하는 데 도움이 될 것이다. 하지만 북부 지역 대부분은 더 습해질 것이고 물을 따라 이주가 진행될 것이다. 1990년대 들어서면서 북극 지역이 식생 증가로 푸르러진 모습이 이미 위성으로 관측되었다. 그린란드에서는 바다표범 사냥꾼들이 농사를 짓기 시작했고, 감자 수확량이 유럽의 다른 지역들보다 훨씬 많아서 덴마크 과학자들이 그 이유를 알아내기 위해 연구하고 있다.

물 부족은 분쟁을 일으키기 때문에 그 자체로 이주를 유발할 수 있다. 예를 들어 인공적으로 비를 내리게 하려고 구름 씨를 뿌리는 작업은 이웃 국가로부터 구름을 '도둑질'한다는 우려에도 불구하고 확대될 가능성이 높다. 아랍에미리트는 저수지를 채우거나 단순히 스키를 탈 수 있는 환경으로 만들기 위해 이미 정기적으로 구름 씨를 뿌리고 있다. 물을 필요한 곳으로 보내기 위해 새로운 저수지를 조성하고 강줄기 방향을 바꾸고 운하를 만들 수도 있다. 이런 작업들도 분명히 논란의 여지가 있다. 특히 세계의 가장 중요한 강의 상당수가 국경에 걸쳐 있거나, 주요 '급수탑'에서 흘러오기 때문이다. 예를 들어 에티오피아는 수단과 이집트의 강 수원이 되는 급수탑이고, 미국은 멕시코의 급수탑이며, 중국은 방글라데시, 버마, 라오스, 캄보디아, 태국, 베트남의 급수탑이다.[13] 중국은 히말라야에서 내려오는 막대한 양의 물을 거대한 댐 뒤에 비축하고 있으며, 심지어 수문학적 권리를 확보하기 위해 주권국가인 부탄 내에 중국 마을까지 만들고 보안군을 배치하기까지 했다.[14]

이번 세기에 계획된, 새로운 수로를 내고 강줄기를 바꾸는 사업들을 통해 앞으로 수십 년에 걸쳐 물 부족을 해결하고 개발을 촉진할 예정이다. 이러한 계획이 효과가 있다면, 수백만 명이 이주하지 않아도 되거나 이주를 미룰 수 있을 것이다. 가장 잘려진 예는 중국의 거대한 남북 물 전환 프로젝트다. 2050년에 완공될 예정인 이 사업의 목적은 수량이 풍부한 양쯔강에서 물이 부족한 황하강으로 물을 공급하는 것이다. 중서부 아프리카의 트랜스아쿠아 프로젝트는 연간 500억 세제곱미터의 물을 콩고강 유역에서 (일련의 수력발전 댐을 통해) 항해 가능한 운하를 따라 차드 호수로 흘러가는 차리강으로 보낼 예정이다. 이 계획은 콩고민주공화국과 중앙아프카공화국에 수력발전과 운송 경로를 제공할 뿐만 아니라, 지난 50년 동안 담수량이 90퍼센트나 줄어들어 그 지역에 파괴적인 영향을 끼치고 있는 차드 호수에 물을 공급하기 위함이다. 이 강줄기 전환으로 카메룬, 차드, 니제르, 나이지리아의 최대 7만 제곱킬로미터의 농경지에 물을 댈 수 있다. 중국의 '일대일로' 이니셔티브(중국이 유럽을 잇는 실크로드 국가들의 인프라 개발을 위해 수천만 달러를 투자하는 계획-옮긴이)의 자금으로 이 사업의 타당성 조사가 실시되고 있다.

인도의 국가하천연결 프로젝트National River Linking Project는 완전히 차원이 다른 사업이다. 이 프로젝트는 인도 아대륙의 강을 재배치함으로써 습한 북동쪽에 있는 히말라야 상류의 수십 개 수원에서 건조한 저지대로 물을 보내고, 그 저지대의 기존 강들을 운하, 저수지, 댐으로 서로 연결하는 사업이다. 비평가들은 이 엄청난 수문학적 재구성 없이도 물 관리를 개선함으로써 인도의 물 부족 문제를 상당 부분 완화할 수 있다고 지적한다. 실제로 이 사업은 굴착만으로도 단일 건설 사업으로는 지구상에서 가장 규모가 크고, 환경과

인류세, 엑소더스

문화를 훼손할 가능성이 매우 높다. 하지만 1,680억 달러가 투입되는 이 사업이 완료되면, 연간 1,740억 제곱미터의 물을 전달하고 3만 4,000메가와트의 전력를 생산하며 인도의 관개 면적을 3분의 1 가량 늘릴 것으로 보인다.

인간은 자원 부족의 제약을 받는 존재가 아니다. 항상 혁신으로 제약을 헤쳐 나가거나, 무엇이든 새로운 자원을 찾아왔다. 전력, 물, 광물, 부의 한계는 실제로는 인간의 한계일 뿐이다. 태양만으로도 한 시간 동안 전 세계가 1년간 사용할 에너지를 얻을 수 있고, 물은 우리 주변에 풍부해서 담수화하기만 하면 된다. 우리에게 필요한 모든 것과 그 이상의 것이 지구와 지구가 길러내는 생물 자원에서 만들어질 수 있다. 우리를 제한하는 것은 우리가 발명한 사회 경제적 시스템이다. 우리는 마음만 먹으면 혁신을 통해 한계를 벗어날 수 있지만, 그렇게 하기는 굉장히 어렵다. 하지만 우리에게는 선택의 여지가 없을지도 모른다.

12

복원

잠시 시간을 내 우리가 잃어버린 세계와 생물 다양성, 문화를 애도하자. 기후과학자와 환경운동가들의 말에 귀 기울이지 않고 낭비한 시간을 애도하자. 우리가 자가 조절 능력을 갖춘 경이로운 생물권의 생명력을 유지하지 못한 결과, 점점 살기 힘들어지고 있는 지구에서 살아남기 위해 대규모 이주 계획을 세워야 한다니, 참으로 어리석기 짝이 없는 노릇이다. 정말 끔찍한 상황이다.

하지만 우리가 할 일이 있다. 세계를 다시 살 수 있는 곳으로 만들 수 있는 방법을 살펴보자. 우리의 역대급 이주는 전 지구적 기후 재앙, 생물 다양성 붕괴, 급격한 인구 증가라는 이례적인 위기 속에서 이루어지고 있다. 앞으로 수십 년은 우리 종의 역사에서 중요한 시기가 될 것이며, 그 기간 동안 우리는 대규모 이주라는 격변을 조금이라도 쉽게 만들어야 하는 동시에, 세계를 생태적 기후적으로 더 건강한 상태로 복원해야 한다. 복원이 빠를수록, 그리고 잘될수록 이주로 내몰리는 사람들이 줄어들 것이고, 이 지구에서의 삶이 더 쾌적해질 것이다.

두 가지 거대한 문제가 있다. 생물 다양성 손실과 기후변화, 두 가지 모두 우리가 자초한 것이다. 다행히 이 두 가지 문제는 연결되어 있어서, 자연과 기후 복원은 어느 정도는 비슷한 경로를 통해 해결할 수 있다. 생물 다양성 손실은 대체로는 우리가 땅을 사용하는 방식의 결과이지만, 지나친 사냥과 기후변화의 결과이기도 하다. 생물 다양성 손실이 기후변화 탓이라는 것은(예를 들어 가뭄은 토양과 숲에 피해를 준다) 지구 온도를 낮추면 생명 다양성도 복원될 수 있다는 뜻이다. 그리고 그 반대도 마찬가지다. 생물 다양성을 복원하면 이산화탄소를 빨아들여 저장하는 데 도움이 되고, 이는 지구 온도를 낮춰 기후변화를 줄일 수 있다. 다시 말해 이 엄청난 작업은 모두가 윈-윈할 수 있는 일이다.

자연 복원

생물 다양성 손실부터 시작해보자. 인간과 인간이 의존하는 인간 시스템은 전적으로 생명 시스템에 토대를 두고 있다. 오늘날 전 세계의 5분의 1이 생태계 붕괴의 위험에 처해 있다. 우리는 토양을 황폐화하고, 숲을 줄이고, 산호초를 파괴하고, 강을 오염시킴으로써 우리 자신의 생존을 위협하고 있다. 자연 시스템이 경이로운 이유는 생물이 자가 복제를 하기 때문이다. 따라서 적절한 조건만 갖춰지면 자연은 결코 고갈되지 않는다. 문제는 우리가 이러한 조건을 급격하게 바꾸고 있다는 것이다. 예를 들어 숲은 산불과 기온 상승에 영향을 받아 눈에 띄게 어려움을 겪고 있다. 많은 지역에서 산불이 휩쓸고 지나간 후 나무가 다시 자라지 않는데, 이는 토양 조건이 관목만을 겨우 지탱할 수 있는 환경으로 바뀌었기 때문이다. 이것은 전 세계적인 문제로, 아프리카에서 아시아, 유럽에서 캐나다에 이르는 숲들이 모두 위험에 처해 있다. 로키산맥 전역에서 불에 탄 삼림의 3분의 1이 다시 자라지 못하고 있다. 2010년 이후 캘리포니아의 시에라네바다에서는 나무의 절반이 죽었다. 앨버타에서는 이번 세기 안에 숲의 절반이 사라질 수 있다. 2050년이 되면 열대 우림은 흡수하는 이산화탄소보다 더 많은 이산화탄소를 배출할 것으로 예상된다.

사람들이 도시로, 그리고 다른 나라로 이주하면서 지구의 많은 부분이 빈 땅이 되는 것의 한 가지 긍정적 효과는 잃어버린 생물 다양성이 자연적으로 복원될 수 있다는 것이다. 사람이 떠난 곳은 놀랍도록 빠르게 풍요로운 야생으로 돌아간다. 앞으로 열대 지역에서 예상되는 더 높은 이산화탄소 농도와 더 많은 강우량이 인간에게는 문제가 되지만 식물은 잘 견딜 수 있다. 일부 숲과 맹그로브, 그리고 초원이 되살아날 것이다. 이런 식물에 의존하는 동물종 역시 개체수를 회복할 것이다. 이주가 인간에게 구세주인 것처럼 동물에게도 마찬가지다. 많은 종을 멸종으로 내모는 요인은 기후변화 그 자체가 아니라, 서식지 파괴나 인간 인프라의 방해 때문에 동물들이 안전한 곳으로 이동할 수 없는 것이다. 따라서 우리는 야생 동물이 이동할 수 있는 안전한 통로를 제공해야 하며, 건강한 번식 개체군을 확보해야 한다. 때로는 복원이 놀라운 형태를 띨 수 있다. 예를 들어 해안에 폐기된 해양 시추선이 번성하는 산호초로 변모해 어류의 중요한 서식지가 될 수 있다.

현재 인간이 만든 인프라의 총 무게는 지구의 생물량을 초과한다. 육지의 2.8퍼센트만이 사람의 손을 타지 않은 야생 지대다.[1] 일부 환경운동가들은, 지금은 고인이 된 생물학자 에드워드 O. 윌슨에게 영감을 받아 육지의 절반을 자연 그대로 남겨둘 것을 요구한다. 점점 증가하는 세계 인구를 고려할 때 이것은 야심 찬 목표다. 하지만 지구에서 가장 황폐화된 지역의 3분의 1을 복원하고 아직 상태가 양호한 생태계를 보호한다면, 멸종의 70퍼센트를 막을 수 있고, 산업혁명 이후 배출한 탄소의 절반에 해당하는 탄소를 저장할 수 있을 것이다. 생태학자들은 중요한 탄소 저장소와 그밖에 보호할 가치가 있는 장소(예를 들어 야생동물 이동 통로)를 포함하는 주요 생물 다양성 지역Key Biodiversity Area을 선정했다. 이런 '글로벌 안전망'은 이미 어떤 종류의 보호를 받고 있는 15퍼센트의 땅 외에 다른 보호 구역들을 추가할 것을 제안한다.[2] 이것은 충분히 가능한 일이다. 코스타리카는 세계에서 가장 빠르게 삼림이 황폐화되었던 나라지만, 지금은 국토의 3분의 1을 보호하고 자연 관광을 통해 풍요로운 생태계로 수익을 창출하는 나라로 변모했다.

보존이 필요한 것으로 확인되는 많은 지역에서 토착민들이 생계를 유지하며 살아가고 있다는 사실을 기억할 필요가 있다. 우리가 야생동물을 보호하려면 사람들을 보호해야 한다. 경우에 따라서는 지역사회에 숲과 야생동물을 보호하는 비용을 지불할 수도 있다. 최근 거주자들에게는 중요한 생태계를 떠나는 대신 다른 지역에 보금자리와 생계를 제공하는 등의 보상을 제공할 수도 있다. 탄소 양적 완화를 포함해, 시장이 (파괴가 아니라) 복원에[3] 투자하도록 장려하는 재정적 도구도 도움이 될 것이다.

멸종률은 인간 활동이 없을 때보다 적어도 100배 더 높고, 지역적 손실이 우리에게 직접적인 위협이 되는 경우도 있다. 예를 들어 수분 매개 곤충들은 우리가 먹는 많은 식량을 재배하는 데 꼭 필요하지만, 영국에서 목초지의 97퍼센트가 집약적 농업으로 사라지면서 곤충과 새의 개체수가 급감했다. 우리가 90억 인구를 먹이기 위해 제한된 땅에서 더 많은 식량을 생산하려고 시도함에 따라, 야생동물에 미치는 영향은 더 나빠질 가능성이 있다. 이 문제를 해결하기 위한 정책으로는 농경지에 띠 형태의 야생화 지대를 의무적으

로 조성하는 방법이 있을 수 있다. 이렇게 하면 농경지 손실을 최소
화하면서도 수분 매개 곤충의 활동을 장려하고 살충제 사용을 줄일
수 있다. 도시도 일정한 역할을 할 수 있다. 영국의 개인 정원은 전
국의 자연보호구역을 모두 합친 것보다 더 넓은 면적인 1,000만 에
이커 이상을 차지한다. 여기에 중요한 꽃과 식물을 심을 수 있을 것
이다. 도시나 도로를 따라 조성된 화단의 경우는 식물의 종류를 다
양화하고, 깎지 않고 자연 그대로 내버려두면 된다. 영국의 화단은
그 면적이 도시 카운티와 맞먹는다.

생물 다양성 손실의 규모와 정도를 고려할 때, 많은 경우 개
입이 없으면 생물종들은 인간이 초래한 환경 변화에 대처할 수 없
을 것이다. 시간도, 비용도 많이 드는 과정이긴 하지만 생물종이 인
류세 환경에 적응하도록 도와줄 유전적 도구가 있다. 미국밤나무
는 마름병에 걸리지 않도록 유전자가 변형되었고, 검은발족제비는
멸종 위기에서 되살리기 위해 복제되고 있으며, 산호 군락은 더 더
운 바다에서 견딜 수 있도록 유전자가 조작되고 있다. 경우에 따라
서는 위험에 처한 종을 적극적으로 이주시킬 필요가 있으며, 특별
한 보호 구역과 정책이 필요할 수도 있다. 예를 들어 르완다에서는
관광객들이 고릴라를 보기 위해 입장료를 지불하는데, 이 돈은 야
생동물 보호뿐만 아니라 지역사회 개발 사업에 사용된다. 사람들이
열대 지역을 떠남에 따라, 세계적으로 중요한 자연 지역의 보호와
복원을 위해 해당 지역에 남아 있는 사람들의 역할이 많을 것이다.

앞으로 몇십 년 동안 사람들이 도시로 이주함에 따라 많은 시
골 지역이 버려질 것이고, 지구 남반구의 농경지가 더 큰 규모로 통
합되어 훨씬 더 효과적으로 경작될 것이다. 그러면 한계에 내몰린
비생산적인 토지가 야생 지대로 돌아갈 수 있다. 유전자 변형된 작

물 품종을 재배한다는 것은 생태적으로 유해한 화학물질이 덜 필요하다는 뜻이기도 하다. 오늘날 농약을 지나치게 많이 써서 식물을 재배하는 대신 효율적이고 자동화된 도시형 수직 농장에서 농약 없이 재배거나, 지속가능한 농법을 개발해 생물 다양성을 유지하고 복원하는 데 힘쓰는 소규모 가족 농장에 보상을 주어 지속가능한 농법으로의 전환을 유도할 수도 있을 것이다. 재생 농업은 토양의 탄소와 비옥도를 회복하고 유지하는 데 도움이 된다.

하지만 자연에 기반을 둔 해법은 한계가 있다. 특히 환경문제가 너무 극심해 자연이 번성할 수 없는 경우라면 더욱 그렇다. 지구 가열화로 인한 사막화 증가를 막기 위해 아프리카와 중국 전역에서 '녹색 벽' 나무 심기 사업을 10년 이상 진행해왔지만 성과는 엇갈린다. 심은 나무의 상당수가 살아남지 못한다.

나무 심기는 탄소 배출을 상쇄하는 방법으로 매우 인기가 있지만, 선택된 수종이 지역 조건에 적합하지 않아서 오히려 이산화탄소 배출을 증가시키는 경우가 태반이다.[4] 그럴 경우 목초지가 더 나은 선택일 수 있다. 아니면 생물 다양성이 매우 떨어지는 사막 조림이 조성되는 경우도 있다. 이 경우 자연적인 혼합림의 생태적 혜택을 얻을 수 없다.[5] '탄소 배출량 상쇄'를 위해 나무를 이용하는 방법에는 추가적인 문제가 있다. 예를 들어 여러 당사자가 숲을 이중으로 계산할 수 있으며, 탄소 흡수원을 확인하고 장기적으로 관리하는 것이 어렵다. 탄소 배출을 상쇄하기 위해 나무를 심는 경우 목적을 달성하는 데는 수십 년이 걸릴 수 있는데, 그 숲마저 불타버리면 어떻게 될까? 탄소상쇄(제삼자로부터 탄소감축량을 구매하는 것—옮긴이)를 위한 시장과 그 관리는 잘 규제될 필요가 있으며, 배출세 및 탄소 가격 책정과는 분리되어야 한다.

그럼에도 불구하고 지구를 복원하기 위해서는 식물을 다시 심는 것이 필요하다. 영국 저지대처럼 잘못된 관리로 삼림이 황폐화되었지만 아직 숲이 생육할 수 있는 장소에서는 나무 심기가 큰 성공을 거둘 수 있으며, 투자를 통해 일자리를 창출할 수 있을 것이다. 동시에 스텝 지역이나 반건조 지역의 초원처럼 탄소 저장고 역할을 하며 부적절한 곳에 위치한 숲보다 화재로 소실될 가능성이 훨씬 낮은 다른 주요 식생도 보호할 필요가 있다. 이탄지 역시 중요한데, 이탄지는 숲보다 2배 많은 탄소를 보유하고 있으며, 이탄 자체는 50퍼센트가 탄소다. 이 중요한 습지가 영국에서 열대 지방에 이르기까지 농지로 활용하기 위해 놀라운 속도로 벌목되고 불태워지면서 고갈되고 있다.

해초, 맹그로브, 습지는 육상의 숲보다 30배나 큰 탄소 저장고인 데다, 침식을 줄이고 어류와 기타 해양 생물을 부양하는 데도 도움이 된다. 하지만 '블루 카본'이라고도 불리는 이런 유형의 생태계 대부분이 위협받고 있어서, 이를 보호하고 복원하는 데 힘쓴다면 많은 일자리가 창출될 뿐만 아니라 여러 가지 이점도 함께 누릴 수 있을 것이다. 배가 드나들어도 방해받지 않을 정도로 수심이 싶은 곳에 해초 초원을 조성하고 개발로 인해 파괴된 곳에 열대 맹그로브를 다시 심는 사업이 전 세계에서 진행되고 있다. 빠르게 성장하는 다시마는 생태계에 다양한 이점을 제공하는 또 하나의 중요한 탄소 저장고다. 게다가 먹을 수도 있다.[6]

지구의 생물 다양성을 복원하는 것은 세계적 규모의 노동 집약적인 사업으로 유용한 일자리를 제공할 것이고, 비용은 민관 파트너십을 통해 마련된다. 이러한 중요한 '글로벌 커뮤니티' 사업은 많은 새로운 도시에서 지역사회 봉사 프로그램의 일부가 될 수 있다.

모든 것을 복원할 수는 없다. 지구상의 모든 생명의 4분의 1을 부양하고 전 세계 10억 명의 생계를 책임지는 산호초는 열과 산성화로 인해 죽어가고 있어서 40년 이상 지속되지 못할 것으로 예상된다. 지구 온도가 2도 상승하면 산호초는 대부분 사라진다. 하지만 1.5도만 상승해도 초를 만드는 산호의 90퍼센트가 사라질 것이다. 나는 다이버로서 산호초가 사라지는 것이 가슴 아프지만, 산호의 중요성은 아름다움에 그치지 않는다. 현재 산호초는 침식과 폭풍으로부터 취약한 해안선을 보호하고 해변의 모래를 생성하는 등 약 10조 달러에 해당하는 생태계 서비스에 기여한다. 생태계를 지금의 상태로 유지할 수 없다면 어류의 서식지가 되는 인공 산호초를 건설하는 등 기능의 일부를 복원할 필요가 있다. 유전공학과 선택 육종을 통해 산호 폴립과 해조류 공생체의 열에 강한 변종을 만들어내면 남아 있는 산호초의 생명을 연장하는 데 도움이 될 것이고, 오염과 보트에 의한 손상 같은 기타 스트레스를 제거하는 데도 도움이 될 것이다. 하지만 기온 상승이 멈추지 않는 한 산호초는 사라질 수밖에 없다.

기후 복원

2050년이 되면 전 세계 인구의 약 절반이 취약한 열대 지역에 거주할 것으로 예상되는데(현재는 40퍼센트가 산다), 이 지역의 대부분은 2050년이 되기 전에 인간이 살기 어려운 환경이 될 것이다. 우리가 지구 온도를 낮추면 어쩔 수 없이 이주해야 하는 사람들이 줄어들고 떠난 사람들도 다시 돌아올 수 있다. 하지만 '지구공학'으로 알려진 이 방법들은 논란의 여지가 있어 대체로 시도되지 않고 있다.

한 가지 방법은 대기 중의 이산화탄소 양을 줄이는 것이다. 이는 (우리가 아직도 대기에 이산화탄소를 추가하고 있다는 사실을 고려할 때) 대규모로 실시하기 어렵고 속도가 느리지만, 기후 시스템을 더 안전하고 안정적인 상태로 복원하고 많은 경우 생물 다양성도 개선할 수 있기 때문에 시도해볼 가치가 있다. 또 하나의 방법은 지구를 가열하는 태양 복사열의 양을 줄여 지구를 물리적으로 식히는 것이다. 빛을 반사하는 입자를 성층권에 주입하는 등의 방법을 통해 이렇게 할 수 있다.

지구의 온도조절기는 우리 손에 있다. 따라서 수백만 명이 이주하기 전에 가열화를 제한하기 시작할지, 아니면 수천 명을 죽일 정도의 연속적인 폭염 같은 위기가 닥칠 때까지 기다렸다가 지구공학 기법을 쓸지는 우리의 선택이다. 지구 온도를 제한하는 시도는 전례 없는 정치적·사회적·기술적 대응을 요한다. 우리는 잃을 것이 너무나도 많다. 지구가 더 더워지면 이주조차 우리를 구하지 못할 것이기 때문이다.

우리가 문제를 더 이상 가중시켜서는 안 된다는 것은 분명하다. 그러기 위해서는 화석 연료를 태우지 않고, 전 세계 토양에 저장된 탄소의 방출을 막아야 한다. 토양은 농사를 짓기 위해 땅을 갈 때, 가뭄이 들 때, 산림을 벌채할 때, 뜨거워질 때 탄소를 방출한다. 우리는 이미 방출한 탄소를 복원 조림(나무 심기)을 통해 대기에서 제거하고, 제거된 탄소를 제대로 가둬두어야 한다. 숲은 벌채되거나 타기 전까지는 이른바 '마이너스 배출 활동'을 하며, 해초는 탄소를 해저에 가두는 데 탁월한 역할을 한다. 또 다른 전략은 식물(옥수수 그루터기나 기타 농업 폐기물)을 가져다가 산소가 없는 상태에서 가열해 고체 형태의 탄소 숯(바이오 숯)을 만들고 이것을 토양에 파묻어 토양을 비옥하게 하는 것이다. 그러면 땅에 더 많은 식물이 자랄 수 있어서 더 많은 탄소를 흡수할 수 있다. 단, 이 과정에서 발생한 농업 폐기물을 동물 사료로 쓰거나 멀칭(작물 잔해 등으로 농사 지을 흙을 덮는 것-옮긴이)을 하거나 다른 용도로 사용할 수 없다는 단점이 있다.

바이오에너지와 탄소 포집 및 저장(BECCS)은 저렴한 마이너스 배출 기술을 통해 배출량을 상쇄할 수 있기를 기대하는 정부와 기업에게 매우 인기가 있다. BECCS는 연료를 만들기 위해 식물을 기르고, 그 식물을 발전소에서 태운 뒤 발생한 이산화탄소를 포집하여 이를 안전하게 저장하는 것이다. 문제는 전 세계 순배출량을 크게 줄이는 데 필요한 토지의 양이 현재 경작지의 80퍼센트에 달할 정도로 방대하다는 것인데, 앞서 살펴보았듯이 그 땅은 식량과 야생동물을 위해 필요하다. 단순히 태우기 위한 연료를 재배하려고 귀중한 땅을 사용하는 것은 어리석은 일이다.

해양 비옥화는 귀중한 땅을 차지하지 않고도 기후를 복원할 수 있는 뛰어난 잠재력을 가지고 있다. 바다는 사막 토양에서 날아온 광물에 의해 자연적으로 비옥해지며, 이러한 영양분은 광합성 과정에서 전체 이산화탄소의 약 40퍼센트(아마존 열대우림이 흡수하는 양의 4배)를 흡수하는 식물성 플랑크톤을 성장시킨다. 식물성 플랑크톤은 해양 먹이사슬의 근간으로 생물 다양성 측면에서 매우 중요하다. 식물성 플랑크톤의 성장을 제한하는 요인은 영양소 부족, 특히 철분 부족이다. 남극대륙 같은 곳에서 철분 가루를 바닷물에 첨가하면 식물성 플랑크톤의 생산량이 크게 증가하여 많은 양의 이산화탄소를 흡수할 수 있다. 그럼으로써 바다 산성화도 줄일 수 있을 것이다. 과거 지질 시대에는 훨씬 더 많은 양의 사막 먼지가 바다로 날려와 지구를 냉각시켰다. 인위적인 해양 비옥화도 같은 효과를 낼 것이다.[7]

대형 해양 포유류, 특히 고래가 해양 비옥화를 돕는다. 고래는 심해에서 섭식을 한 후 수면으로 돌아와 숨을 쉬고 철분이 풍부한 배설물을 방출한다. 이 배설물은 식물성 플랑크톤의 완벽한 성장 조건을 만든다.[8] 20세기 포경 산업이 탄소가 풍부한 해양 생태계를 황폐화했는데, 우리가 고래를 보호한다면 이 과오를 바로잡는 데 큰 도움이 될 것이다.[9] 해양 비옥화는 식물성 플랑크톤을 먹는 크릴의 개체수를 늘려, 크릴을 먹이로 하는 고래 개체수를 복원하는 데 도움이 될 것이다.

해양 비옥화를 통해 이 복잡한 주기를 복원하는 것은 육지에 나무를 심는 실현 불가능한 계획보다 이산화탄소를 빨아들여 지구 온도를 낮추는 데 유망한 방법이지만, 현재 '지구공학'으로 분류되는 탓에 너무 위험한 개입으로 간주되어 소규모 과학 실험을 제외하고는 승인되지 않는다.[10] 해양 비옥화를 둘러싼 한 가지 우려는 조류가 무제한적으로 성장해 얕은 바다의 산소를 고갈시킴으로써 다른 해양 생물을 죽이는 '데드존'을 만든다는 것이다. 농업용 비료를 과도하게 사용해 육상 수역과 연안 지역을 오염시킬 때 이런 일이 발생한다. 하지만 영양분이 제한되고 순환이 활발한 곳에서 해양 비옥화를 시도하면 데드존이 형성될 위험을 피할 수 있는 데다, 플랑크톤과 산호처럼 껍질을 만드는 중요한 생물들이 서식하는 물을 정화하고 탈산성화하는 추가 이익이 있다. 예비 실험이 진행 중이지만, 더 큰 규모의 복원이 지금 시도되어야 한다.

탄소 포집 및 저장(CCS) 기술은 탄소를 연소하는 모든 발전소에 설치되어야 한다. 오늘날 대부분의 발전소 굴뚝에서 이산화탄소가 10퍼센트가량 섞인 상당히 농축된 혼합물이 배출되고 있기 때문에, 이 기술은 화석 연료의 지속적인 연소로 지구온난화 위기가 가중되는 것을 막을 수 있는 여지가 크다. 심해나 퇴적물로 채워진 대수층은 탄소를 저장할 수 있는 충분한 여력을 갖추고 있다. 탄소의 일부는 산업용으로 판매할 수도 있는데, 상업적 온실에 사용하거나 수소와 결합시켜 합성 연료를 만들 수 있다. 현재 이 기술을 사용하는 곳에서는 이산화탄소를 주로 고갈된 유정에 주입해서 더 많은 석유나 가스를 추출하는 데 사용하는데, 이는 결코 바람직한 방법이 아니다. 대부분의 국가에서 비용 때문에 탄소 저장을 미루고 있지만, 탄소 가격 책정과 구속력 있는 순배출 제로 목표가 마련된 상황에서 CCS 기술의 도입은 불가피하며, CCS를 확대하면 당연히 비용도 낮아질 것이다. 그래서 정부의 투자가 필수적이다.

또한 자연적인 '풍화' 과정을 강화하여 지질학적으로 공기 중에서 직접 탄소를 포집할 수도 있다. 풍화는 암석의 지속적인 침식 작용이다. 암석이 빗물에 용해된 이산화탄소와 화학적으로 반응하고, 그런 다음에 부스러져 대부분 바다로 씻겨 내려간다. 그러면 해저에 탄소가 저장된다. 이 과정은 우리가 배출하는 이산화탄소 양의 약 0.3퍼센트를 흡수하지만, 이 과정을 강화하면 상황을 획기적으로 개선할 수 있을 것이다. 특정 암석이 다른 것보다 더 효과적이다. 지표면에서 흔히 볼 수 있는 현무암이나 감람석 같은 규산염 암석을 반응성이 높은 분말로 분쇄하여 농경지에 뿌리면 식물 뿌리와 토양 미생물이 이산화탄소를 제거하는 속도를 높일 수 있다. 이 분말은 토양에 광물을 추가함으로써 영양분 농도를 높이고[11] 작물 수확량을 개선해, 황폐화된 농경지를 복원할 수 있는 탁월한 방법

인류세, 엑소더스

이다. 게다가 규산염 암석들은 작물의 건강을 개선하고, 병충해와 질병으로부터 작물을 보호한다. 풍화 작용을 강화하면 물이 알칼리성을 띠기 때문에 비료 남용이 초래하는 토양 산성화를 막는 데도 도움이 된다. 농부들은 이러한 목적으로 석회석을 토양에 첨가하는데, 석회석 대신 실리카를 사용할 수도 있을 것이다. 이런 이점들은 농장의 수익성을 높이고 농업 종사자들이 강화된 풍화를 채택하도록 장려할 것이다. 이 과정에서 대기의 이산화탄소도 함께 제거한다.

강화된 풍화는 바다에서도 사용할 수 있다. 규산염을 해변에 뿌리면 조수에 실려 바다로 씻겨 내려갈 수 있다. 이 방법은 바다에서 이산화탄소를 제거하는 데 도움이 될 것이다. 즉 바다가 대기에서 더 많은 가스를 흡수해 지구 온도를 낮출 수 있다는 뜻이다. 또한 규산염을 뿌린 곳 근처에서는 해양 산성화를 줄이는 데도 도움이 된다. 이는 산호초 생태계를 회복시키는 구명줄이 될 수도 있다.

문제는 비용이다. 암석을 채굴하고 분쇄해 대규모로 뿌리려면 에너지가 많이 들고 비용도 비싸다.[12] 예를 들어 이산화탄소 1톤당 비용이 BECCS보다 몇 배나 높다.[13] 하지만 광산업과 석유 및 가스 산업이 다른 곳의 배출량을 '상쇄'하는 공정으로서 여기에 투자한다면 엄청난 수익을 얻을 수 있을 것이다. 그리고 오늘날 광산 업계에게 처리 문제를 야기하는 광산 잔류물을 강화된 풍화에 사용한다면 모두가 윈-윈할 수 있을 것이다.

더 인기 있는 방법은 CCS 유형의 기술을 사용해 대기 중에서 직접 이산화탄소를 포집하는 것이고, 여러 스타트업이 이산화탄소 포집을 위해 대형 박스를 제작하는 등 막대한 투자가 이뤄지고 있다. 문제는 공기 중의 이산화탄소 농도가 0.04퍼센트에 불과하기 때문에 이것을 제거하려면 정말 많은 에너지가 필요하다는 것이다. 한 연구에 따르면, 오늘날 전 세계 에너지 공급량의 절반에 해당하는 엄청난 양의 에너지가 필요하다.[14] 또한 공기는 엄청나게 많기 때문에, 대규모로 공기를 빨아들여 이산화탄소를 포집해 저장하는 세계적 규모의 공장이 필요하다. 아직은 이런 규모에 근접하는 것조차 존재하지 않는다. 이산화탄소를 제거하는 공정에는 수백만 톤의 용매와 상당한 에너지가 필요하고,[15] 따라서 직접적인 공기 포집(DAC)은 매우 값이 비쌀 뿐만 아니라 자원과 에너지를 집약해야만 한다. 설령 이 기술을 대규모로 배치하는 데 성공하고 그 결과 이산화탄소 농도가 현저히 감소한다 해도 또 다른 문제가 있다. 바다가 이산화탄소의 일부를 대기 중으로 되돌려 보내는 방식으로 대응할 수 있기 때문이다. 이산화탄소는 대기와 바다 사이를 끊임없이 흐르기 때문에 이 평형을 깨면 무슨 일이 일어날지 아무도 모른다. 하지만 과학자들은 DAC로 제거된 이산화탄소의 5분의 1을 바다가 대기로 돌려보낼 수 있다고 계산한다.[16] 그럼에도 불구하고, 지구 온도 상승을 약 2도 이하로 유지할 가망이 점점 없어지고 있는 상황에서 목표를 달성하기 위해서는 대규모의 직접적인 공기 포집이 필수적이다.

걱정스러운 점은 2050년까지 순배출량 제로를 달성하기 위한 모든 공식적인 로드맵이 BECCS 또는 DAC에 크게 의존한다는 것이다. 어느 쪽도 대규모 시도를 통해 입증된 적이 없다. 어떻게 보면 미래 기술에 투자하는 것이 대규모 사회구조적 변화를 통한 소비 감소에 투자하는 것보다 더 현실적일 수 있지만, 나는 어느 방법으로도 위험한 수준의 지구 온도 상승을 막을 수 있을 것이라고 보지 않는다.

우리는 이미 1.2도 상승에 와 있고, 고통 받고 있다. 지난 10년 동안 매년 2,150만 명이 기상이변 때문에 강제로 이주해야 했다. 이는 분쟁으로 난민이 된 사람들의 3배, 박해를 피해 도망친 사람의 9배에 달하는 숫자다. 그리고 이 숫자는 앞으로 수십 년 동안 세 배 더 증가할 것으로 예상된다. 2020년에 세계는 2,100억 달러의 날씨 관련 피해를 입었다. 지구 온도가 1.5도 이상 상승하면(2026년에 일어날 수 있는 일),[17] 약 30억 명이 인간이 거주할 수 있는 범위를 넘어서는 환경 조건을 정기적으로 겪는 장소에서 살아가게 된다. 내 예감으로는 세계가 지구 온도를 낮추기까지 수십 년이 더 걸릴 것이기에 그때가 되면 대규모 이주는 불가피할 것이다.

위태로운 상황을 고려할 때, 지구 온도를 안전한 수준으로 유지하기 위해 우리는 지구에서 태양열을 반사하는 장비를 배치할 것이 틀림없다. 오늘날 이런 형태의 지구공학은 탄소 배출을 통한 기온 상승과 달리 금기시되고 있다. 분명히 해두자. 행성 규모의 토지 이용 변화, 대규모 대기 오염, 화석에 저장된 막대한 양의 탄소를 배출해 대기와 바다를 가열하는 방법 등은 그렇게 불리지 않을 뿐 분명한 지구공학에 해당한다. 지구를 더 살기 좋은 상태로 복원하려는 시도에서 우리는 우리가 가진 모든 도구를 사용해야 한다.

빙하의 손실이 기록적 속도로 가속화되고 있고, 그린란드와 남극대륙이 가장 빠르게 녹고 있다. 그 결과 해수면이 이미 상승하고 있으며, 우리가 이미 배출한 온실가스 때문에 더 많은 얼음이 녹을 것이다. 햇빛을 반사하는 플리스 담요로 빙하를 덮는 등, 알베도(albedo, 반사율)을 높여 재앙적인 해빙에 대처하는 다양한 방법이 제안되었지만, 지금까지는 유럽 알프스 지역에서만 사용되었다. 현재 알래스카에서 시험 중인 또 다른 방법[18]은 규산염(유리)으로 만든, 빛을 반사하는 인공 눈을 빙하 위에 뿌리는 것이다. 이렇게 하면 얼음의 반사율이 15~20퍼센트 증가한다. 약 50억 달러를 들여 이 방법을 대규모로 시행하면 빙하 온도를 1.5도 낮추고 얼음 두께를 최대 50센티미터까지 증가시켜 시간을 15년쯤 더 벌 수 있다고 프로젝트 조직위원들은 말한다.

연구자들은 또한 풍력으로 구동되는 대형 펌프를 사용해 북극의 바다 얼음을 다시 얼리는 방법을 제안했다. 겨울 동안 이 펌프를 사용해 해수를 얼음 표면으로 끌어올려 기존의 얼음을 두껍게 만들면, 따뜻한 계절에 얼음이 너무 얇아지는 것을 막을 수 있다. 프린스턴 대학교의 빙하학자 마이클 울로빅은 (모래나 암석으로 만든 일종의 해저 언덕인) 인공 문턱을 사용하면 따뜻한 바닷물이 얼음 밑으로 스며들어 밑에서부터 위로 얼음을 녹이는 것을 차단할 수 있어서, 그린란드나 남극대륙의 일부 빙하들을 잠재적으로 안정화할 수 있다고 제안했다. 또 다른 아이디어는 원격으로 조정되는 드론 선박을 이용해 극지방 빙하 위에 소금물 물방울을 뿌림으로써 저고도 구름을 밝게 만드는 것이다. 이렇게 하면 구름이 얼음을 가려 얼음 온도를 낮추는 데 도움이 된다. 영국의 전 수석 과학 고문 데이비드 킹 경은 2024년을 목표로 이 프로젝트를 추진하고 있다.

해양 구름 조광은 산호초가 더운 날씨에 백화되지 않도록 보호하는 데도 사용할 수 있다. 과학자들은 100개의 고압 노즐이 달린 개조된 터빈을 사용하여 바지선 뒤쪽에서 초당 나노 크기의 바다 소금 결정 수조 개를 그레이트배리어리프 위의 공기 중에 분사하는 실험을 했다. 구름은 해수면에서 바람에 날린 소금 결정들 주위에 수분이 모일 때 주로 생성되는데, 이 터빈은 이 자연적인 과정을 촉진한다. 실험에서 소금 결정은 하루나 이틀 동안만 공기 중에 머물지만, 더 크고 많은 터빈을 사용해 규모를 10배 이상 키우기 위한 계획이 마련되고 있다. 이 수준에서는 수백 제곱미터의 면적을 덮을 수 있는 구름을 생성할 수 있는데, 이는 해수 온도를 약간 낮추기에 충분하다. 살아 있는 산호초의 생명을 연장하기 위한 다른 방법들도 모색 중이다. 예를 들어, 표층수에 시원한 물을 분사하여 산호초 위에 미세한 안개를 일으키는 것이다. 더 실현가능성이 높은 방안은, 빛을 반사시키는 탄산칼슘으로 매우 얇은 막을 씌우는 것이다. 현재 식수로 사용되는 곳을 포함해 호수와 댐의 증발을 막기 위해 비슷한 기술이 사용되고 있는데, 빛 투과를 20퍼센트이상 줄일 수 있다. 이런 표면막은 산호초 백화가 예측되는 여름철에만 산호에 도달하는 태양 복사열을 줄이기 위해 주기적으로 (비행기, 해상 선박 또는 자동 부표로) 적용하면 된다. 이 얇은 필름은 앞으로 수십 년 동안 산호초 보호 외에도, 수상 태양광 패널과 함께 저수지의 물을 보존하는 데 점점 더 광범위하게 사용될 것이다.

지구온난화의 영향을 가장 심하게 느끼는 곳은 당연히 사람들이 사는 곳인 땅이다. 이를 해결하기 위해서는 지역적, 또는 전 지구적 냉각 기술이 필요하지만, 성층권에 미세한 황산염 안개를 분사하는 방법으로도 가능하다. 이산화탄소는 열을 흡수함으로써 대기를 가열하는 반면, 황산염은 햇빛의 일부를 반사해 우주 공간으로 되돌려 보내기 때문에 대기를 냉각시킨다. 이런 냉각 효과는 극지방보다 열대 지방에서 더 뚜렷하게 나타나므로 극지방의 해빙으로 해수면이 상승하는 것을 막는 데는 큰 도움이 되지 않겠지만, 앞으로는 이 방법으로 폭염에 노출될 수천 명의 생명을 구하고 수백만 명의 이주를 막을 수 있을 것이다.

이런 종류의 지구공학을 둘러싼 금기는 아주 사소한 실험을 투명한 방법으로 실시하는 것조차 막아왔기 때문에 현재로서는 모델링 연구에 의존할 수밖에 없다. 그럼에도 황산염을 성층권에 주입한다는 기본 개념은 화학적·물리학적으로 잘 알려져 있으며 그것의 냉각 효과를 의심할 이유가 별로 없다. 그렇다 해도 우리는 아직 황산염을 가장 잘 뿌리는 방법이 무엇인지, 얼마나 정기적으로 분사해야 하는지, 특히 기상 순환과 강우량 측면에서 대기와 환경에 어떤 영향을 미칠지는 알지 못한다.

지구를 식힐 수 있다면 도시들이 에어컨과 물 공급에 더 적은 자원을 사용할 수 있어서 아시아와 아프리카의 인구 밀도가 높은 지역의 생존 기간이 연장될 것이다. 그리고 더 시원하고 증발률이 낮은 토양은 열대 우림의 재조림을 더 쉽게 만들어 대기에서 이산화탄소를 제거하는 데 도움이 될 것이다. 지구를 식히면 농부들이 열 스트레스로 죽는 일 없이 외부에서 일할 수 있으며, 작물도 더 잘 자랄 것이다. 기후변화의 최악의 영향으로부터 농작물을 보호하는 가장 효과적인 방법은 지표면 온도를 낮추는 것이다. 이것이 강우량보다 더 중요하다. 2021년 한 연구에 의하면, 실제로 지구공학으로 지구를 냉각하는 것이 탄소 배출량을 줄이는 것보다 작물 수확량에는 더 도움이 된다고 한다.[19] 이산화탄소는 식물의 광합성 과정에 쓰이기 때문이다.

물론 그렇다고 해서 이산화탄소 배출량을 줄이고 이미 배출한 이산화탄소를 제거하는 노력을 미뤄도 된다는 뜻은 아니다. 오히려 반대다. 이 값비싼 냉각 기술을 고려하는 이유는 우리가 이산화탄소로 지구를 계속 가열하고 있기 때문이다. 태양광 반사는 대기 중의 지나친 탄소량이 일으키는 해양 산성화 같은 기본적인 문제들을 해결하지 못하고 다만 우리에게 탈탄소화와 마이너스 배출을 실현할 시간을 벌어줄 뿐이다. 결정적으로 지구를 더 오랫동안 시원하게 유지할 경우 가장 가난한 사람들이 변화에 적응하며 빈곤을 줄이는 데 도움이 될 것이다. 이는 도덕적으로 중요할 뿐만 아니라 생태계 복원에 필수적이다. 한편, 대기에서 탄소를 효과적으로 포집하는 기술의 규모를 키울 수도 있을 것이다. 탄소중립 경제, 생물다양성 증가, 사람들의 삶과 복지의 개선을 위해 우리가 해야 할 일들은 재앙적 기후, 빈번한 기상이변, 가뭄과 폭염에 허우적거리지 않는 세계에서 더 쉬울 것이다. 지구를 냉각하는 방법이 있는데 사용하지 않는 것은 도덕적으로 용납할 수 없는 일이다.

다른 옵션들도 있지만 가장 유망한 옵션인 황산염은 고공 비행하는 항공기나 드론을 이용해 성층권으로 꾸준히 살포할 수 있다. 냉각 효과는 즉각적이지만 대기 중에 오래 머물지 않는다. 따라서 지속적으로 살포할 필요가 있으며, 이산화탄소 농도가 감소하면 단계적으로 중단해야 한다. 그렇게 하지 않으면 이산화탄소의 온난화 효과가 다시 시작될 것이다.

우리는 아직 이런 방식으로 지구를 식히려고 시도해본 적이 없어서 부작용이 있는지, 있다면 그것이 지속적인 온난화 효과보다 더 큰지 알지 못한다. 하지만 부작용이 있다면, 단순히 방출을 중단하는 것만으로도 비교적 짧은 시간 내에 영향을 멈출 수 있다. 예를 들어 자외선을 조금 줄일 경우 농작물 생산과 자연 생태계에 어떤 영향이 있는지 우리는 모른다.[20] 그리고 일부 지역에서는 이 기술로 인해 강수량이 감소할 수 있다는 우려도 있다. 이 문제를 해결하기 위해 과학자들은 그 과정을 조정했을 때의 효과를 조사했다. 즉 황산염 냉각으로 지구온난화를 (완전히 상쇄하는 것이 아니라) 절반으로 줄여보았다. 그 결과, 주입한 황산염이 이산화탄소에 의해 열대 사이클론 강도가 증가한 정도를 대부분 상쇄하고, 어떤 지역에서도 물 가용성, 극단적인 기온, 심각한 강수가 악화되지 않았다.[21] 일반 적으로 황산염 냉각은 가뭄을 줄일 수 있다. 한 연구에 따르면, 대 기 중 이산화탄소 농도가 산업화 이전 수준의 두 배가 될 때(2060년 경으로 예상된다)에 비해, 거의 모든 지역에서 폭염과 건조한 날이 연 속되는 빈도가 감소한 것으로 나타났다.[22]

어쨌든 우리가 대기 중에 추가하는 이산화탄소의 양을 점점 늘리면서 세계적으로 매우 불균등한 영향을 미치는, 원치 않은 결 과를 초래한다는 것은 확실하다. 따라서 이러한 실수를 반복하지 않도록 해야 한다. 예를 들어 태양열 냉각으로 부정적인 영향을 받 는 사람들에게는 반드시 보상이 이뤄져야 한다. 관리 감독도 필요 하다. 태양복사관리 거버넌스 이니셔티브Solar Radiation Management Government Initiative가 존재하지만, 권한이 부족하고 명확한 구속력도 없 다.[23]

우리가 지구공학을 통한 냉각이라는 '쉬운' 옵션을 선택하면 이산화탄소 배출을 줄이는 시도는 하지 않을 것이라고 생각하는 사 람들이 있다. 탄소 상쇄를 전략으로 삼아 탈탄소화 약속을 회피하 거나 미루려는 배출자가 확실히 적지 않고, 따라서 규제 당국은 지 구공학을 배출량 감축 대신이 아니라 추가로 사용하도록 예방조치 를 취해야 한다.

또한 일부에서는, 우리의 '나쁜' 오염 행위로 인한 지구가열화 를 기술로 바로잡는다는 생각에 도덕적 혐오감을 갖는 사람들도 있 다. 그런 사람들은 마이너스 성장을 옹호하는 등, 인간의 생활방식 을 억제하는 것이 지구를 식히는 도덕적으로 더 나은(?) 방법이라는 청교도적 주장을 펼친다. 물론 오염을 심하게 유발하는 생활방식을 가진 개인들이 존재하고, 우리 모두는 우리가 환경에 끼치는 영향에 신경을 써야 한다. 하지만 일부 환경운동가들은 지구공학을 통해 지구의 '자연' 상태를 변화시키는 것보다는, 불편함을 수반하는 매우 큰 사회구조적 변화를 강제하는 데 더 큰 의지를 보이는 듯하다. 도덕이란 것이 원래 다 주관적이긴 하지만 나는 그런 입장에 대해 의문을 느낀다. 내게 도덕적으로 옳은 일은, 우리가 할 수 있는 모든 것을 다 동원해 동료 인간들이 먹을 것이 충분히 있는 안전한 환경에서 살 수 있게 하는 것이다. 이는 위험과 곤경에 처한 사람들을 안전한 곳으로 이주시킨다는 뜻이다. 그리고 지구 온도를 낮춰서 기후 안정성을 회복한다는 뜻이다. (우리가 오늘날 경험하는 기온은 우리가 과거에 저지른 나쁜 짓 때문임을 기억하라. 우리가 계속 나쁜 짓을 하면 그 결과가 미래에 가열화로 나타날 것이다.)

건강, 생계, 생태계 보호, 비용 측면에서 녹색경제가 주는 다양한 이점을 고려할 때, 화석연료 사용을 중단하는 것은 지구 온도를 낮추는 시급하면서도 확실한 방법이며, 따라서 이 과정이 지속되도록 법적 장치를 마련해야 한다. 하지만 화석 연료는 식량과 에너지 생산, 운송, 산업 공정 등 인간 시스템에 내재되어 있기 때문에 그것을 대체하는 데는 시간과 비용이 많이 든다. 게다가 사악한 이해관계로 인해 속도는 한층 더뎌질 수밖에 없다. 이 과정은 지구 온난화의 물리학적 속도보다 느리고, 그래서 3~4도 상승이라는 충분히 가능한 시나리오에 따라 수십억 명이 위협에 처해 있다. 이는 용납할 수 없는 리스크다. 우리는 지구 냉각을 위한 모든 시도를 고려해야 하며, 실현 가능한 모든 것을 추진해야 한다. 황산염 냉각은 확실히 실현가능하다.

온실가스 배출을 줄이기 위한 최선의 노력에도 불구하고 우리는 여전히 최소 3도 상승을 향해 가고 있다. 성층권에 연간 약 10메가톤의 황산염을 주입하면 햇빛의 약 1퍼센트를 반사할 수 있고, 따라서 온도 상승을 1.5도 이하로 유지할 수 있다. 이는 재난 수준의 해수면 상승을 피하고, 가뭄과 산불, 허리케인을 제한하며, 산호초에 기회를 주기에 충분할지도 모른다. 오늘날의 산업이 배출하는 오염물질 가운데는 연간 100메가톤의 황산염이 포함되어 있음을 기억하라.

태양열 냉각에는 잘 다뤄지지 않는 측면들이 있다. 우선, 그런 냉각 효과가 불균등하게 배분된다는 점이다. 지구온난화가 열대 국가들에게 불균등하게 많은 피해를 끼치는 데다 높은 위도의 국가들에는 일부 이익까지 준다면, 냉각화의 경우는 그 반대 상황을 가져온다. 오늘날 산업과 바다에서 배출하는 황산염의 냉각 효과는 실제로 열대 지역의 경제에 혜택을 주는 반면 냉대 지역의 경제에는 피해를 준다.[24] 성층권 냉각도 마찬가지일 것이다. 다시 말해, 수십억 명이 거주하는 지구 남반구의 열대 벨트는 이런 개입이 있을 경우 작물 수확량이 증가하고 거주 환경이 개선되어 이익을 얻을 것이다. 반면에 더 온난한 조건에서 이미 얼음 없는 땅이 증가하고 농작물 수확량이 개선되어 이익을 보고 있는 북부 지역은 그런 개입이 달갑지 않을 것이다. 즉, 냉각화를 통해 이산화탄소 배출량이 더 많이 감소하고 대기 중 이산화탄소가 더 많이 제거되어 전 세계적으로 순배출 제로에 도달하고, 그런 다음에는 이산화탄소 농도가 감소하기 시작하여 425PPM, 심지어 400PPM으로 돌아간다면, 북부 지역은 더운 온도의 이점을 잃는 반면 지구 남반구는 덜 위험하고 더 쾌적해질 것이다.

지구공학 덕분에 우리는 지구 온도를 선택할 수 있지만, 이 상적인 온도가 몇 도인지에 대해서는 의견이 일치하지 않을 것이다. 열대 지역에 거주하는 사람들은 에어컨이 필요 없고 가뭄이 드문 서늘한 온도를 선호할 것이다. 반면 북위도에 거주하는 사람들은, 특히 인프라를 변화한 조건에 맞게 개조하고 번성하는 새 도시를 건설한 이후라면, 온난화된 온도를 선호할 것이다. 지구 온도가 1.2도 상승한 현재 런던에 살고 있는 나는 내 집 정원에서 감귤 나무를 기를 수 있으며 난방비를 덜 지출한다. 나는 잉글랜드 남동부의 새로운 지중해성 기후가 예전의 추운 날씨보다 훨씬 더 좋다. 하지만 한편으로 지구온난화 때문에 지난 50년 동안 심각한 기상 재해가 5배 증가했으며, 이로 인해 200만 명 이상이 목숨을 잃고 3조 6,400만 달러의 경제적 손실이 발생했다.[25]

지난 45억 년 동안 지구는 극단적인 온도를 오갔지만, 대부분의 기간은 지금보다 더웠다. 사실 대체로는 얼음이 없었다. 하지만 인류는 얼음으로 덮인 플라이스토세 세계에서 진화했고, 인류의 문명은 아주 최근인, 기후가 안정적이고 비교적 온난했던 홀로세에 탄생했다. 지금 우리는 지구를 더 온난한 온도로 밀어넣고 있으며, 우리 자신의 적응력을 한계로 내몰고 있다. 그렇다면 우리는 어떤 온도를 선택할 것인가? 산업화 이전의 평균 온도? 0.5도 상승한 온도? 1도 상승한 온도? 그리고 누가 그 선택을 할 것인가? 이것은 세계 통치 기구가 답해야 할 핵심 질문이다. 그러므로 권한을 가진 기구가 시급히 설치되어야 한다.

지구의 생물 다양성과 기후를 복원하여 인간과 야생동물이 살 수 있는 환경을 만들면 격변의 대부분이 끝날 것이다. 복원을 더 빨리 할수록 대규모 이주가 줄어들고 삶의 터전을 잃는 사람들도 줄어들 것이다. 그러나 분명히 말하지만 이주는 끝나지 않을 것이다. 이주는 인간 존재의 일부다. 대신 이주의 관리가 훨씬 더 쉬워질 뿐 아니라, 바라건대 더 잘 관리될 것이다. 만일 우리가 지구의 회복을 빠르게, 그리고 대규모로 하지 않는다면, 지구에서 인간이 안전하게 살 곳이 없는 수준으로 기온이 올라갈 것이다.

아직 늦지 않았다. 세계 인구는 2065년경 97억 명에서 정점을 찍을 것으로 예상된다. 그 시점부터 인구는 정체되기 시작하거나 감소하여, 빠르면 2100년쯤에 현재 수준으로 돌아갈 것이다. 이러한 인구 감소는 자원에 대한 극심한 압박을 해소하겠지만, 그 나름의 인구통계학적 문제를 수반할 것이다. 환경 조건이 허락한다면, 인류의 대이주는 더 높은 위도로의 이동과 극지방 점유로 끝나지 않을 것이다. 오히려 사람들이 버려진 지역에 다시 정착하면서 다음 세기에도 이주가 계속될 것이다. 시간이 흐르고 복원이 계속되면 인류는 먼 피난처에서부터 다시 한번 확장하기 시작할 것이다.

결론

우리가 수십억 명 규모의 이주를 고려하고 있는 것은 정말 터무니없는 상황이다. 우리가 그 결과를 알면서도 지구를 계속 가열화하고 있는 것도 마찬가지로 터무니없는 상황이다. 나는 기후변화와 그 영향에 대해 글을 쓰고, 연구하고, 이야기하는 일을 해왔지만 아직도 우리가 이런 상황에 처해 있다는 사실이 믿기지 않는다. 하지만 우리의 상황이 그렇다. 내 딸은 여섯 살짜리의 단순명쾌한 논리로 이렇게 묻는다. "화석 연료를 그만 태우면 안 돼요?" 나는 시무룩하게 답한다. "그렇게 간단하지 않단다."

하지만 해법은 그렇게 간단하다. 우리는 기후변화의 과학을 알고 있으며 해결할 기술을 보유하고 있다. 단기적으로는 비용이 많이 들겠지만 자유롭게 쓸 돈도 있다. 하지만 우리는 상황을 복잡하게 만들었다. 우리는 우리가 짠 사회적·정치적·경제적 그물망에 갇혀 있다. 우리가 만든 덫, 인간이 만든 구조가 우리를 너무도 큰 위험에 빠뜨린 탓에 우리는 인류를 구하기 위해 수십만 년 동안 살아온 곳에서 대규모 인구를 이주시켜야 하는 터무니없는 상황에 처해 있다.

이주는 불가피하고 종종 필요하며 쉽게 할 수 있어야 한다. 하지만 세계의 일부 지역이 거주할 수 없는 곳이 되어 수십억 명이 살던 곳을 떠날 수밖에 없는 상황은 비극이다. 하지만 아직 피할 수 없는 상황까지 오지 않았다. 우리는 지구 온도 상승을 줄일 수 있고 그래야만 더 극단적인 수준의 이주를 피할 수 있다. 그러나 지구 온도가 1.2도 상승한 현재, 이미 사람들이 이주해야 할 충분한 이유가 있다. 우리는 이주의 이유는 문제 삼아도, 이주하는 사람들을 문제로 보는 관점을 멈춰야 한다.

이 이주의 대부분은 칭찬받을 일이다. 다른 도시, 국가, 대륙으로 이주하는 사람들은 그들이 사는 사회를 풍요롭게 한다. 이주는 우리 종의 놀라운 성공 스토리를 만들었으며, 인류 문화의 다양성 및 복잡성을 낳은 근본적인 요소였다. 오히려 최근 수십 년 동안 이주가 별로 없었던 것이며, 더 많은 사람들이 고향을 떠나 다른 곳에서 삶을 개척함으로써 이익을 얻을 수 있다.

이주민은 문화를 잇는 가교로 우리가 자신은 물론 서로를 더 잘 이해할 수 있도록 돕는다. 나 역시 다른 여러 장소에서 살면서 소중한 우정을 쌓고, 다른 사고방식과 생활방식에 대한 통찰을 얻었으며, 이웃 지역과 사람들에 대한 친밀한 이해와 새로운 언어 능력을 얻을 수 있었다. 하지만 내게 그에 못지않게 중요한 것은 내가 알게 된 이주민들이었다. 이주민들은 대개 용기와 호기심, 결단력을 가지고 익숙한 사람과 장소, 언어를 떠나 상당한 어려움을 극복해가며 미지의 세계로 뛰어든 사람들이다. 해외 이주는 도덕적으로 나쁜 일이 아니며, 이주한 사람들을 나쁘게 볼 필요도 없다. 하지만 우리는 가장 쉽게 이주할 수 있어야 하는 사람들의 이주를 불필요하게 어렵고 종종 위험한 일로 만든다.

이 세계에는 사회적 불평등이 내재되어 있다. 우리는 시민권을 물려받고, 안전한 고향을 물려받고, 삶의 기회를 물려받는다. 타고난 상황의 좋고 나쁨에 대해 우리가 할 수 있는 일은 많지 않다. 하지만 안전을 상속이라는 운에 맡겨서는 안 된다. 그것은 너무 중요하다. 우리가 우리 모르게 공동으로 물려받은 유산인 지구에서 사람들이 더 쉽게 이동할 수 있게 만들어야 한다.

이번 세기의 대규모 이주는 가난하고 기후 피해를 입은 세계에서 더 부유한 세계로 이주하는 사람들이 주도할 것이다. 부유한 나라가 이룩한 부는 대부분 기후를 변화시킴으로써 가능했다. 따라서 이 이주는 이민을 받아들이는 사람들과 이주민 모두가 새롭게 성장하면서 사회정의를 실현할 수 있는 기회다. 도시가 번영하기 위해서는 이주민이 필요하지만, 이주에 대한 적절한 관리와 지원도 뒷받침되어야 한다. 이것은 협력적인 노력을 필요로 하는 일이다. 협력은 매우 효율적인 전략이고 이 때문에 진화는 협력을 선호하는 경향이 있다. 따라서 안전하고 합법적인 이주 경로와 대규모 신규 시민 유입에 따르는 사회경제적 비용을 분담하는 메커니즘에 전 세계가 합의할 필요가 있다. 오늘날 디지털 세상에서는 매우 쉽게 할 수 있는 일인데도 전 세계 사람들을 적절한 일자리, 교육, 주거와 연결하는 일관된 전략이 아직까지 없다는 사실이 놀랍다. 이제 그런 전략을 만들어야 할 때다.

선진국의 입장에서 이주는 안보 위협으로 인식된다. 그것은 잘못된 프레임이며 바꿔야 한다. 내가 이 글을 쓰는 동안에도 약 2만 명의 어린이가 미국의 이민자 수용소의 끔찍한 조건 속에 갇혀 있다. 이 망명 신청자들은 춥고 배고프고 머릿니와 좀에 시달리고 있다. 한편 유럽은 난민을 막기 위한 '음향 대포'를 시험하고 있다. 이는 인공지능 심문 장치와 드론을 포함하는 3,700만 유로 규모의 국경 통제 프로그램의 일환이다. 유럽연합은 전쟁 피해를 입은 수백만 명의 우크라이나 난민을 영웅적으로 환대했지만, 다른 지역의 망명 신청자들에 대한 대응은, 북아프리카에서 바다를 건너는 이주민에 대한 수색 및 구조 활동을 범죄화하기 시작했을 정도로 악화되었다.[1] 이주를 막는 데 (무익하게) 쓸 시간과 돈, 악의가 있으면, 도시를 관리하여 새로운 시민을 받아들이도록 준비시키고 이주민이 우리 모두를 풍요롭게 하도록 돕는 데 쓰는 편이 훨씬 낫다. 그러기 위해서는 이주에 대한 서사를 바꾸고, 포용적이고 강력하고 활기찬 국가 정체성을 구축해야 한다. 자국의 문화를 과장하는 동시에 헐뜯는 사람, 즉 자국 문화에 엄청난 가치를 부여하면서도 외국인의 마음을 사로잡을 수 있는 능력에 대한 믿음은 전혀 없는 사람들은 자신의 그런 태도가 모순임을 깨달아야 한다. 문화는 정적인 보존을 통해서가 아니라 복잡성을 통해 진화하고 풍성해진다.

이주가 필요한 모든 사람에게 존엄하고 안전한 이주를 위한 길이 있어야 한다. 대안이 없어서 이주민들이 매일 국경을 넘다가 죽는다는 것은 용납할 수 없는 일이다.[2] 이주를 쉽게 만드는 것은 기후 적응의 핵심이며, 빈곤과 기아를 해결하는 데도 도움이 된다. 지구 남반구 사람들뿐만 아니라 지구 북반구로 이주하거나 그 안에서 이주하는 많은 사람들에 대한 투자는 우리 공동의 미래에 대한 투자다. 이 일은 시민의식을 공유하는 것에서 시작할 수 있다.

비교적 안락하게 사는 사람들은 이주의 혜택을 더 쉽게 납득하지만, '낙후된' 지역의 가난한 사람들은 이주민의 영향이 두려울 수 있다. 모든 곳에서 사람들이 삶의 터전을 잃으면서 일어날 대규모 이주를 고려할 때, 이러한 두려움을 조장하는 대신 빈곤을 줄이고 모두를 위한 주택, 서비스, 일자리를 창출하는 정책을 시행함으로써 사람들을 안심시키는 것이 정치 지도자들의 역할이다.

전 지구적인 기후변화가 가속화됨에 따라 일어날 대규모 이주는 적어도 10년 전부터 분명하게 예고되었다. 따라서 지도자들에게 준비가 부족하다는 변명은 통하지 않는다. 날마다 불필요하게 생명이 파괴되고 있는 현실을 보면, 오늘날 이주를 '관리'하는 방식은 도덕적·사회적·경제적 실패다. 이 문제를 어떻게 다룰지에 대한 논의를 시작해야 할 때다. 다양하고 포용적인 세계 의사결정권자들의 모임을 통해 기후변화와 이주에 대한 세계 공동의 해법을 찾아야 할 때다.

지금과 2030년 사이의 어느 시점에, 우리는 기온 상승을 1.5도로 제한하는 것이 완화 노력으로는 실현가능하지 않다는 사실을 받아들여야 할 것이다. 우리는 태양 반사를 이용할지, 아니면 더 위험한 기온에 적응할지 결정해야 할 것이다. 현재 전 세계 22억 어린이들 중 절반이 이미 기후변화의 영향으로 '매우 높은 위험'에 노출되어 있다.[3]

기후변화는 모든 것을 바꾼다. 기후는 우리가 삶을 조직하는 기반이기 때문이다. 기후는 인간이 거주할 수 있는 장소, 삶의 방식, 계절의 타이밍, 재배할 수 있는 작물, 비가 내리는 곳, 기온, 해안선의 모양과 지형의 범위, 해류의 경로, 폭풍의 강도를 결정한다. 우리 모두는 앞으로 몇십 년에 걸쳐 심각한 존재론적 변화를 겪게 될 것이다. 우리의 문화, 사회, 각자의 삶을 만들어낸 환경과의 관계에서 이탈하게 될 것이다. 기후변화는 매끄럽고 예측가능한 과정이 아니라 불규칙한 과정이고, 환경과의 관계에서 이탈하는 경험은 급격히 닥칠 것이다. 2021년에 북아메리카 태평양 해안에서 폭염으로 10억 마리가 넘는 해양생물이 쪄죽었다. 다수가 껍데기가 있는 생물이었다. 과일이 나무에서 익었고, 농작물과 건물이 불에 탔으며, 수백 명의 사람들이 죽었다. 극단적인 조건은 점점 더 빈번하게 전 세계를 강타하여 사람들을 갑작스러운 이주로 내몰 것이다.

오늘날 재생에너지는 화석연료를 대체하는 것이 아니라 거기에 추가되고 있을 뿐이라서 기온이 계속 상승하고 있다. 인류 역사 전체에서 지금까지 배출된 탄소량의 거의 3분의 1이 2006년에 앨 고어의 《불편한 진실》이 발표된 이후에 배출된 것이다. 나는 우리 에게 문제에 대한 자각이 부족하다고는 생각하지 않는다. 10억 명 이상이 이주에 오를 2050년이 되면, 우리는 모두에게 이익이 되는 방식으로 이 문제를 관리할 방법을 찾아야 할 것이다.

우리는 그 규모를 가늠할 수 없지만 곧 현실이 될 존재론적 위 협에 직면하고 있다. 인류가 처한 위기의 전 지구적 성격은 너무나 도 압도적이라서 희망이 없다고 느껴질 수 있다. 하지만 그렇지 않 다. 이 격변에 대비하는 것은 불확실한 미래에 맞서 우리 종의 회복 력을 키우는 일이다. 불확실성은 우리가 계획하고, 준비하고, 심지 어 먼 미래를 내다보는 것을 가로막는다. 우리는 현재를 토대로 추 정하는 수준을 넘어 익숙한 풍경이 어떻게 변할지 상상하는 것을 꺼린다. 그럼에도 더 뜨거운 세계에서 어떤 일이 일어날지에 대한 어려운 질문을 똑바로 마주해야 한다.

사람들이 자신의 일상의 우선순위를 관리하는 것에서 고개를 들어 20년, 30년, 40년 후의 미래를 상상하도록 적극적으로 자극해 야 한다.[4] 편향된 시각으로 이런저런 가능성에 본능적으로 찬성하 거나 반대하지 말고, 마음을 열어 우리가 손에 넣을 수 있는 모든 방법을 생각해야 한다. 노인이 된 자신에게 감정을 이입하고 미래 의 세계를 생각해보라. 당신을 부양할 사회는 어떤 모습일까? 젊고 활기차고 희망적인 사회일까? 아니면 당신이 두려움에 떨며 돌봄 을 받지 못하는 사회일까?

요컨대, 우리는 기후변화와 재난이 가져올 스트레스와 충격에 견딜 수 있는 회복력을 사회 시스템과 생태계에 심을 수 있다. 하지만 우리 미래는 우리가 만드는 것이고, 이는 우리가 미래 비전에 합의해야 한다는 뜻이다. 즉 우리가 소중히 여기는 문화, 안락하고 안전한 삶, 자연환경의 측면에서 어떤 결과가 가장 큰 가치를 보유하는가에 대한 합의가 필요하다.

우리는 무력한 방관자가 아니다. 하지만 현재는 일관된 계획이 없다. 우리는 그저 뜨거워져 가는 세계를 지켜보면서 가뭄, 태풍, 산불, 이주민의 보트 등 새로운 충격이 발생할 때마다 새로운 미봉책으로 대응할 뿐이다. 우리는 미래를 통제해야 한다. 즉, 앞으로 수십 년에 걸쳐 험난한 환경에 진입하는 동안, 모든 대륙의 부자와 빈자를 포함한 모든 인간의 인간다운 삶을 보호하기 위한 계획을 세워야 한다. 우리는 인간으로 살아가는 다른 방식을 상상할 용기를 가져야 한다. 사람들이 고정된 주소지에서 벗어나 안전한 장소를 찾아 자유롭게 돌아다닐 수 있어야 한다.

코로나19 팬데믹 기간 동안 무엇이 정상이고 무엇이 사회적으로 가능한지에 대한 우리의 이해가 바뀌었다. 그렇게 많은 사람들이 자발적으로 집 근처 몇 미터 이내로 이동을 제한할 것이라고 누가 믿었겠는가? 나는 그 반대, 즉 많은 사람들이 집에서 수천 킬로미터 떨어진 곳으로 이동하는 장면을 상상하는 것이 더 쉽다고 생각한다.

사람들은 수백만 명 단위로 이동할 것이다. 우리에게는 이 이주가 제대로 작동하게 만들 기회가 있다. 우리는 계획과 관리를 통해 더 안전하고 공정한 세계로의 전환을 평화롭게 이행할 수 있을 것이다. 국제적인 협력과 규제가 있을 때 우리는 지구를 살기 좋은 곳으로 만들 수 있고 또 그래야 한다.

시도해볼 만한 가치가 있는 일이다. 그러니 이제 시작해보자.

선언

1. 인간에게 이주는 자연스러운 행동이고, 성공적인 생존 적응이다.

2. 우리는 사회의 생산적인 역량을 기후변화와 다가오는 인구구조 위기를 해결하는 데 써야 한다.

3. 우리는 안전하고 공정한 이주 절차를 마련하고, 그것을 감독할 권한을 가진 글로벌 기구를 만들어야 한다.

4. 이주는 안보 문제가 아닌 경제 문제다. 이주는 경제성장을 촉진하고 가난을 줄인다.

5. 부유한 국가와 가난한 국가는 훈련과 교육, 기후 회복력을 높이는 일에 공동 투자해야 한다.

6. 세금과 인센티브를 통한 탈탄소화 경제를 전 세계적으로 시급히 이루어야 한다.

7. 얼음이 녹고 산호초가 사라지는 속도가 이미 위험할 정도로 빨라지고 있다. 구름 조광 같은 태양열 반사 기술을 지체없이 도입해야 하며, 온도를 낮출 수 있는 다른 기술들도 모색해야 한다.

8. 회복력을 구축하고 자연 시스템을 보호하기 위해, 우리는 하루빨리 생태계와 생명 다양성을 복원해야 한다.

더 읽을거리

《인류세, 엑소더스》에서 다룬 문제들에 대해 더 자세히 알고 싶은 독자들에게 몇 가지 출발점을 소개한다. 내 웹사이트인 Wan-deringGaia.com에서 최근 정보를 확인하고 내가 쓴 《인류세의 모험*Adventures in the Anthropocene*》(2018)과 《초월*Transcendence*》(2021)에도 관련 자료가 풍부하게 담겨 있다.

Akala, Natives: Race and class in the ruins of empire (Hodder & Stoughton, 2021).

Abhijit V. Banerjee and Esther Duflo, Good Economics for Hard Times (Allen Lane, 2019).

Paul Behrens, The Best of Times, the Worst of Times: Futures from the frontiers of climate science (Indigo Press, 2021).

Mike BernersLee, There is No Planet B (Cambridge University Press, 2019).

Sally Hayden, My Fourth Time, We Drowned: Seeking refuge on the world's deadliest migration route (Fourth Estate, 2022).

Eric Holthaus, The Future Earth: A radical vision for what's possible in the age of warming (HarperOne, 2020).

Rowan Hooper, How to Spend a Trillion Dollars (Profile Books, 2021).

Elizabeth Kolbert, Under a White Sky (Vintage, 2022).

J. Krause and T. Trappe, A Short History of Humanity: How migration made us who we are (W. H. Allen, 2021).

Felix Marquardt, New Nomads (Simon & Schuster, 2021).

John Pickrell, Flames of Extinction: The race to save Australia's threatened wildlife (Island Press, 2021).

J. Purdy, This Land is Our Land: The struggle for a new commonwealth (Princeton University Press, 2020), p.213.

Kim Stanley Robinson, The Ministry for the Future (Orbit, 2020).

Doug Saunders, Arrival City (Vintage, 2012).

Laurence Smith, The New North: The World in 2050 (Dutton Books, 2010).

Laurence Smith, Rivers of Power: How a natural force raised kingdoms, destroyed civilizations, and shapes our world (Little, Brown Spark, 2021).

Carolyn Steel, Sitopia: How food can save the world (Chatto & Windus, 2020).

감사의 말

이 책은 전 세계 수많은 사람들의 도움과 친절 없이는 불가능했을 수년간의 연구 조사를 집대성한 것이다. 타인의 삶을 이해하는 데 도움을 주고 자신의 이야기를 공유해준 모든 사람에게 감사한다. 또한 시간을 내어 나와 이야기를 나누고 자신의 연구를 설명해준 전문가들의 지식과 지혜에도 많은 빚을 졌다. 그 분들에게 감사한다. 특히 마거릿 영Margaret Young, 던컨 그레이엄-로Duncan Graham-Rowe, 먼킷 루이Munkeat Looi, 올리 프랭클링 월리스Oli Franklin-Wallis, 데보라 코언Deborah Cohen, 리처드 베츠Richard Betts, 로렌스 스미스Laurence Smith, 더그 손더스Doug Saunders, 한나 리치Hannah Ritchie, 맥스 로저Max Roser, 데이비드 킹David King, 데이비드 키스Kavid Keith, 제시 레이놀즈Jesse Reynolds, 크리스 스마제Chris Smaje, 닐 애저Neil Adger, 마리아나 마주카토Mariana Mazzucato, 켄 칼데이라Ken Caldeira, 알렉스 랜달Alex Randall, 스틴 후렌스Stijn Hoorens, 파티 비롤Fatih Birol과 세계백신면역연합Gavi, 유니세프UNICEF, 유엔난민기구UNHCR에게 감사를 표한다.

내 훌륭한 에이전트이자 친구 패트릭 월시Patrick Walsh, 그리고 퓨 리터러리PEW Literary의 존 애쉬John Ash와 마거릿 할튼Margaret Halton의 지지와 격려가 없었다면 이 책은 존재하지 못했을 것이다. 앨런 레인Allen Lane과 플랫아이언 북스Flatiron Books의 뛰어난 팀원들에게 감사한다. 특히 중요한 조언을 제공하고 책을 완성하는 데 도움을 준 훌륭한 편집자 로라 스틱니Laura Stickney와 리 오글브시Lee Oglesby에게 감사한다. 샘 풀턴Sam Fulton, 제인 버드셀Jane Birdsell, 리처드 듀기드 Richard Duguid에게도 감사한다.

나는 코로나 팬데믹에 의한 락다운 기간에 홈스쿨링을 비롯한 여러 가지 어려움 속에서 이 책을 썼다. 가족과 친구들의 사랑과 우정이 있었기에 이 시련을 극복할 수 있었다. 졸리언 고다드Jolyon Goddard, 로완 후퍼Rowan Hooper, 올리브 헤퍼넌Olive Heffernan, 사라 압둘라 Sara Abdulla, 존 위트필드John Witfield, 샬럿과 헨리 니콜스, 내 단짝 친구인 조 머천트Joe Marchant와 엠마 영Emma Young, 부모님 이반과 지나, 남동생 데이비드, 그리고 내 존재 이유인 닉Nick, 키프Kipp, 주노Juno. 모두들 내 한탄을 참아줘서 고맙다. 다음번에는 더 나아질 것이다.

후주

서문

1 United Nations (Department of Economic and Social Affairs), World Population Ageing 2019 (ST/ESA/SER. A/444), 2020.

2 https://www.climate.gov/news-features/blogs/beyond-data/2021 us-billion-dollar-weather-and-limate-disasters-historical

1 폭풍

1 전 세계 100만 명 이상을 대상으로 실시한 설문조사에서 응답자의 3분의 2가 그렇게 답했다. United Nations Development Programme: https://www.undp.org/publications/g20-peoples-climate-vote2021

2 Alan M. Haywood, Harry J. Dowsett and Aisling M. Dolan, 'Integrating geological archives and climate models for the mid-Pliocene warm period', Nature Communications 7:1, 2016, pp.1-14.

3 이 이산화탄소 방출에 의해 즉각적인 온실 효과는 함께 방출된 방대한 양의 황이 햇빛을 반사시키는 장벽을 만들면서 완전히 상쇄되었다. 지구 기온이 급락했고, 햇빛 부족과 해양 순환의 변화로 지구의 식물이 황폐화되어 대멸종으로 이어졌다.

4 산업화 이전 수준보다 높은 지구온난화.

5 J. M. Murphy, G. R. Harris, D. M. H. Sexton, et al., 'UKCP18 land projections: Science report' (UK Met Office), 2018.

6 Thomas Slater, Isobel R. Lawrence, Inès N. Otosaka, et al., 'Earth's ice imbalance', The Cryosphere 15:1, 2021, pp.233-46.

7 CIRES, The Threat from Thwaites: The retreat of Antarctica's riskiest glacier, 2021. Available at: https://cires.colorado.edu/news/threat thwaites-retreat-antarctica's-riskiest-glacier & https://www.youtube.com/watch?v=uBbgWsR4-aw

8 N. Boers and M. Rypdal, 'Critical slowing down suggests that the western Greenland Ice Sheet is close to a tipping point', Proceedings of the National Academy of Sciences 118:21, 2021, p.e2024192118.

9 미오세에 이산화탄소가 오늘날보다 약간 낮은 수준에서 약 500PPM까지 증가함에 따

라, 남극대륙은 지금 있는 빙상의 30~80퍼센트에 해당하는 양을 잃었다. 남극대륙의 빙상은 3,400만 년 역사에서 그 어느 때보다 취약한 상태로, 급속한 후퇴와 붕괴에 처해 있다.

10 N. Burls and A. Fedorov, 'Wetter subtropics in a warmer world: Contrasting past and future hydrological cycles', Proceedings of the National Academy of Sciences 114:49, 2017, pp.12888-93.

11 Charles Geisler and Ben Currens, 'Impediments to inland resettlement under conditions of accelerated sea level rise', Land Use Policy 66, 2017, p.322. [DOI: 10.1016/j.landuse-pol.2017.03.029]

12 Samantha Bova, Yair Rosenthal, Zhengyu Liu, et al., 'Seasonal origin of the thermal maxima at the Holocene and the last interglacial', Nature 589:7843, 2021, pp.548-53.

13 인간은 혹독한 빙하기였던 플라이스토에서 진화했고, 우리 종은 진화사 대부분을 이 가혹한 환경조건에서 살아남기 위해 고군분투하며 보냈다는 사실을 명심하라. 그런 데 지구 역사에서는 그것은 이례적인 일이었는데, 역사 대부분 동안 지구는 지금보다 훨씬 더 온난했고, 화산 덕분에 이산화탄소 농도가 훨씬 더 높았기 때문이다.

14 Paul J. Durack, Susan E. Wijffels and Richard J. Matear, 'Ocean salinities reveal strong global water cycle intensification during 1950 to 2000', Science 336:6080, 2012, pp.455-8.

15 Aslak Grinsted and Jens Hesselbjerg Christensen, 'The transient sensitivity of sea level rise', Ocean Science 17:1, 2021, pp.181-6.

2 인류세의 네 기수

1 '화염세Pyrocene'는 미국 환경역사가 스티븐 파인Stephen J. Pyne이 만들어낸 말이다.

2 캘리포니아주는 그해 8월에 사상 최초의 대규모 화재를 경험했고, 이때 100만 에이커가 넘는 면적이 불에 탔다.

3 Adam M. Young, Philip E. Higuera, Paul A. Duffy and Feng Sheng Hu, 'Climatic thresholds shape northern high-latitude fire regimes and imply vulnerability to future climate change', Ecography 40:5, 2017, pp.606-17.

4 D. Bowman, G. Williamson, J. Abatzoglou, et al., 'Human exposure and sensitivity to globally extreme wildfire events', Nature Ecology & Evolution 1, 2017, e0058.

5 Merritt R. Turetsky, Brian Benscoter, Susan Page, et al., 'Global vulnerability of peatlands to fire and carbon loss', Nature Geoscience 8:1, 2015, pp.11-14.

6 Saul Elbein, 'Wildfires threaten California communities on new financial front', The Hill, 8 April 2021. Available at: https://thehill.com/policy/ equilibrium-sustainability/566360 wildfiresthreatencaliforniacommunities-on-new-financial

7 A. McKay, 'Just had my home insurance cancelled because Southern California is at

too high risk now for fire and floods. This shit is real and happening right now.' #end-fossilfuels #dontlookup', Twitter, 14 January 2022: https://twitter.com/ghostpanther/status/1482064740482359297

8   State of California, 'Commissioner Lara protects more than 25,000 policyholders affected by Beckwourth Complex Fire and lava fire from policy non-renewal for one year', CA Department of Insurance (n.d.).

9   Intergovernmental Panel on Climate Change, '5: Changing ocean, marine ecosystems, and dependent communities' in IPCC Special Report on the Ocean and Cryosphere in a Changing Climate (2019). Available at: https://www.ipcc.ch/srocc/

10   Chi Xu, Timothy A. Kohler, Timothy M. Lenton, et al., 'Future of the human climate niche', Proceedings of the National Academy of Sciences 117:21, 2020, pp.11350-55.

11   미국 기상청은 '열 지수'(열과 습도를 합산한 '체감온도') 40.6도를 '위험 수준'으로 정의한다.

12   Eun-Soon Im, Jeremy S. Pal and Elfatih A. B. Eltahir, 'Deadly heatwaves projected in the densely populated agricultural regions of South Asia', Science Advances 3:8, 2017, e1603322.

13   같은 문헌.

14   Tamma A. Carleton, Amir Jina, Michael T. Delgado, et al., Valuing the Global Mortality Consequences of Climate Change Accounting for Adaptation Costs and Benefits, National Bureau of Economic Research, working paper 27599, 2020.

15   Yan Meng and Long Jia, 'Global warming causes sinkhole collapse: Case study in Florida, USA', Natural Hazards and Earth System Sciences Discussions, 2018, pp.1-8.

16   더워진 공기는 밀도가 낮아서, 날개 아래의 기압이 이륙하기에 불충분해지기 때문이다. 게다가 엔진을 통해 흐르는 산소의 양이 줄어들어 추진력을 떨어뜨린다. 또한 극심한 열기는 난기류를 발생시키고 활주로에 뒤틀림과 균열을 초래할 수 있다.

17   F. Bassetti, 'Environmental migrants: Up to 1 billion by 2050', Foresight, 3 August 2021.

18   Zhao Liu, Bruce Anderson, Kai Yan, et al., 'Global and regional changes in exposure to extreme heat and the relative contributions of climate and population change', Scientific Reports 7:1, 2017, pp.1-9.

19   Ethan D. Coffel, Radley M. Horton and Alex De Sherbinin, 'Temperature and humidity based projections of a rapid rise in global heat stress exposure during the 21st century', Environmental Research Letters 13:1, 2017, e014001.

20   Yuming Guo, Antonio Gasparrini, Shanshan Li, et al., 'Quantifying excess deaths related to heatwaves under climate change scenarios: A multicountry time series modelling study', PLoS Medicine 15:7, 2018, e1002629.

21   Suchul Kang and Elfatih A. B. Eltahir, 'North China Plain threatened by deadly heatwaves due to climate change and irrigation', Nature Communications 9:1, 2018, pp.1-9.

22   S. Mufson, 'Facing unbearable heat, Qatar has begun to air-condition the outdoors',

Washington Post, 16 October 2019.

23   E. Team, 'This air-conditioned suit lets you work outside on even the hottest days', eeD-esignIt.com, 13 December 2017.

24   M. Nguyen, 'To beat the heat, Vietnam rice farmers resort to planting at night', Reuters, 25 June 2020.

25   Nick Watts, Markus Amann, Nigel Arnell, et al., 'The 2019 report of The Lancet Count-down on health and climate change: ensuring that the health of a child born today is not defined by a changing climate', The Lancet 394: 10211, 2019, pp.1836-78.

26   O. Milman and A. Chang, 'How heat is radically altering Americans' lives before they're even born – video', The Guardian, 16 February 2021.

27   Sara McElroy, Sindana Ilango, Anna Dimitrova, et al., 'Extreme heat, preterm birth, and stillbirth: A global analysis across 14 lower-middle income countries', Environment International 158, 2022, e106902.

28   Marco Springmann, Daniel Mason-D'Croz, Sherman Robinson, et al., 'Global and regional health effects of future food production under climate change: A modelling study', The Lancet 387:10031, 2016, pp.1937-46.

29   IPCC, Climate Change 2022: Impacts, adaptation, and vulnerability. Contribution of Working Group II to the Sixth Assessment Report of the Intergovernmental Panel on Climate Change, ed. H-O. Pörtner, D. C. Roberts, M. Tignor, et al., Cambridge University Press.

30   'Report: Flooded future: Global vulnerability to sea level rise worse than previously understood', Climate Central, 29 October 2019.

31   Svetlana Jevrejeva, Luke P. Jackson, Riccardo E. M. Riva, et al., 'Coastal sea level rise with warming above 2도', Proceedings of the National Academy of Sciences 113:47, 2016, pp.13342-7.

32   K. Mohammed, A. K. Islam, G. M. Islam, et al., 'Future floods in Bangladesh under 1.5 도, 2도, and 4도 global warming scenarios', Journal of Hydrologic Engineering 23:12, 2018, e04018050; https://doi.org/10.1061/ (asce)he.19435584.0001705

33   Stein Emil Vollset, Emily Goren, Chun-Wei Yuan, et al., 'Fertility, mortality, migration, and population scenarios for 195 countries and territories from 2017 to 2100: A fore-casting analysis for the Global Burden of Disease Study', The Lancet 396:10258, 2020, pp.1285-1306.

3 집을 떠나다

1   Scott R. McWilliams and William H. Karasov, 'Migration takes guts' in Birds of Two

Worlds: The ecology and evolution of migration, Smithsonian Institution Press, 2005, pp.67-78.

2   Dominique Maillet and Jean-Michel Weber, 'Performance-enhancing role of dietary fatty acids in a long-distance migrant shorebird: the semipalmated sandpiper', Journal of Experimental Biology 209:14, 2006, pp.2686-95.

3   과학자들은 우리 DNA에서 '탐험가 유전자'(G4GR 유전자)라는 것을 찾아냈다. 이 유전자는 우리 조상들이 변화하는 물 가용성에 따라 이동하는 초식동물 무리를 따라갈 때 '이주'에 적응하도록 도왔을 것이다. 그리고 우리 유전자풀이 한 지역에서 발견되는 집단을 넘어 다양화하는 것을 도왔을 것이다.

4   우리는 농경이 널리 퍼졌다는 사실을 알고 있지만, 최근까지만 해도 농경이 어떻게 퍼졌는지—농경이라는 아이디어가 퍼진 것인지, 아니면 농경인 자체가 퍼진 것인지—알지 못했다. 유전자 분석에 따르면, 두 가지가 모두 일어난 것으로 보인다. 비옥한 초승달 지역 내에서 농업 지식과 도구가 개발되어 집단들 사이에서 교환되었다. 이 농부들 중 소규모 집단이 약 9,000년 전에서 7,000년 전 사이에 아나톨리아와 레반트 지역에서부터 이주하기 시작해, 유럽과 동아프리카에 종자 채집과 파종, 양조, 축산업에 관한 전문 지식을 가져왔다. 소말리아인 DNA의 3분의 1이 레반트 집단에서 유래했다.

5   Elizabeth Gallagher, Stephen Shennan and Mark G. Thomas, 'Food income and the evolution of forager mobility', Scientific Reports 9:1, 2019, pp.1-10.

6   David Kaniewski, Joël Guiot and Elise Van Campo, 'Drought and societal collapse 3200 years ago in the Eastern Mediterranean: A review', Wiley Interdisciplinary Reviews: Climate Change 6:4, 2015, pp.369-82.

7   S. Solomon, 'The future is mixed-race and that's a good thing for humanity', Aeon, 19 February 2022.

8   D. Varinsky, 'Cities are becoming more powerful than countries', Business Insider, 19 August 2016.

4 국경

1   S. Loarie, P. Duffy, H. Hamilton, et al., 'The velocity of climate change', Nature 462, 2009, pp.1052-5.

2   Jonathan Woetzel, Anu Madgavkar and Khaled Rifai, People on the Move: Global migration's impact and opportunity, McKinsey Global Institute, 2016.

3   A. Gaskell, 'The economic case for open borders', Forbes, 21 January 2021.

4   I. Dias, 'One man's quest to crack the modern anti-immigration movement by unsealing its architect's papers', Mother Jones, 30 March 2021.

5   David A. Bell, The Cult of the Nation in France, Harvard University Press, 2001.

6   M. Nagdy and M. Roser, 'Civil wars', Our World in Data. Available at: https://our-worldindata.org/civil-wars

7   인도와 같이 정교한 관료제를 가지고 있었던 식민 피지배 국가들은 비교적 안정적인 국민국가가 되는 경향이 있었다. 반면 구 벨기에령 콩고처럼 식민 통치자들이 자원만 수탈했던 식민지는 안정적인 민주주의 국가가 되지 못했다.

8   M. Salvini, 'A Tripoli coi ragazzi della Caprera, che difendono I Mari e la Nostra Sicurezza: Onore!', Twitter, 25 June 2018: pic.twitter.com/ wgbgctvut7

9   Chi Xu, Timothy A. Kohler, Timothy M. Lenton, et al., 'Future of the human climate niche', Proceedings of the National Academy of Sciences 117:21, 2020, pp.11350-55.

10   이 새로운 세계적 판례는 실제로 위원회가 망명을 거부한 국가 편을 든 소송에서 나온 것이다. 태평양 섬나라 키리바시 출신 이오안 테이티오타는 가족과 함께 뉴질 랜드로 이주했고, 2010년에 비자가 만료되었자 난민 지위를 신청했다. 테이티오타 는 고향인 사우스 타라와 섬이 앞으로 10~15년 내에 거주불가능한 곳이 될 것으 로 예상되기 때문에, 자신의 가족의 삶이 위험해 처했다고 주장했다. 뉴질랜드는 테이티오타의 망명 신청을 거절했고, 유엔은 그 결정을 지지했다. 키리바시는 아직 거주가 불가능한 상태가 아니고 따라서 "키리바시 공화국이 국제 사회의 지원을 받아 주민들을 보호하고 필요한 경우 이주시키기 위한 적극적인 조치를 취할 수 있 다"는 이유였다. 하지만 위원회는 기후 위기가 "한 개인을 권리 침해에 노출"시킬 수 있으며, 이 경우 국제법에 따라 해당 국가는 난민을 본국으로 돌려보낼 수 없다 고 판결했다. 위원회는 개인의 생명권을 보장하는, 시민 정치 권리에 관한 국제 규 약 6조와 8조를 지적했다.

11   최근 법원이 생명에 대한 환경 위험으로 인정한 것은 기후변화만이 아니다. 2021 년에 프랑스 법원은 이주민이 방글라데시로 추방되는 것에 반대해 제기한 항소심 에서, 이주민의 출신 국가의 환경조건을 참작함으로써 역사적 선례를 남겼다. 그 남성은 출신국의 대기 오염이 위험한 수준이라서 본국으로 돌려보내는 것이 안전 하지 않다는 이유로 프랑스에 체류할 수 있었다.

5 이주민의 부

1   B. D. Caplan, Z. Weiner and M. Cagle, Open Borders: The science and ethics of immigration, St Martin's Press, 2019.

2   Paul Almeida, Anupama Phene and Sali Li, 'The influence of ethnic community knowledge on Indian inventor innovativeness', Organization Science 26:1, 2015, pp.198-217.

3   Caroline Theoharides, 'Manila to Malaysia, Quezon to Qatar: International migration and its effects on origin-country human capital', Journal of Human Resources 53:4, 2018, pp.1022-49.

4   John Gibson and David McKenzie, 'Eight questions about brain drain', Journal of Eco-

nomic Perspectives 25:3, 2011, pp.107-28.

5   https://www.oecd.org/dev/development-posts-Global-Skill-PartnershipsA-proposal-for-technical-training-in-a-mobile-world.htm

6   Jonathan Woetzel, Anu Madgavkar and Khaled Rifai, People on the Move: Global migration's impact and opportunity, McKinsey Global Institute, 2016.

7   Jonathan Woetzel, Anu Madgavkar and Khaled Rifai, People on the move: Global migration's impact and opportunity, McKinsey Global Institute, 2016.

8   이민자 유입이 중간값인 카운티의 경우, 이민자 유입이 없는 카운티에 비해 평균 소득이 20퍼센트 높았고, 빈곤층 비율은 3퍼센트포인트 낮았으며, 실업률은 3퍼센트포인트 낮았고, 도시화 비율은 31퍼센트포인트 높았으며, 교육 성취도도 높았다. Sandra Sequeira, Nathan Nunn and Nancy Qian, Migrants and the making of America: The short- and long-run effects of immigration during the age of mass migration, National Bureau of Economic Research, working paper 23289, 2017.

9   G. Peri, 'Immigration, labor markets, and productivity', Cato Journal 32:1, 2012, pp.35-53.

10 노벨 경제학상을 수상한 경제학자 아비지트 배너지Abhijit V. Banerjee와 에스테르 뒤플로Esther Duflo가 그들의 저서 《힘든 시대를 위한 좋은 경제학Good Economics for Hard Times》(2019)에서 이것을 설득력 있게 설명했다.

11 Andrew Nash, 'National population projections: 2016-based statistical bulletin', Office for National Statistics, ONS, October 2015.

12 베이비붐 세대는 치솟는 부동산 가격, 상속, 퇴직연금제도를 통해 입지를 공고히 했다. C. Canocchi, 'One in five baby boomers are now millionaires as their wealth doubles', This is Money, 15 January 2019.

13 J. P. Aurambout, M. Schiavina, M. Melchiori, et al., Shrinking Cities, European Commission, 2021; JRC126011.

14 Michael A. Clemens, 'Economics and emigration: Trillion-dollar bills on the sidewalk?', Journal of Economic Perspectives 25:3, 2011, pp.83-106.

15 International Labour Conference, 92nd Session, Towards a Fair Deal for Migrant Workers in the Global Economy: Report VI, 2004.

16 'Immigration has been and continues to be an important driver of Australian growth', from Dr Stephen Kennedy's speech, 'Australia's response to the global financial crisis'. Available at: https://treasury.gov.au/speech/australias-response-to-the-global-financial-crisis

17 Jose-Louis Cruz and Esteban Rossi-Hansberg, The Economic Geography of Global Warming, National Bureau of Economic Research, working paper 28466, 2021.

18 Hein De Haas, 'International migration, remittances and development: Myths and facts', Third World Quarterly 26:8, 2005, pp.1269-84.

19 Paul Clist and Gabriele Restelli, 'Development aid and international migration to Italy:

Does aid reduce irregular flows?', World Economy 44:5, 2021, pp.1281-1311.

6   새로운 코스모폴리탄

1   E. McConnell, '27 people drowned and I laughed', Kent Online, 30 November 2021.

2   D. Bahar, P. Choudhury and B. Glennon, 'The day that America lost $100 billion because of an immigration visa ban', Brookings, 20 October 2020.

3   Tim Wadsworth, 'Is immigration responsible for the crime drop? An assessment of the influence of immigration on changes in violent crime between 1990 and 2000', Social Science Quarterly 91:2, 2010, pp.531-53.

4   Eurostat 2021, 'Asylum applicants by type of applicant, citizenship, age and sex-monthly data (rounded)'.

5   Vera Messing and Bence Ságvári, 'Are anti-immigrant attitudes the Holy Grail of populists? A comparative analysis of attitudes towards immigrants, values, and political populism in Europe', Intersections: East European Journal of Society and Politics 7:2, 2021, pp.100-127.

6   B. Stokes, 'How countries around the world view national identity', Pew Research Center's Global Attitudes Project, 30 May 2020.

7   Vincenzo Bove and Tobias Böhmelt, 'Does immigration induce terrorism?', Journal of Politics 78:2, 2016, pp.572-88.

8   미국 노동통계국의 한 보고서는 '2032년에는 미국 노동자 계층의 대다수가 유색인종이 될 것'이라고 전망한다. Valerie Wilson, 'People of color will be a majority of the American working class in 2032', Economic Policy Institute 9, 2016.

9   조사 결과 이주민의 대다수는 투표권보다 이동성에 훨씬 더 관심이 많았다.

10   후커우 제도는 시골 가구보다 도시 가구에 훨씬 더 큰 혜택을 줌으로써 불평등을 악화시켰다. 현재 후커우 제도의 개혁이 진행되고 있다.

11   D. Held, Democracy and the Global Order: From the modern state to cosmopolitan governance, Polity Press, 1995.

12   David Miller, On Nationality, Clarendon Press, 1995.

13   Anna Marie Trester, Bienvenidos a Costa Rica, la tierra de la pura vida: A Study of the Expression 'pura vida' in the Spanish of Costa Rica, 2003, pp.61-9. Available at: https://georgetown.academia.edu/AnnaMarieTrester

7   지구의 피난처

1   인프라를 포함시켜 이 면적을 두 배로 늘려도 여전히 세계 인구를 프랑스에 모두

넣을 수 있다.

2   Chi Xu, Timothy A. Kohler, Timothy M. Lenton, et al., 'Future of the human climate niche', Proceedings of the National Academy of Sciences 117:21, 2020, pp.11350-55.

3   J. Kevin Summers, Linda C. Harwell, Kyle D. Buck, et al., Development of a Climate Resilience Screening Index (CRSI): An assessment of resilience to acute meteorological events and selected natural hazards, US Environmental Protection Agency, 2017.

4   Camilo Mora, Abby G. Frazier, Ryan J. Longman, et al., 'The projected timing of climate departure from recent variability', Nature 502:7470, 2013, pp.183-7.

5   C. Welch, 'Climate change has finally caught up to this Alaska village', National Geographic 22, 2019.

6   2021년에 덴마크 기상청은 그린란드 북부 지역의 기온이 20도를 넘었다고 보고했다. 이는 평년의 여름철 평균 온도의 2배가 넘는 것이다.

7   Signe Normand, Christophe Randin, Ralf Ohlemüller, et al., 'A greener Greenland? Climatic potential and long-term constraints on future expansions of trees and shrubs', Philosophical Transactions of the Royal Society B: Biological Sciences 368:1624, 2013, e20120479.

8   Svante Arrhenius, 'XXXI. On the influence of carbonic acid in the air upon the temperature of the ground', London, Edinburgh, and Dublin Philosophical Magazine and Journal of Science 41:251, 1896, pp.237-76.

9   Ove Hoegh-Guldberg, Marco Bindi and Myles Allen, 'Chapter 3: Impacts of 1.5도 global warming on natural and human systems 2' in Global warming of 1.5도: An IPCC Special Report, 2018.

10   J. Garthwaite, 'Climate change has worsened global economic inequality', Stanford University Earth Matters Magazine, 2019.

11   P. T. Finnsson and A. Finnsson, 'The Nordic region could reap the benefits of a warmer climate', NordForsk 4, 13 September 2014; available at: https://partner.sciencenorway.no/agriculture-climate-change-farming/the-nordic-region-could-reap-the-benefits-of-a-warmer-climate/1406934

12   자작나무가 뿌리를 내리면서 툰드라가 녹화되면 온난화가 더 빨라진다. 자작나무가 토질을 개선해서 미생물 활동으로 토양의 온도를 올리는 탓이다. 그 결과 영구동토가 녹으며, 이산화탄소보다 온난화 효과가 85배 강력한 메탄가스를 단기간에 방출할 것이다.

13   Daniela Jacob, Lola Kotova, Claas Teichmann, et al., 'Climate impacts in Europe under +1.5 C global warming', Earth's Future 6:2, 2018, pp.264-85.

14   K. El-Assal, 'Canada breaks all-time immigration record by landing 401,000 immigrants in 2021', Canada Immigration News, 23 January 2022; https://www.cicnews.com/2021/12/canada-breaks-all-time-immigration-recordby-landing401000-immigrants-in20211220461.html#gs.u4894i

인류세, 엑소더스

15 Marshall Burke, Solomon M. Hsiang and Edward Miguel, 'Global nonlinear effect of temperature on economic production', Nature 527:7577, 2015, pp.235-9.

16 Elena Parfenova, Nadezhda Tchebakova and Amber Soja, 'Assessing land scape potential for human sustainability and "attractiveness" across Asian Russia in a warmer 21st century', Environmental Research Letters 14:6, 2019, e065004.

17 Jan Hjort, Dmitry Streletskiy, Guy Doré, et al., 'Impacts of permafrost degradation on infrastructure', Nature Reviews Earth & Environment 3:1, 2022, pp.24-38.

18 'A lot of Arctic infrastructure is threatened by rising temperatures', The Economist, 15 January 2022.

19 러시아의 오래된 외국인 혐오는 유대인과 로마인, 중국인, 베트남인에 대한 부정적 시선을 포함해 뿌리 깊고 광범위하다.

20 '공존합의서Agreement of Coexistence는 거주자가 프로스페라의 통치 구조, 법 제도, 권한에 명시적이고, 자유롭고, 자발적으로 동의한다'는 것을 규정한다.

21 Julia Carrie Wong, 'Seasteading: Tech leaders' plans for floating city trouble French Polynesians', The Guardian, 2 January 2017.

22 Costas Meghir, Ahmed Mushfiq Mobarak, Corina D. Mommaerts and Melanie Morten, Migration and Informal Insurance: Evidence from a randomized controlled trial and a structural model, National Bureau of Economic Research, working paper 26082, 2019.

23 Ahmed Mushfiq Mobarak, 'Can a bus ticket prevent seasonal hunger?', Yale Insights 18, 2018.

24 B. Lyte, 'Remote workers are flocking to Hawaii: But is that good for the islands?', The Guardian, 26 January 2021.

25 Tatyana Deryugina, Laura Kawano and Steven Levitt, 'The economic impact of Hurricane Katrina on its victims: Evidence from individual tax returns', American Economic Journal: Applied Economics 10:2, 2018, pp.202-33.

8 이주민의 터전

1 Allen J. Scott, 'World Development Report 2009: Reshaping economic geography', Journal of Economic Geography 9:4 (2009), pp.583-6.

2 Joaquin Arango, Ramon Mahia, David Moya Malapeira and Elena Sanchez-Montijano, 'Introduction: Immigration and asylum, at the center of the political arena', Anuario CIDOB de la Inmigracion, 2018, pp.14-26.

3 Phillip Connor, 'A majority of Europeans favor taking in refugees, but most disapprove of EU's handling of the issue', Pew Research Center, 19 September 2018.

4 Joaquín Arango, Exceptional in Europe? Spain's experience with immigration and integration, Migration Policy Institute, March 2013.

5   토지 이용을 실시간으로 보여주는 표를 다음 링크에서 확인할 수 있다. https://
    www.gov.uk/government/statistical-data-sets/live-tables-on-land-use

6   N. Gabobe, 'Living together: It's time for zoning codes to stop regulating family type',
    Sightline Institute, 28 February 2020.

7   아라베나는 이후 건축 설계도를 온라인에 공개해 누구나 사용할 수 있도록 했고,
    다른 도시에서도 이것을 활용하고 있다.

8   'The world's first affordable 3D printed village pops-up [sic] in Mexico', The Spaces, 13
    December 2019.

9 인류세의 생활환경

1   Urbanisation and Climate Change Risks: Environmental risk outlook 2021 (Verisk Ma-
    plecroft); available at: https://www.maplecroft.com/insights/analysis/asian-cities-in-eye-
    of-environmental-storm-global-ranking/

2   해안 도시의 해수면 상승은 연간 7.8~9.9밀리미터다. 지난 20년 동안은 전 세계
    평균 2.5밀리미터였다.

3   Mark Fischetti, 'Sea level could rise 5 feet in New York City by 2100', Scientific Ameri-
    can, 1 June 2013.

4   S. Fratzke and B. Salant, Moving beyond Root Causes: The complicated relationship
    between development and migration, Migration Policy Institute, January 2018.

5   https://maldivesfloatingcity.com

6   O. Wainwright, 'A £300 monsoon-busting home: The Bangladeshi architect fighting
    extreme weather', The Guardian, 16 November 2021.

7   Chicago Sustainable Development Policy, 2017, City of Chicago.

8   Heat Island Group, Berkley Lab, 'Cool roofs'; available at: https://heatisland.lbl.gov/
    coolscience/cool-roofs

9   이 페인트(화산바륨으로 만들었다)를 개발한 과학자들은 지구 표면의 1퍼센트—
    사람이 살지 않는 암석으로 덮인 지역—를 이 페인트로 칠하면 지구 온난화를
    크게 상쇄할 수 있다고 추산한다. https://www.bbc.co.uk/news/science-environ-
    ment56749105

10 Jonathon Laski and Victoria Burrows, From Thousands to Billions: Coordinated action
    towards 100 per cent net zero carbon buildings by 2050, World Green Building Coun-
    cil, 2017.

11 '19 global cities commit to make new buildings "net-zero carbon" by 2030', C40 Cities,
    15 October 2021.

12 M. De Socio, 'The US city that has raised $100m to climate-proof its buildings', The
    Guardian, 19 August 2021.

13 수력발전소 주변 산그늘에 지어진 노르웨이의 도시 리우칸은 귀중한 햇빛을 도시로 비추는 대형 회전식 거울을 세워 낮 시간을 연장하는 지구공학적 해법을 찾았다.

14 Alex Nowrasteh and Andrew C. Forrester, Immigrants Recognize American Greatness: Immigrants and their descendants are patriotic and trust America's governing institutions, Cato Institute, Immigration research and policy brief 10, 2019.

10 식량

1 L. Hengel, 'Famine alert: How WFP is tackling this other deadly pandemic', UN World Food Programme website, 29 March 2021.

2 Zhu Zhongming, Lu Linong, Zhang Wangqiang and Liu Wei, 'Impact of climate change on crops adaptation and strategies to tackle its outcome: A review', Plants 8:2, 2019, p.34.

3 Matti Kummu, Matias Heino, Maija Taka, et al., 'Climate change risks pushing one-third of global food production outside the safe climatic space', One Earth 4:5, 2021, pp.720-29.

4 Chuang Zhao, Bing Liu, Shilong Piao, et al., 'Temperature increase reduces global yields of major crops in four independent estimates', Proceedings of the National Academy of Sciences 114:35, 2017, pp.9326-31.

5 Andrew S. Brierley and Michael J. Kingsford, 'Impacts of climate change on marine organisms and ecosystems', Current Biology 19:14, 2009, pp.R602-14.

6 B. Byrne, 2020 State of the Industry Report: Cultivated meat, Good Food Institute.

7 Keri Szejda, Christopher J. Bryant and Tessa Urbanovich, 'US and UK consumer adoption of cultivated meat: A segmentation study', Foods 10:5, 2021, p.1050.

8 Björn Witte, Przemek Obloj, Sedef Koktenturk, et al., 'Food for thought: The protein transformation', Industrial Biotechnology, 2021.

9 Myron King, Daniel Altdorff, Pengfei Li, et al., 'Northward shift of the agricultural climate zone under 21st-century global climate change', Scientific Reports 8:1, 2018, pp.1-10.

10 D. Singer, 'The drones watching over cattle where cowboys cannot reach', BBC website, n.d.

11 Ward Anseeuw and Giulia Maria Baldinelli, Uneven Ground: Research findings from the Land Inequality Initiative, International Fund for Agricultural Development, 2020.

12 'Six ways indigenous peoples are helping the world achieve zero hunger', Food and Agriculture Organization of the UN. Available at: https://www.fao.org/indigenous-peoples/news-article/en/c/1029002/

11 전력, 물, 자원

1   물에 떠우는 태양광 패널은 지상 기반 시설보다 적어도 10퍼센트 비싸지만, 물 위의 패널은 먼지가 덜 붙고, 시원하기 때문에 성능이 더 좋다. 무엇보다 수상 태양광 패널은 태양광 패널을 설치하거나 수력발전을 위해 물을 채울 새로운 땅이 덜 필요하다.

2   중국에서는 22,500메가와트 규모의 싼샤댐이 설치되면서 양쯔강 유역에 세계에서 가장 긴 호수를 만들었다. 그 과정에서 130만 명이 집을 떠나야 했고, 13개 도시와 1,500개 마을이 수몰되었으며, 수많은 생태적 문화적 유적지가 파괴되었다.

3   IEA는 2050년까지 탄소중립을 실현한다는 2021년 로드맵에서, 2030년까지 원자력 발전 용량을 30기가와트로 올리는 이례적인 성장을 고려했다. 이는 지난 10년간의 5배에 달하는 속도로, 2050년까지 전 세계 설치 용량이 지금의 두 배가 될 것으로 예상된다. 최근 수십 년간 원자력 발전 분야의 투자 현황과 많은 국가들이 계획 중인 원자력 발전소의 폐쇄를 고려하면, 이 목표는 야심 찬 계획으로 보인다. 이 목표를 달성하려면 매우 빠른 배치가 필요할 것이다.

4   '고강도 완경사' 수력발전이라고 불리는 한 혁신적인 계획은 지하 펌핑 수력발전에 물의 밀도가 두 배인 미네랄 유체를 사용한다. 따라서 낙차가 작은 일반 언덕을 에너지 저장에 사용할 수 있다.

5   하지만 일반적으로, 그리고 EU에서는 확실히, 재생에너지를 수력발전에 사용하는 것은 친환경 에너지 경제에서 재생에너지가 해야 할 다른 많은 일들과 견주어봐야 할 문제다. 풍력과 태양광 발전으로 생산된 전기를 물에서 수소를 뽑아내는 데 사용하는 것보다 전 세계에 전력을 공급하는 데 쓰는 것이 더 효율적인 방법이다. 다시 말해, 수소 프로젝트보다는 전기 공급에 우선순위를 두어야 한다. 특히 주택 난방과 자동차 연료와 관련해서는 각기 열펌프와 배터리가 훨씬 더 효율적일 수 있다.

6   오늘날 선박 운송은 특히 더러운 사업이다. 거기에 사용되는 저급 화석 연료가 미세먼지와 황산염을 다량 배출하기 때문이다. 그런데 이 오염원 중 일부는 건강에 심각한 영향을 끼침에도 불구하고 실제로 대기에 냉각화 효과를 일으킨다. 따라서 운송 시 배출되는 오염 물질을 정화할 때는 이 '숨겨진 열'을 고려할 필요가 있다.

7   나는 지난 5년 동안 전기 화물자전거를 사용해왔고, 통학과 지역 여행, 장보기에 사용한다. 2021년 내가 사는 런던 지역에서는 더 많은 자동차를 도로에서 내보내기 위해 화물자전거 대여 제도를 도입했다.

8   Ken Caldeira and Ian McKay, 'Contrails: Tweaking flight altitude could be a climate win', Nature 593:7859, 2021, p.341.

9   Daron Acemoglu and James A. Robinson, 'The economic impact of colonialism' in The long Economic and Political Shadow of History: Volume I, CEPR Press, 2017, p.81; I. Mitchell and A. Baker, New Estimates of EU Agricultural Support: An 'un-common' agricultural policy, Center for Global Development, November 2019; Nancy Birdsall, Dani Rodrik and Arvind Subramanian, 'How to help poor countries', Foreign Affairs

인류세, 엑소더스

84:4, Jul-Aug 2005, pp.136-52.

10 경제성장을 측정하는 것은 어려운 일이다. 왜냐하면 사회가 생산하는 모든 상품과 서비스의 가치를 측정하기가 어렵고, 또한 그 가치가 시간이 지나면서 증가했는지 감소했는지 판단하기도 어렵기 때문이다. 경제성장을 측정하는 한 가지 방법은 사람들이 원하는 제품 목록을 작성하고, 그다음에 얼마나 많은 사람들이 해당 제품을 이용할 수 있는지 계산하는 것이다. 이 목록에는 일반적으로 깨끗한 물, 위생, 전기 같은 기본적인 자원이 포함된다. 이런 기준을 사용하면, 방글라데시 같은 국가들은 급속한 성장을 이룬 반면, 차드 같은 국가는 그렇지 못하다. 이 기준은 어느 정도 유용하지만, 소수의 상품과 서비스만을 사용하기 때문에 세밀한 차이를 잡아내지 못하며, 소득(한 사람이 고를 수 있는 상품과 서비스 선택지)에 대해서는 아무 것도 말해주지 않는다. 예를 들어, 책이나 참치 샌드위치를 선택할 경우, 그 데이터가 한 국가의 경제성장에 대해 실제로 많은 것을 알려줄까? 개인의 소득으로 대변되는 선택지들을 측정하기 위해서는, 그들의 수입과 그들이 원하는 상품 및 서비스의 가격을 비교해야 한다. 소득과 가격의 비율도 살펴봐야 한다. 이것은 데이터 서비스인 '데이터로 보는 세상Our World in Data'이 매우 잘하는 일이다. 예를 들어 유럽에서 책 가격은 시간이 지남에 따라 하락했고, 특히 16세기에 인쇄술이 발명된 직후 수십 년 동안 하락세가 두드러졌다. 그 결과 개별 필경사의 노동에서 산업화된 공정으로 출산 생산성의 속도와 규모가 엄청나게 높아졌다. 덕분에 책값이 몇 달간의 급료에서 몇 시간의 급료로 낮아졌다. 그리고 이런 생산성은 종이 생산, 문맹 퇴치, 학습 등의 분야에서 추가적인 성장을 촉진한다.

11 Z. Hausfather, 'Absolute decoupling of Economic Growth and emissions in 32 countries', Breakthrough Institute, 6 April 2021.

12 이 방법은 인구구조 변화에 대한 대응이기도 하다. 일본의 건설산업은 빠르게 고령화되고 있어서, 현재 전체 노동자의 35퍼센트가 55세 이상이다.

13 2015년에 중국은 '공유된 강, 공유된 미래'라는 란창-메콩강 협의체Lancang-Mekong Cooperation Framework라는 메콩강 관리 기구를 설립했다. 이 기구는 강 관리를 넘어 법 집행, 테러, 관광, 농업, 재난 대응, 둑 쌓기에 이르는 광범위한 임무를 띠고 있다. 중국은 수로를 포함한 지역 인프라에 투자하기 위해 수십억 달러의 대출과 신용을 제공하고 있다.

14 R. Barnett, 'China is building entire villages in another country's territory', Foreign Policy, 7 May 2021.

12 복원

1   A. Plumptre, 'Just 3 percent of Earth's land ecosystems remain intact - but we can change that', The Conversation, 15 April 2021.

2   Eric Dinerstein, A. R. Joshi, C. Vynne, et al., 'A "global safety net" to reverse biodiversity

loss and stabilize Earth's climate', Science Advances 6:36, 2020, eabb2824.

3 영국에서는 국립공원을 복원하기 위한 새로운 녹색 투자 펀드가 조성되었다. B. Tridimas, 'Revere: New restoration financing initiative for national parks attracts corporate backing', Business Green News, 5 October 2021.

4 사막은 실제로 그곳이 받는 태양 복사열의 30퍼센트를 우주 공간으로 반사하고, 밤새 추가로 47퍼센트의 열을 구름 없는 하늘로 잃기 때문에 지구를 식히는 데 중요한 역할을 하는 반면, 녹지대는 대양 복사열을 10~15퍼센트만 반사한다. 따라서 사막 녹화는 온난화 효과를 일으킬 수 있다.

5 Alice Di Sacco, Kate A. Hardwick, David Blakesley, et al., 'Ten golden rules for reforestation to optimize carbon sequestration, biodiversity recovery and livelihood benefits', Global Change Biology 27:7, 2021, pp.1328-48.

6 다시마 농장은 대규모로 재배할 수 있고, 산불이나 관개 필요성 같은 육지 재조림이 초래하는 문제들이 없다.

7 일부 과학자들은 수직 파이프를 세워 그것을 통해 심해수를 끌어올려 표층수와 섞자고 제안한다. 그리고 밸브를 설치해 역류를 막는다.

8 Trish J. Lavery, Ben Roudnew, Peter Gill, et al., 'Iron defecation by sperm whales stimulates carbon export in the Southern Ocean', Proceedings of the Royal Society B: Biological Sciences 277:1699, 2010, pp.3527-31.

9 Ralph Chami, Thomas F. Cosimano, Connel Fullenkamp and Sena Oztosun, 'Nature's solution to climate change: A strategy to protect whales can limit greenhouse gases and global warming', Finance & Development 56:004, 2019.

10 인간은 지난 세기 동안 산업 활동을 통해 오염을 유발하고 농작물 생산에 인공 비료(대부분이 수로로 흘러 들어가 파괴적인 결과를 초래한다)를 사용함으로써 지구의 질소 순환을 극적으로 변화시켰지만, 아무도 비료 사용을 중단하자고 제안하지 않는다.

11 Amy L. Lewis, Binoy Sarkar, Peter Wade, et al., 'Effects of mineralogy, chemistry and physical properties of basalts on carbon capture potential and plant-nutrient element release via enhanced weathering', Applied Geochemistry, 2021, e105023.

12 Phil Renforth, 'The potential of enhanced weathering in the UK', International Journal of Greenhouse Gas Control 10, 2012, pp.229-43.

13 Pete Smith, Steven J. Davis, Felix Creutzig, et al., 'Biophysical and eco nomic limits to negative CO_2 emissions', Nature Climate Change 6:1, 2016, pp.42-50.

14 Giulia Realmonte, Laurent Drouet, Ajay Gambhir, et al., 'An inter-model assessment of the role of direct air capture in deep mitigation pathways', Nature Communications 10:1, 2019, pp.1-12.

15 한 가지 방법은 칼륨을 용매로 사용해 공기 중의 이산화탄소를 녹인 다음, 석회를 이용해 칼륨에서 석회석으로 이산화탄소를 제거하고, 소성공정을 통해 이 석회석을 가열해 이산화탄소를 가스 상태로 포집하는 것이다. 매년 10기가톤의 이산화탄소를 공기 중에서 제거하려면 400만 톤의 탄산칼슘이 필요한데, 이는 오늘날 전 세

인류세, 엑소더스

계 탄산칼슘 공급량의 1.5배에 달하는 양이다. 전기만으로는 소성로를 800도로 가열하기는 힘들기 때문에 가스 용광로와 가스(아마도 수소)가 필요할 것이다.

16   David P. Keller, Andrew Lenton, Emma W. Littleton, et al., 'The effects of carbon dioxide removal on the carbon cycle', Current Climate Change Reports 4:3, 2018, pp.250-65.

17   G. Madge, 'Temporary exceedance of 1.5도 increasingly likely in the next five years', Met Office website, 27 May 2021.

18   https://www.arcticiceproject.org

19   Yuanchao Fan, Jerry Tjiputra, Helene Muri, et al., 'Solar geoengineering can alleviate climate change pressures on crop yields', Nature Food 2:5, 2021, pp.373-81.

20   Phoebe L. Zarnetske, Jessica Gurevitch, Janet Franklin, et al., 'Potential ecological impacts of climate intervention by reflecting sunlight to cool Earth', Proceedings of the National Academy of Sciences 118:15, 2021.

21   Peter Irvine, Kerry Emanuel, Jie He, et al., 'Halving warming with idealized solar geoengineering moderates key climate hazards', Nature Climate Change 9:4, 2019, pp.295-9.

22   Katherine Dagon and Daniel P. Schrag, 'Regional climate variability under model simulations of solar geoengineering', Journal of Geophysical Research: Atmospheres 122:22, 2017, pp.12-106.

23   태양복사관리 거버넌스 이니셔티브(SRMGI)는 영국왕립학회, 세계과학아카데미, 미국환경방어기금(EDF) 사이의 파트너십이다.

24   Yixuan Zheng, Steven J. Davis, Geeta G. Persad and Ken Caldeira, 'Climate effects of aerosols reduce economic inequality', Nature Climate Change 10:3, 2020, pp.220-24.

25   Atlas of Mortality and Economic Losses from Weather, Climate and Water Extremes (1970-2019), World Meteorological Organization, WMO-No.1267, 2021. Available at: https://library.wmo.int/index.php?lvl=notice_display&id=21930#.YeRUrC10ejh

결론

1   I. Vazquez, 'Europe's shame: Criminalising Mediterranean search and rescue missions', Friends of Europe, 2 April 2019.

2   Eleanor Gordon and Henrik Larsen, 'Criminalising search and rescue activities can only lead to more deaths in the Mediterranean', LSE European Politics and Policy(EUROPP) blog, 20 November 2020.

3   Nicholas Rees, 'The climate crisis is a child rights crisis: Introducing the Children's Climate Risk Index', UNICEF website, August 2021.

4   스마트폰이 생기기 20년 전인 1990년 영국에는 텔레비전 채널이 네 개뿐이었고 구글이나 아마존, 페이스북은 존재하지 않았다. 30년이면 많은 일이 일어날 수 있다.

도판 목록

인류세, 엑소더스

찾아보기

인류세, 엑소더스

인류세, 엑소더스

인류세, 엑소더스

기후격변이 몰고 올 전 지구적 생존 르포르타주

지은이 가이아 빈스
옮긴이 김명주

1판 1쇄 펴냄 2023년 11월 13일
1판 2쇄 펴냄 2024년 11월 13일

펴낸 곳 곰출판
출판신고 2014년 10월 13일 제2024-000011호
전자우편 book@gombooks.com
전화 070-8285-5829
팩스 02-6305-5829

종이 영은페이퍼
제작 미래상상

ISBN 979-11-89327-25-5 (03400)